丛书编委会

大型火力发电机组
安装与检修问答丛书

辅助设备安装与检修问答

FUZHU SHEBEI ANZHUANG YU JIANXIU WENDA

张海勇　卢爱玲　王建新　主编

化学工业出版社
·北京·

本书介绍了多年以来对大型火电机组辅助设备安装和检修实践、安装检修工序、工艺及相关的安装检修标准。主要内容包括大型火电机组卸煤与储煤设备安装和检修、大型火电机组输煤系统及其附属设备安装检修、大型火电机组燃油系统设备安装与检修、大型火电机组除灰渣设备安装与检修、大型火电机组脱硫脱硝设备安装与检修、大型火电机组制氢设备、水处理设备、水过滤设备、离子交换设备的安装与检修；除此之外还系统介绍了燃气轮机发电机组的燃气输送设备的安装与检修、海水淡化系统反渗透设备的安装与检修以及大型火电机组设备的金属腐蚀、结垢与防护等共十四部分。

本书适用于从事大型火电机组辅助设备安装检修的各专业技术、管理人员、安装检修公司、监理公司专业技术人员使用，亦可作为火电机组辅助设备安装检修的技术培训教材使用。

图书在版编目(CIP)数据

辅助设备安装与检修问答/张海勇，卢爱玲，王建新主编．—北京：化学工业出版社，2016.6
(大型火力发电机组安装与检修问答丛书)
ISBN 978-7-122-26715-3

Ⅰ.①辅… Ⅱ.①张…②卢…③王… Ⅲ.①火力发电-发电机组-设备安装-问题解答②火力发电-发电机组-设备检修-问题解答 Ⅳ.①TM621.3-44

中国版本图书馆CIP数据核字（2016）第070866号

责任编辑：戴燕红　　文字编辑：张绪瑞
责任校对：宋　玮　　装帧设计：王晓宇

出版发行：化学工业出版社（北京市东城区青年湖南街13号　邮政编码100011）
印　　刷：北京永鑫印刷有限责任公司
装　　订：三河市宇新装订厂
787mm×1092mm　1/16　印张17¼　字数419千字　2016年7月北京第1版第1次印刷

购书咨询：010-64518888（传真：010-64519686）　售后服务：010-64518899
网　　址：http://www.cip.com.cn
凡购买本书，如有缺损质量问题，本社销售中心负责调换。

定　　价：78.00元

前言

Foreword

随着电力工业的不断发展，大型发电机组日益增多，单机容量不断增大，电厂正朝着“大机组、超高压、大电网”的方向发展。为帮助大型火电机组安装、检修及管理技术人员了解、学习、掌握大型火电机组辅助设备的技术特点，了解设备的安装方案、运行维护和检修措施等，特组织专业人员编写了“大型火电机组辅助设备安装与检修问答”图书。

本书采用技术问答形式编写，以安装检修为主线，突出工艺及质量标准等重点。全书内容翔实，编写内容紧密结合现场实际，知识面广，实用性和技术性强。本书主要内容有卸煤与储煤设备、输煤与输油设备、脱硫脱硝设备、除灰渣设备、燃气输送设备、水处理设备、制氢设备、反渗透设备、水过滤设备、离子交换设备的安装及检修知识。

《大型火力发电机组安装与检修问答丛书》可供从事火电厂锅炉设备安装和检修工作的技术、管理人员学习参考，以及为考试、现场问答等提供题目；也可供大中专院校相关专业的师生参考阅读。

国网技术学院张磊和山东电力建设第一工程公司袁明共同担任“大型火力发电机组安装与检修问答”丛书编委会主任，编委会成员均为山东电力建设第一工程公司人员。

本书由山东电力建设第一工程公司张海勇、卢爱玲、王建新主编；由山东电力建设第一工程公司史国梁副主编；由山东电力建设第一工程公司李刚、杜岩、郭利勇、钮晓博、杨德丰、陈建英、李阳参加编写；张海勇负责全书的统稿。

在本书编写过程中，化学工业出版社给予了大力的支持，在此表示衷心的感谢。

由于编者专业水平 、时间和能力所限，本书不足之处在所难免，热忱期望读者和同行批评指正。

编者

2016 年 5 月

前言

[illegible]

编者

2016年5月

目录 Contents

Chapter 1

Chapter 14 第十四章 大型火电机组设备的金属腐蚀、结垢与防护 ········ 223

第一章

辅助设备安装与检修的基础知识与基本理论

1-1 火力发电厂包括哪些主要系统、辅助系统和设施？

答：火力发电厂的生产过程涉及的主要生产系统为汽水系统、燃烧系统和电气系统。除此以外还有供水系统、化学系统、输煤系统和热工自动化等各种辅助系统以及相应的厂房、建筑物、构筑物等设施。

1-2 什么是电除尘的比集尘面积？

答：单位流量的烟气所分配到的收集面积，也就是烟气除尘总的收尘面积除以烟气的流量，单位为 $m^2/(m^3/s)$。

1-3 什么是除灰渣系统，分为哪几种方式？

答：火力发电厂的除灰渣系统是指将锅炉灰渣斗中排出的炉渣、吹灰器吹下的灰和除尘器捕集下来的飞灰等废料经收集设备、输送设备排放至灰场或者运往厂外的全部过程。图1-1所示是火力发电厂灰渣系统的流程图。

目前电厂的除灰方式，有水力、气力和机械三种基本除灰方式。除灰方式的选择是要根据炉型、除尘器类型、灰渣综合利用的要求、水量的多少及灰场的距离等因素来综合考虑。也可同时采用两种或三种联合的除灰方式。目前多数电厂采用的是水力除灰方式。随着灰渣综合利用程度的提高，气力除灰越来越被更多的电厂采用。

1-4 什么是水力除渣，由哪些部分组成，有什么特点？

答：水力除渣是以水为输送介质，水泵将水提升压力后，水流与灰渣混合并通过灰沟或管道输送至灰场。水力除灰系统通常由排渣、冲渣、碎渣、冲灰、输送设备、输送管道和阀门等部分组成。水力除渣系统的机械化程度较高，灰渣能迅速、连续、可靠地排到储灰场，在运送过程中不会产生灰尘飞扬现象，因而有利于改善现场的环境卫生。

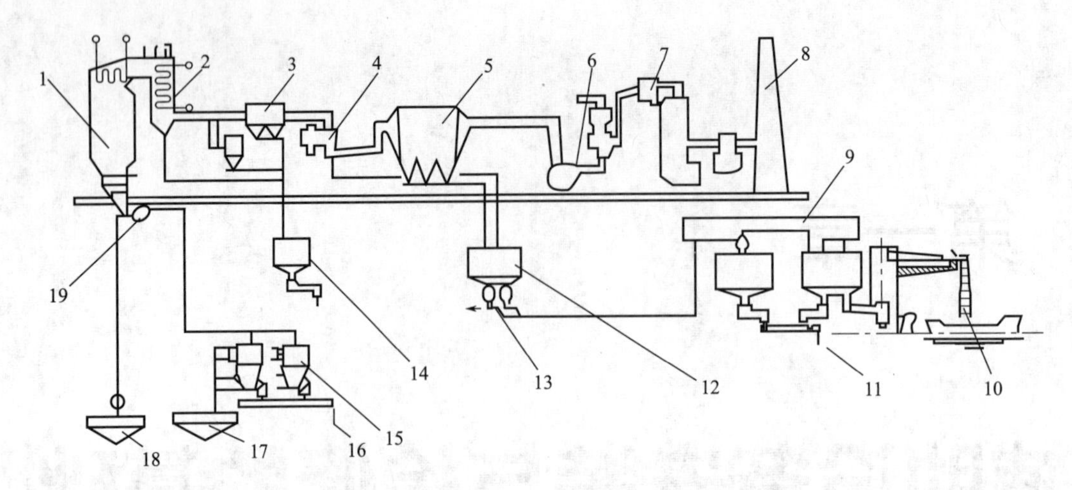

图 1-1 火电厂灰渣系统流程

1—锅炉；2—省煤器（再热器）；3—脱硝装置；4—空气预热器；5—电除尘器；6—引风机；7—脱硫装置；8—烟囱；9—分级系统；10—落灰管；11—出灰口；12—中间仓；13—仓泵；14—筒仓；15—脱水仓；16—出渣口；17—沉淀池；18—储水池；19—灰渣泵

1-5 什么是气力除灰系统，与水力除灰相比有什么特点？

答：气力除灰是一种以空气为载体，借助于某种压力设备（正压或负压）在管道中输送粉煤灰的方法。它与水力除灰相比具有以下特点：①可节省大量的冲灰水；②由于水与灰不接触，灰的固有活性及其他物化特性不受影响，对综合利用有利；③减少灰场占地面积，也不会污染灰场周围环境及地下水；④设备简单、人员少、自动化程度较高；⑤动力消耗较大，管道磨损严重；⑥输送距离受限制。

1-6 气力除灰主要分为哪几种？

答：气力除灰主要分为大仓泵正压气力除灰系统、负压气力除灰系统、微正压气力除灰系统、高浓度气力除灰技术、综合利用除灰系统。

1-7 天然水中含哪些杂质？

答：天然水中的杂质是多种多样的，这些杂质按其颗粒大小的不同，可分成三类：颗粒最大的称为悬浮物，其次是胶体，最小的是离子和分子，即溶解质。

1-8 火力发电厂若汽水品质不良将引起哪些危害？

答：没有经过净化处理的天然水如进入水汽循环系统，将会造成各种危害，汽水品质不良将引起下述危害：①热力设备的结垢；②热力设备的腐蚀；③过热器和汽轮机的积盐。

1-9 什么是水的自然沉降？

答：自然沉降是指天然水中未加任何药物，使其自然流过一个流速较慢的池子，让泥沙等悬浮物自然沉降到池底，达到初步净化的目的。

1-10 凝结水污染的原因有哪些？

答：凝结水是由蒸汽凝结而成的，水质应该是极纯净优良的，但是实际上由于某些原因，这些凝结水往往有一定程度的污染：

① 在汽轮机凝汽器的不严密处，有冷却水漏入汽轮机凝结水中。

② 在凝结水系统及疏水系统中，由于设备和管路的金属腐蚀而污染了凝结水。

③ 热用户的热网加热器不严密，有生水或其他溶液漏入加热蒸汽的凝结水中；使用蒸汽的企业在生产过程中污染了加热用蒸汽。此外，热用户的凝结水在收集、储存和返回电厂的路程中，也会带进大量的金属腐蚀产物。

1-11 水过滤的原理是什么?

答：现在认为在过滤过程中有两种作用，一种是机械筛分，另一种是接触凝聚。

(1) 机械筛分作用主要发生在滤料层的表面，这是因为在用水反洗以除去滤层污物时，滤料颗粒必然要按其大小的不同，起水力筛分作用，结果是小颗粒在上，大颗粒在下，依次排列。由于上层滤料形成的孔眼最小，易于将悬浮物截留，且截留下来的悬浮物之间发生彼此重叠和架桥的过程，以致在表面形成了一层附加的滤膜，起着筛分作用。

(2) 接触凝聚作用是进滤料层的微粒，在流经层中弯弯曲曲的孔道时，有更多的机会和滤料碰撞，因此这些砂粒表面可以起到更有效的接触作用，使水中那些双电层已被压缩的胶体易于凝聚在砂粒表面，故称为接触凝聚。

1-12 化学水处理系统的任务是什么?

答：化学水处理设备是为锅炉提供软水或除盐水的设备。软水或除盐水是为中压或高压锅炉使用的，可防止锅炉在长期运行中内部结垢而影响锅炉运行的经济性与安全性。

1-13 锅炉补给水处理系统工艺流程是怎样的?

答：预脱盐水泵→逆流再生强酸阳离子交换器（阳床）→逆流再生强酸阴离子交换器（阴床）→体内再生混合离子交换器（混床）→预脱盐水箱→除盐水泵→至主厂房凝结水箱。

1-14 煤场及卸煤、输煤设备的主要任务是什么?

答：煤场的任务是把来煤存放起来，存煤量与电厂至煤矿间的距离、运输条件等有关，一般存煤量不少于电厂 10 天的燃煤量。

卸煤设备是把车、船等运输工具运来的煤卸到煤场。

输煤设备是把煤从煤场送到锅炉煤仓间煤斗中的设备，供锅炉使用。输煤设备主要为皮带输送机。

1-15 胶带机的类型有哪些?

答：胶带机的类型有以下几种。

(1) 按输送机机架与基础的连接形式胶带机可分两大类：固定式带式输送机和移动带式输送机。

(2) 按输送带的类型可分为：通用胶带机、钢丝绳芯胶带机、钢丝绳牵引胶带机和特种带式输送机。

(3) 按支承装置的结构形式可分为：托辊支承式输送机、平板支承式输送机、气垫支承式输送机。

(4) 按牵引力的传递方法可分为：普通带式输送机、钢丝绳牵引式输送机。

1-16 胶带机的工作原理是什么?

答：胶带机是以输送带作为牵引构件和承载件的连续运输机械。输送带绕经传动滚筒、托辊组和改向滚筒形成闭合回路，输送带的承载及回程面都支撑在托辊上，由拉紧装置提供适当的拉紧力，工作中通过传动滚筒与输送带之间的摩擦力输送带运行，煤及其他物料装在胶带上与胶带一起运动。胶带输送机一般是利用上段胶带运送物料的，并在胶带头部进行卸料，特殊的是利用专门卸料装置如犁煤器、配料车等任意位置卸料。

1-17 环锤式碎煤机的结构是怎样的?

答：主要由机体、转子、筛板架、筛板调节机构构成，如图 1-2 所示。

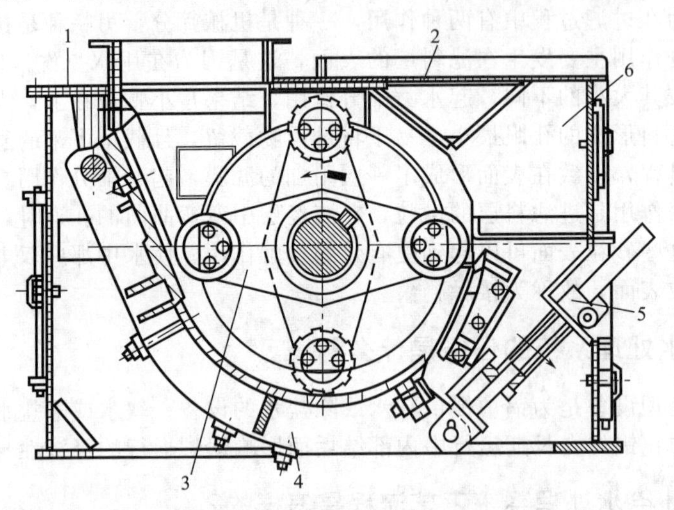

图 1-2 环锤式碎煤机结构

1—机体；2—机盖；3—转子；4—筛板架；5—筛板调节器；6—除铁室

1-18 什么是火电厂燃料供应系统?

答：火电厂燃料供应系统包括燃煤和燃料供应，燃油材料为轻油和重油，为锅炉冷态启动点火提供原料，当机组需要提升负荷时投入煤粉和热风的混合物，保证充分燃烧，保证热能量转化增大。

1-19 电除尘的工作原理是怎样的?

答：电除尘的工作原理是使带尘烟气缓慢地流过一组施以高压直流电的电晕板和集尘极之间。由于高压电场的作用，气体被电离，尘粒从离子化的烟气中取得电荷，在电力线的作用下，游移至集尘极，沉积并释放电荷成中性粉尘，然后经过振打剥落，掉落至灰斗中，排出。

1-20 氨法烟气脱硫的原理及特点是什么?

答：烟气脱硫是一个十分典型的化工过程，它基于碱性脱硫剂与酸性 SO_2 之间的化学反应。碱性脱硫剂包括石灰石（石灰）、纯碱（烧碱）、氧化镁和氨，分别可称为钙法、钠法、镁法和氨法。任何烟气脱硫（FGD）过程都包括两个基本的化学反应过程：①吸收，即 SO_2 吸收生成为亚硫酸盐；②氧化，即亚硫酸盐氧化为硫酸盐。氨法脱硫以水溶液中的 SO_2 和 NH_3 的反应为基础：

吸收：$$SO_2+H_2O+XNH_3 = (NH_4)XH_2-XSO_3\text{（亚硫铵）} \quad (1\text{-}1)$$

氧化：$$(NH_4)XH_2-XSO_3+O_2+(2-X)NH_3 = (NH_4)_2SO_4\text{（硫铵）} \quad (1\text{-}2)$$

这是氨法脱硫的原理，其明显特点是：无二次废渣、废水和废气污染；回收 SO_2，生产硫铵，实现 SO_2 回收价值的最大化。

1-21　海水淡化方法分类及其原理？

答：根据分离过程，海水淡化主要包括蒸馏法、膜法、冷冻法和溶剂萃取法等。蒸馏法海水淡化是将海水加热蒸发，再使蒸汽冷凝得到淡水的过程，又可分为多级闪蒸、多效蒸发和压气蒸馏。膜法海水淡化是以外界能量或化学势差为推动力，利用天然和人工合成的高分子薄膜将海水溶液中盐分和水分离的方法，由推动力的来源可分为电渗析法、反渗透法等。冷冻法海水淡化是将海水冷却结晶，再使不含盐的碎冰晶体分离出冰融化得到淡水的过程。溶剂萃取法海水淡化是指利用一种溶解水而不溶解盐的溶剂从海水中把水溶解出来，然后把水和溶剂分开从而得到淡水的过程。目前主要应用的海水淡化方法主要为多级闪蒸和反渗透。

1-22　齿轮传动有哪些特点？

答：齿轮传动具有如下特点。

优点：结构紧凑，适用范围大，能保证传动比恒定不变，机械效率较高，工作可靠且寿命长，轴及轴承上所受的压力较小。

缺点：对安装工艺、精度要求较高，制造费用较大，不宜作远距离传动，否则会使齿轮传动机构变得庞大而笨重。

1-23　滚动轴承主要类型有哪几种？各有什么特点？

答：按所能承受载荷的方向分：

① 向心轴承——主要承受径向载荷，其中有几种类型可承受较小的轴向载荷。

② 推力轴承——只能承受轴向载荷。

③ 向心推力轴承——能同时承受径向载荷和轴向载荷。

按滚动体的形状分：①球轴承；②滚子轴承；③滚针轴承。

球和短滚子在轴承中可排成单列的，也可排成双列的。长滚子只制成单列的。

1-24　何谓周节？何谓模数？模数为什么要标准化？

答：周节：在节圆直径的圆周上，一齿的一点至相邻齿的对应点间的弧线长称为该圆上的周节。

模数：周节与圆周率之比值作为表示齿轮大小的基本参数，这个基本参数称为模数。

因为模数在齿轮上虽无法直接测量，却代表了齿轮周节的大小，从而也反映了轮齿的大小，故模数应标准化。

1-25　可移式联轴器分为哪几类？主要有哪些？

答：可移式联轴器可分为刚性可移式联轴器和弹性可移式联轴器。刚性可移式联轴器主要有十字滑块联轴器、齿轮联轴器、万向联轴器；弹性可移式联轴器主要有弹性圈柱销联轴器、柱销联轴器。

1-26　联轴器的作用是什么？联轴器分为几类？

答：联轴器通常用来连接不同设备中的两根轴，使它们一起旋转并传递扭矩。

联轴器可分为两大类：①固定式联轴器；②可移式联轴器。

1-27 链传动的优缺点是什么?

答：链传动的优点是：

① 用于两轴中心距较大的传动，两轴最大距离可达 8m；

② 磨损小，传动效率高；

③ 能保持准确的传动比；

④ 作用在轴和轴承上的力小。

链传动的缺点是：

① 瞬时传动比不恒定，传动平稳性较差；

② 无过载保护作用；

③ 安装精度要求较高。

1-28 螺栓连接常用的防松装置有哪些?

答：① 利用摩擦力的防松装置，可以采用弹簧、垫圈和双螺母连接；

② 用机械方法的防松装置，常用的形式有开口销、止退垫圈及带翅圈。

1-29 螺纹主要有哪几种类型?

答：按不同的形式标准可分为如下几种。

① 按螺纹的牙型分：三角形螺纹、圆形螺纹、矩形螺纹、锯齿形螺纹。

② 按螺纹的头数分：单头、双头、三头及多头螺纹。

③ 按螺纹的旋转方向分：右旋螺纹和左旋螺纹两种。

1-30 铆接有何优缺点?

答：铆接的优点是：有足够的强度，在一定压力的液体或气体作用下不渗透，受力小，紧密性好。缺点是：连接以后不可拆除。

1-31 平键连接的特点和用途有哪些?

答：平键的两侧面是工作面，与轴、轮毂构成松连接，没有锁紧力的作用。工作时依靠键的两侧面与轴及轮毂上键槽侧壁的挤压来传递扭矩。平键连接的优点是轴与轴上的零件的配合对中好，因而可以应用于高速及精密的连接中，拆装方便。但它仅能传递扭矩，不能承受轴向力。

1-32 确定轴的结构时，应考虑哪些问题?

答：① 便于轴上零件的拆装及轴的加工；

② 便于轴上零件的固定；

③ 力求提高轴的强度。

1-33 三种类型的轴如何区分? 试举例说明。

答：用来支撑转动零件，只承受弯矩而不传递扭矩的轴称为芯轴，如滑轮轴；主要用来传递扭矩而不承受弯矩或者弯矩很小的轴称为传动轴，如汽车底盘中的传动轴；工作时既承受弯矩又承受扭矩的轴称为转轴，转轴是最常见的轴。

1-34 真空泵具有哪些特点?

答：① 在较宽的压力范围内有较大的抽速。

② 转子具有良好的几何对称性，故振动小，运转平稳。转子间及转子和壳体间均有间隙，不用润滑，摩擦损失小，可大大降低驱动功率，从而可实现较高转速。

③ 泵腔内无需用油密封和润滑，可减少油蒸气对真空系统的污染。

④ 泵腔内无压缩，无排气阀。结构简单、紧凑，对被抽气体中的灰尘和水蒸气不敏感。

⑤ 压缩比较低，对氢气抽气效果差。

⑥ 转子表面为形状较为复杂的曲线柱面，加工和检查比较困难。

1-35 正压除灰系统选用的螺杆式空压机的工作原理是怎样的?

答：螺杆压缩机是一种工作容积作回转运动的容积式气体压缩机械。气体的压缩依靠容积的变化来实现，而容积的变化又是借助压缩机的一对转子在机壳内作回转运动来达到。

1-36 气力输送系统的机理是什么?

答：用管道中流动空气的压力能量携带物料沿着指定的路线运动。物料在管道中的分布随着空气速度，物料及粒径不同呈现不同的流动形态。

1-37 布袋除尘器的工作原理是什么?

答：过滤式除尘器是指含尘烟气孔通过过滤层时，气流中的尘粒被滤层阻截捕集下来，从而实现气固分离的设备。

过滤式除尘装置包括袋式除尘器和颗粒层除尘器，前者通常利用有机纤维或无机纤维织物做成的滤袋作过滤层，而后者的过滤层多采用不同粒径的颗粒，如石英砂、河砂、陶粒、矿渣等组成。

伴着粉末重复地附着于滤袋外表面，粉末层不断地增厚，布袋除尘器阻力值也随之增大；脉冲阀膜片发出指令，左右淹没时脉冲阀开启，高压气包内的压缩空气通了，如果没有灰尘了或是小到一定的程度了，机械清灰工作会停止工作。

1-38 布袋除尘器喷吹系统设计的原则是什么?

答：喷吹系统由脉冲阀、喷吹气包、喷吹管及管道连接件组成。喷吹系统是布袋除尘器的核心部件，它的设计好坏可以决定除尘器能否正常使用。设计喷吹系统时，应该注意脉冲阀的选择、喷吹气包容量的大小及喷吹管详细结构的设计。

1-39 喷吹管结构设计的原则是什么?

答：喷吹管的设计，主要考虑喷吹管直径、喷嘴孔径及喷嘴数量、喷吹短管的结构形式及喷吹短管端面距离滤袋口的高度。

1-40 喷吹短管设计的作用和理念是什么?

答：喷吹短管的作用是导向和引流（诱导喷嘴周围的数倍于喷吹气流的上箱体内净气流一同对滤袋进行喷吹清灰）。根据多年喷吹试验，高速脉冲喷吹气流通过喷嘴后，气流沿喷吹轴线成20°角（0.3MPa的工作压力下）向轴线周围超音速膨胀（扩散锥形角为40°）。还有些时候，由于喷吹管上喷嘴的加工制造有缺陷，造成喷嘴略微歪向一边。这样，当喷吹气流通过喷嘴后，将不会垂直于喷吹管，产生吹偏现象。为了解决这个问题，便引入了喷吹短管的概念（有些除尘设备制造厂家称其为导流管）。

1-41 仓泵的输送原理是什么?

答：气力输送泵在本系统中主要用于粉煤灰的输送，它自动化程度高，利用PLC控制整个输送过程实行全自动控制。主要由进料装置、气动出料阀、泵体、气化装置、管路系统及阀门组成。仓泵输送过程分为四个阶段。

(1) 进料阶段：仓泵投入运行后进料阀打开，物料自由落入泵体内，当料位计发出料满信号或达到设定时间时，进料阀自动关闭。在这一过程中，料位计为主控元件，进料时间控制为备用措施。只要料位到或进料时间到，都自动关闭进料阀。

(2) 流化加压阶段：泵体加压阀打开，压缩空气从泵体底部的气化室进入，扩散后穿过流化床，在物料被充分流化的同时，泵内的气压也逐渐上升。

(3) 输送阶段：当泵内压力达到一定值时，压力传感器发出信号，吹堵阀打开，延时几秒钟后，出料阀自动开启，流化床上的物料流化加强，输送开始，泵内物料逐渐减少。此过程中流化床上的物料始终处于边流化边输送的状态。

(4) 吹扫阶段：当泵内物料输送完毕，压力下降到等于或接近管道阻力时，加压阀和吹堵阀关闭，出料阀在延时一定时间后关闭，从而完成一次工作循环。

1-42 刮板式捞渣机驱动装置工作原理是什么？

答：捞渣机由闭环式静压驱动装置驱动。液压站驱动液力马达（向心活塞马达）带动一个直接与水浸式刮板捞渣机驱动轴相连的单级行星式减速器。液力驱动装置中包含一个电动机，电动机驱动可调速的泵来满足液力马达（向心活塞马达）的容积流量和压力需求，并且可以实现反转。由于采用液力驱动装置，当负荷变化时（渣量变化时）能自动实现埋刮板捞渣机输送速度的无级调速。

1-43 捞渣机行走装置工作原理是什么？

答：捞渣机安装在能将其整体从炉膛下拖出的行走机构上。这样可以通过锅炉喉部进入炉膛。安装在刮板捞渣机上马达驱动的滚轮能在预埋在地面上的轨道上滚动。当捞渣机故障时，捞渣机只能侧向移出。

1-44 水力喷射器的工作原理是什么？

答：利用流体来传递能量和质量的真空获得装置，采用有一定压力的水流通过对称均布成一定侧斜度的喷嘴喷出，聚合在一个焦点上。由于喷射水流速特别高，将压力能转变为速度能，使吸气区压力降低产生真空。数条高速水流将被抽吸的气体攫走，从而达到了带走渣斗中渣水混合物的效果。

1-45 高效浓缩机的工作原理是什么？

答：高效浓缩机是利用灰渣微粒在液体中的沉积特性将固体与液体分开，同时利用浓缩斜板装置加速沉淀，大幅度提高沉降效率；沉降至池底的固体颗粒，由池底旋转的刮灰耙将沉渣缓慢地聚拢到池底部中央的排浆口。沉淀浓缩后的高浓度的灰浆通过排浆口连续排出，从而达到高浓度灰浆排放及清水回用的目的。高浓度灰浆则被重新输送到脱水仓等上级设备进一步脱水。

1-46 高效浓缩机的浓缩过程是什么？

答：高效浓缩机的浓缩过程是：灰浆由进浆管进入浓缩池，通过稳流装置在尽可能减小扰动的条件下，迅速分散到整个横截面上；较粗的灰粒会直接沉入池底，较细灰粒沿四周扩散，边扩散边沉降；同时流经浓缩斜板装置，提高沉降效率。装设浓缩斜板是采用流体浅层理论，原理是：①增大了沉降面积；②浓缩机的沉降区被斜板分割成许多小部分，所以水流比较稳定，不易产生涡流，有利于颗粒的沉降；③颗粒沉降的路程较短，相当于两块相邻斜板间的距离，故沉降所需的时间也就较短，沉淀的灰浆颗粒沿斜板下滑，即增大沉降速度、提高沉淀效率。这样灰水中的固体受本身的重力作用，在相当平稳的介质中下沉，上层灰水与固相分离，固相灰浆颗粒集中于下层并逐渐向池底集中，它们在池底相互紧密地积聚，同时又受到转动着的耙架上的刮板作用，使其沉淀的固相灰浆颗粒进一步积聚浓缩，然后已沉淀的灰浆颗粒被耙架的耙齿刮板缓慢地刮集到池中心，由排浆口排出；在上部形成一层澄清水，澄清水则沿溢流槽流出，完成浓缩的全过程。

1-47 液力耦合器的传动原理是什么？

答：液力耦合器相当于离心泵与涡轮机的综合。当动力机通过液力耦合器输入轴驱动泵轮旋转时，充填在工作腔中的工作液体在离心力的作用下，沿泵轮叶片流道由泵轮入口向外缘流动，同时，液体的动量矩产生增量，即耦合器的泵轮将机械能转化成了液体动能。当携带液体动能的工作液体由泵轮出口冲向对面的涡轮时，工作液体便沿涡轮叶片流道做向心流动，同时释放液体动能，转化成机械能，驱动涡轮旋转并带动工作机做功。就这样工作液体在耦合器腔内周而复始地做螺旋环流运动，输出与输入在没有任何直接机械连接的情况下，仅靠液体动能，便柔性地连接在一起了。

1-48 液力耦合器的调速原理是什么？

答：液力耦合器传递动力的能力近似地与其工作腔内的充液度成正比。因此，改变液力耦合器工作腔内的充液度，便可以调节输出力矩和输出转速。在本设计中，这种充液度的调节是依靠调节勺管的位置来实现的。原理如下：当液力耦合器工作时，套装在输入轴上的驱动齿轮在输入轴带动下旋转，驱动被动齿轮带动油泵主轴旋转，油泵将工作油从箱体吸出经冷却器冷却后进入勺管壳体中的进油室，并继而经泵轮入口进入工作腔。与此同时，工作腔中的工作液体在做螺旋环流运动的同时，还通过泵轮与导管腔的泄油孔进入导管腔形成一个旋转油环。旋转油环靠自身旋转所形成的压头，当遇到勺管头时，工作液体便由勺管导出。于是通过电动执行器操纵勺管的伸缩程度，便可以改变导管腔内的油环厚度。由于导管腔与工作腔连通，所以也就改变了工作腔内的充液度，实现无级调速。勺管排出的油通过回油三通重新回到油箱。由于勺管吸油和油泵的进、出油口均与耦合器的转向有关，所以油泵转子与勺管安装方向要与耦合器转向相适应。也就是说，第一，勺头开口方向必须迎着导管腔油环的旋转方向；第二，油泵泵盖上箭头方向必须与电机转向相同。

1-49 真空泵是一种什么装置？

答：真空泵是指利用机械、物理、化学或物理化学的方法对被抽容器进行抽气而获得真空的器件或设备。通俗来讲，真空泵是用各种方法在某一封闭空间中改善、产生和维持真空的装置。

1-50 按真空泵的工作原理分类，真空泵可以分为哪几种类型？

答：按真空泵的工作原理，真空泵基本上可以分为两种类型，即气体捕集泵和气体传输泵。其广泛用于冶金、化工、食品、电子镀膜等行业。

1-51 常见的几种真空泵的形式有哪几种？

答：常用真空泵包括干式螺杆真空泵、水环泵、往复泵、滑阀泵、旋片泵、罗茨泵和扩散泵等，这些泵是我国国民经济各行业应用真空工艺过程中必不可少的主力泵种。

1-52 真空泵的传动方式是怎样的？

答：真空泵的两个转子是通过一对高精度齿轮来实现其相对同步运转的。主动轴通过联轴器与电动机连接。在传动结构布置上主要有以下两种。其一是电动机与齿轮放在转子的同一侧，从动转子由电动机端齿轮直接传过去带动，这样主动转子轴的扭转变形小，则两个转子之间的间隙不会因主动轴的扭转变形大而改变，故使转子之间的间隙在运转过程中均匀。这种传动方式的最大缺点是：①主动轴上有三个轴承，增加了泵的加工和装配难度，齿轮的拆装及调整也不便；②整体结构不匀称，泵的重心偏向电动机和齿轮箱一侧。另一种真空泵是电动机和传动齿轮分别装在转子两侧。这种形式使真空泵的整体结构匀称，但主动轴扭转变形较大。为保证转子在运转过程中的间隙均匀，要求轴应有足够的刚度，轴和转子之间的连接要紧固（目前已有转子与轴焊或铸成一体的结构）。这种结构的真空泵拆装都很方便，所以被广泛采用。

1-53 蜗杆传动有哪些优缺点？

答：蜗杆传动的优点是：

① 一级传动就可得到很大的传动比；

② 工作平稳无噪声；

③ 可以自锁；

④ 传动承载能力较大；

⑤ 结构紧凑。

蜗杆传动的缺点是：

① 传动时有较大的轴向力，齿面相对滑动速度较大，长时间工作后易产生磨损和发热；

② 传动中功率损失大，传动效率低，故蜗杆传动用于功率不大且不连续工作的场合。

1-54 楔键连接的特点和用途有哪些？

答：楔键的上表面制成1：100的斜度，与此面相接触的轮毂键槽平面也制成1：100的斜度。装配时，将键楔紧，使键的上下两工作面与轴、轮毂的键槽工作表面压紧，构成紧连接。键与键槽的侧壁互不接触，工作时靠摩擦力传递扭矩。这种键的优点是既能使轴上的零件轴向固定，又能轴向单方向固定。其缺点是由于键的斜度引起轴上零件与轴的配合偏心，因此不能用在需要严密对中的场合。

1-55 刮板式捞渣机的工作原理是什么？

答：上槽体内储满冷却水（水温≤60℃），炉膛内的高温红渣经渣井、关断门落入上槽体水中骤冷粒化，由环型链条牵引的角钢型刮板向前拖出，再经碎渣机破碎后进入渣沟，水力输送到灰浆池，亦可不经碎渣机而直接装车或积存在自行式活动渣斗中，之后装车运出，供综合利用。

1-56 与滑动轴承比较，滚动轴承的优缺点是什么？

答：与滑动轴承相比较，滚动轴承有下列优点：

① 一般的工作条件下，滚动轴承的摩擦因数比滑动轴承小，而且不随速度而变化，因此效率高，启动也容易；

② 滚动轴承的径向间隙小，所以运转精度高；

③ 对于同尺寸的轴颈，滚动轴承的轴向尺寸比滑动轴承小；

④ 滚动轴承消耗润滑剂少，也易于维护。

滚动轴承的缺点是：

① 承受冲击载荷的能力差，工作时声响大；

② 拆装比较困难；

③ 寿命较短。

1-57 与平行带传动比较，V带传动有何优缺点？

答：V带传动具有以下优点：

① 相同的张紧力下由于带的两侧面与轮槽的两个斜壁间是槽面摩擦，产生的摩擦力大，所以能传递较大的功率；

② 允许的传动比较大，而且结构较为紧凑；

③ V带大多制成标准的封闭形，可避免接头处传动不平滑的现象。

V带传动的缺点是：

① 不能用于中心距较大的带传动；

② 其效率较低，并且磨损也较快，一条V带的平均使用寿命为3000～5000h；

③ 为了减少每根带受力不均匀的现象，对V带的长度、带轮的制造精度以及安装精度要求较高。

1-58 怎样选择键？

答：键是标准零件，工作时，键受挤压，故多采用强度极限较大的碳素钢作为键的材料，如A5、A6及45钢等。修配中，通常根据连接的工作要求，参照原损坏的键，确定其结构形式及特点。随后再按照轴的直径 d 从键的标准中查所需键的剖面尺寸，即键的宽度 b 和高度 h。至于键的长度 L，一般可取 $1.5d$ 或从轴的键槽上量取。

1-59 水力除渣与机械除渣的优缺点是什么？

答：水力除渣设备简单，成本比较低，但灰渣二次利用率低；机械除渣虽然一次投入的成本比较高，但渣的运输和后续处理容易，而且消耗的冷却水经过处理后可以循环利用，耗水量相对降低。

1-60 倒链使用前应注意哪些事项？

答：倒链使用前应注意以下四点：

① 检查吊钩、链条和轮轴等有无损伤，传动是否灵活。

② 起重链条是否打扭，如有打扭现象应先顺直后方可使用。

③ 应试验自锁良好时，才可使用。

④ 使用时不得超过铭牌上额定起重量。

1-61 对搭脚手架所用的架杆和踏板有哪些要求?对搭好后的脚手架有哪些要求?

答：对搭脚手架所用的架杆和踏板的要求分别是：杆柱可采用木杆、竹杆或金属管。木杆可采用剥皮杉木或其他各种坚韧的硬木。对杨木、柳木、桦木、油松和其他腐朽、折裂、枯节等易折断的木杆，禁止使用。竹杆应采用坚固无伤的毛竹，但青嫩、枯黄或有裂纹、虫蛀以及受机械损伤的都不准使用。脚手架踏板厚度不应小于4cm。

对搭好后的脚手架应稳固可靠、脚手架顶部在靠外缘设有齐腰高的栏杆（1m高），在栏杆内侧设有18cm高的侧板，以防坠物伤人。上脚手架前应预测所承受荷重。不得超过预测荷重。

1-62 起重工常用的起重锁具有哪些？常用的小型工具有哪些？

答：起重工常用的吊装索具有麻绳、钢丝绳以及用麻绳或钢丝制作的吊索和吊索附件。起重工常用的小型设备有千斤顶、绞磨、卷扬机、滑车和滑车组等。

1-63 起重工在吊装、搬运各类型的物件时，必须考虑哪些情况？

答：起重工在吊装、搬运各类型物件时，必须考虑到它的重量及受力面、工作环境和安全性等，而后选用恰当的工具、设备和确定合理的施工方法。

1-64 使用滑车、滑车组时应注意哪些？

答：使用滑车、滑车组时应注意以下六点：

① 使用前应检查滑车的轮槽、轮轴、夹板、吊钩各部分无损伤和无裂纹，并检查转动部件必须灵活，润滑良好，不得超载。

② 滑车穿绕完毕后，应将绳收紧，检查有无卡绳、磨绳和绳间是否互相摩擦，如有问题应立即消除，不得勉强行事。

③ 滑车组在工作中，保持垂直，中心线通过重物中心，使重物平衡提升。

④ 不得有传力不畅，滑车组的钢丝绳应受力均匀，以免突然收紧产生很大冲击荷载，甚至造成断绳。

⑤ 重要的起重、高空作业以及起重量较大时，不宜使用吊钩型滑车，而应使用吊环、吊梁型滑车，以防脱钩事故。

⑥ 滑车使用前后应擦油保养，传动部分经常润滑，存放于干燥少尘的库房，悬挂或垫以木板搁好。

1-65 一切重大物件的起重、搬运工作必须由什么人员统一指挥？

答：一切重大物件的起重、搬运工作必须由有经验的专人负责领导进行，参加工作的人员应熟悉起重搬运方案和安全措施。起重搬运时只能由一个人指挥。

1-66 使用吊环起吊物件时，应注意哪些事项？

答：使用吊环起吊物件时，应注意以下事项：

① 使用吊环前，应查吊环螺杆有无弯曲现象，螺丝扣与螺孔是否吻合，吊环螺杆承受负荷是否大于物件重量。

② 螺杆应全部拧入螺孔，以防受力后产生弯曲或断裂。

③ 两个以下吊点使用吊环时，钢丝绳间的夹角不宜过大，一般应在60°之内，以防止吊环受力过大的水平力而造成吊环损坏。

1-67 钢丝绳有哪些情况时，应报废、换新或截除？

答：① 钢丝绳中有断股者应报废；

② 钢丝绳的钢丝磨损或腐蚀达到及超过原来钢丝直径的40%时，或钢丝绳受过严重火灾或局部电火烧过时，应即报废；

③ 钢丝绳压扁变形及表面起毛刺严重者应换新；

④ 钢丝绳的断丝数量不多，但断丝增加很快者应换新；

⑤ 钢丝绳受到冲击负荷后，该段钢丝绳较原来的长度延长达到或超过0.5%者，应将该段钢丝绳切去。

1-68　卷扬机在运转中禁止哪些工作？

答：① 往滑车上套钢丝绳；

② 修理或调整卷扬机的转动部分；

③ 当物件下落时用木棍来制动卷扬机的滚筒；

④ 站在提升或放下重物的地方附近；

⑤ 改正卷扬机滚筒上缠绕得不正确的钢丝绳。

1-69　什么是油的闪点和凝固点？

答：燃油热到适当温度后若用热源去接近油的表面能产生短时间的闪光，这时的温度称为闪点。当温度降到一定最值时，油就发生凝固，这时的温度称为凝固点。

1-70　如何用图示法求合力的两个分力？

答：例：已知合力大小及方向，又已知两分力与合力的夹角分别为 α_1、α_2，求两分力的大小。

解：用作图法，步骤如下（见图 1-3）。

① 作线段 OC，使其与合力大小成比例；

② 作 $\angle AOC=\alpha_1$，$\angle BOC=\alpha_2$；

③ 过 C 点分别作上面已作出两条线的平行线，并与其分别相交于 A、B 点；

④ 按所取比例尺，量 OA、OB，即可算出分力的大小，其方向如图 1-3 所示。

1-71　如何用图示法求两个互成角度的两个分力的合力？

答：例：已知两分力 $F_1=20\text{N}$，$F_2=40\text{N}$，其夹角为 70°，用图示法求其合力。

解：如下图所示，取 1 个单位长代表 10N，作线段 OA，使其长为 2 个单位；作 $\angle AOB=70°$，并截 OB 等于 4 个单位长；过 B 点作 OA 的平行线，再过 A 点作 OB 的平行线，两线相交于 C，连接 OC，相量 OC 为合力，量得其长为 5 个单位，则合力大小为 $50N$，其方向如图 1-4 所示。

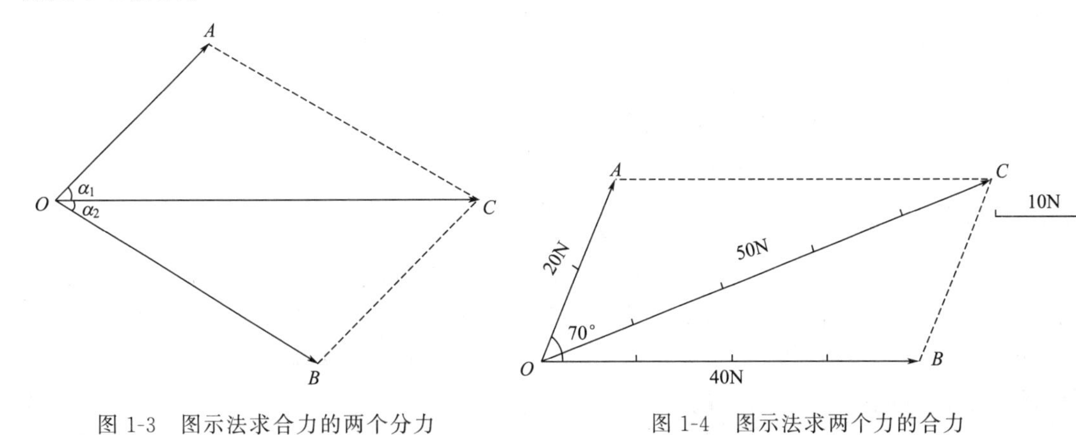

图 1-3　图示法求合力的两个分力　　图 1-4　图示法求两个力的合力

1-72　翻车机可分为哪几种类型？

答：① 按翻卸形式可分为转子式翻车机和侧倾式翻车机；

② 按驱动方式可分为钢丝绳传动和齿轮传动两种；

③ 按压车装置形式可分为液压压车式和机械压车式两种。

1-73 翻车机卸车线按布置形式可分为几种?

答：火电厂因所处的地形地质条件不同，卸车线的布置形式和设备组成也不同。根据布置形式，卸车线可分为贯通式和折返式两种。

1-74 螺旋卸煤机的工作原理是什么?

答：它利用正、反两套双螺旋旋转产生推力，煤在此推力作用下沿螺旋通道由中间向两侧运动；并且大车可以沿车箱纵向往返移动，螺旋可以升降，在大车移动与螺旋升降密切配合下，两侧的煤就被不断地卸出车箱。两套螺旋可以垂直升降，也可以一高一低，以增加吃煤厚度，提高出力。

1-75 什么是煤场储煤罐？有什么特点?

答：储煤罐又称为圆筒仓，它是一种储煤设施或缓冲、混煤设施。储煤罐的直径和储存量由10多米、储存煤1000余吨发展到20多米、10000余吨。

储煤罐占地面积小。与储煤场比较，同样的占地，储煤罐可以多储煤。便于实现储卸自动化，运行费用低，能减少煤因风吹日晒而发热量降低的损失。采用储煤罐储煤，还可以减少煤尘对周围环境的污染，在多雨地区使用，更有其优越性，但储煤罐造价高。

1-76 斗轮堆取料机的符号MDQ8030是什么意思?

答：斗轮堆取料机型号前字母M、D、Q分别是“门式”、“堆”、“取”拼音字母的缩写，“80”表示该机每小时连续取料800t，“30”表示该机的回转半径为30m。

1-77 缓冲床的优点是什么?

答：① 缓冲条和输送带的面接触有效防止了对输送带的损伤。

② 输送带在落料口受力均匀，大大降低了日常的修补和维护费用。

③ 有效消除因输送带非均匀受力而导致的物料飞溅及散漏。

④ 超高分子量聚乙烯的光滑表面使得输送带运行时的摩擦力降到最低。

⑤ 聚乙烯层表面的弧形设计，保证了输送带运行的顺滑流畅。

⑥ 超高弹性特种橡胶层能够最大限度地吸收物料冲击力。

⑦ 缓冲条的各部分之间采用热硫化工艺相连接，紧凑牢固。

⑧ 底层钢结构的设计使得拆装变得方便快捷。

1-78 缓冲床的特点是什么?

答：无运动零部件，减少日常维修费用；受力平均、支撑面积大，减少皮带松垂、损坏和物件丢落；吸收冲击能量；倾斜倒角可平顺引导皮带免被绊住；适合各种皮带面宽和角度；可承受强烈冲击；安装快捷简单，利于检查更新。安装在输送带的落料点，延长皮带寿命。

1-79 犁式卸料器结构是什么?

答：犁式卸料器分类：

① 按设备卸料位置分：单侧和双侧。

② 按设备安装形式分：左装和右装。

③ 按推杆安装形式分：侧推杆和上推杆。

④ 按动力形式分：电动、气动和电液推杆。

1-80 犁式卸料器工作原理是什么？

答：电动可变槽角犁式卸料器工作原理：

电动可变槽角犁式卸料机以电动液压推杆为动力源，工作时，通过推杆伸出作用于驱动杆，带动框架前进，完成犁刀下落，并支承起平托辊组，使胶带工作面平直，犁刀下沿与胶带面贴合紧密，将运行胶带上的物料卸入漏斗（料斗）中，或卸到需要的场所去。卸料完毕时，启动推杆缩回作用于驱动杆，带动框架后退，犁刀上抬，可变槽角托辊组由平形变回槽形，使胶带工作面恢复槽形状态，让物料平稳通过；由于电动液压推杆采用液压传动，具有自动过载保护性能。当运行受阻时，油路中压力增高到调定的限额，溢流装置迅速而准确地溢流，实行过载保护。电机运转在额定值内，保护电机不被烧毁。

电动犁式卸料器工作原理：

电动犁式卸料器是以电动推杆为动力源，在预备状态时：电动推杆缩进，犁头上抬，承载辊子与其他槽形承载托辊辊子呈同一水平，活动辊子呈槽角状态。进入工作状态时，电动推杆伸出，一方面通过电动推杆带动拉杆放下犁头，同时通过驱动臂推动托辊架使托辊架上升到卸料高度，活动辊子槽角消失，这样便进入卸料状态。卸料完成后，再进入预备状态。

1-81 液压拉紧装置的工作原理是什么？

答：点动自动液压拉紧装置的点动按钮，启动液压马达运转，推动液压缸拉紧钢丝绳使皮带拉紧。当拉紧到张力检测装置设定值的95%时，关停液压马达。启动液压站使油缸拉紧钢丝绳到张力检测装置的设定值，当拉紧力超过设定值的5%时液压站停止工作，并保持这一拉紧力。在皮带机正常运输过程中，地面控制站的张力检测装置随时检测皮带的拉紧力。一旦发现拉紧力低于设定值的5%时，它将通过电控重新启动液压系统，增大皮带拉紧力至达到张力检测装置的设定值。调整结束后，液压系统再次自动停止工作。

1-82 电动三通主要原理及用途有哪些？

答：电动三通以电动推杆为动力元件，从而实现电动挡板在三通管中的切换作用。工作时电动推杆作直线往复运动，通过曲柄带动阀轴、阀板作一定角度的摆动，从而输送物料、控制物料的流向及流量。电动三通是一种分流装置，是将物料由卸煤系统或者物料输送系统中的物料分流到料场与上料系统或根据需要分配到另一台皮带运输机或其他运输设备上的关键设备，也是输煤系统切换与分流的必要装置。

1-83 除铁器原理及分类是什么？

答：除铁器主要用于除去非磁性物料中的铁磁物质，使物料提纯。广泛用于火力发电、水泥、矿山、煤炭等行业。按磁源分为永磁、电磁；按卸铁方式分为人工卸铁、自动卸铁；按安装方式分为悬挂式、磁滑轮等；按冷却方式分为自冷、油冷、强制风冷。

1-84 输送带驱动常用的液力耦合器类型及原理是什么？

答：常用限矩型、调速型液力耦合器。限矩型耦合器、调速型耦合器原理基本一致都是将电动机扭矩通过耦合器中的工作液体来传递，泵轮将电动机的机械能转变为工作液体的动能，涡轮又将工作液体的动能转变为机械能。通过输出轴驱动负载。泵轮和涡轮之间没有机械联系。调速型液力耦合器传递动力的能力近似地与其工作腔内的充液度成正比。因此，改变液力耦合器工作腔内的充液度，便可以调节输出力矩和输出转速。

1-85 入厂（炉）煤采样装置工作原理是什么？

答：带有不锈钢铲刀的采样头安装在皮带输送机中间位置，从运动的倾斜的输送带上直接进行全断面采样。工作时，铲头由减速电机带动按所编程序旋转，每隔一定时间间隔旋转一周采集一个子样，铲头后部的刮扫器确保所采集的子样完全进入溜槽内，子样顺着溜槽进入初级皮带给料机，再由初级给料机将子样连续均匀地输送给破碎机，破碎机按规定的粒度要求进行破碎，经破碎后的物料经过缩分器缩分后形成分析样和余料两部分，分析样落入样品收集罐中，供实验室使用；缩分后的余料经余煤回送装置，将弃料提升到一定高度，返回到主物料流中，从而完成整个采样过程。整个采样过程由 PLC 按预先设定的程序控制完成。

1-86 热硫化三要素是什么？

答：胶带硫化器的三要素是，最佳而均匀的硫化温度，足够而均匀的硫化压力，正确而可靠的硫化时间。

1-87 什么是压力装置？

答：压力装置是一种结构简单、制造方便的面加压装置，其组成是在一块平面四边形的铝合金底板上，铺设尼龙橡胶板，四周用压板、螺钉和螺母，将底板和尼龙橡胶板压紧密，形成一个紧闭容器。

1-88 皮带负载调试注意事项有哪些？

答：加载方式加载量应从小到大逐渐增加，先按 20%额定负载加载，通过后再按 50%、80%、100%额定负荷进行试运转，在各种负荷下试运转的连续运行时间不得少于 2h。皮带空负荷调试完毕后，如受煤后发生跑偏，原因在于转载点处落料位置不正，此时尽量不要再对托辊组进行调整。转载点处物料的落料位置如果不正，因为物料的自重作用，落在皮带上的物料自动居中，处于托辊组中间。如果物料偏到右侧，则右侧皮带在物料作用下居中，皮带向左侧跑偏，反之亦然。为减少或避免皮带跑偏，可在转载点落料管内增加挡料板阻挡物料，改变物料的下落方向和位置。挡料板安装位置应尽可能靠下，有时物料运行轨迹远离落料管壁，因此挡板调整量有时需反复试验才能确定。

1-89 皮带空载调试步骤是什么？

答：将现场皮带转动区域彻底清理干净，皮带上方无杂物，尤其是重锤拉紧改向滚筒及尾部滚筒无载分支皮带上无硬物，以防止试运转过程中损害皮带。首先点动皮带，检查有无异常现象。一切正常后，开动皮带。注意观察以下事项：

① 观察各运转部件有无相蹭现象，特别是与输送带相蹭的要及时处理，防止损伤输送带。

② 输送带有无跑偏。以输送带距托辊边缘有 $0.05B$（B 为带宽）左右的余量为准。否则应进行调整。

③ 检查设备各部分有无异常声音和异常振动。

④ 减速器、液力偶合器以及其他润滑部位有无漏油现象。

⑤ 检查润滑油、轴承等处温升情况是否正常。

⑥ 制动器、各种限位开关、保护装置等的动作是否灵敏可靠。

⑦ 清扫器刮板与输送带的接触情况。

⑧ 拉紧装置运行是否良好，有无卡死等现象。

⑨ 基础及各部件连接螺栓有无松动。

1-90 什么是燃油的闪点？

答：对燃油加热到某一温度时，表面有油气发生，油气和空气混合到某一比例，当明火接近时即产生蓝色的闪光、瞬间即逝，此时的温度称为闪点。

1-91 什么是燃油的燃点？

答：当燃油温度升高到某一温度时，表面上油气分子趋于饱和，与空气混合，且有明火接近时即可着火，并能保持连续燃烧，此时的温度称为燃点或着火点。

1-92 电厂燃油的运输方式有哪些？

答：由于电厂与燃料油供应点有一定的距离，油要经过运输才能使用，运输的方式也有不同。对沿江河海一带的电厂可采用船舶运输；对燃油电厂附近有油田的，可采用输油管路；对燃煤电厂，多数采用铁路油罐车运输（铁路油罐车是铁路运输燃料油的专用车辆），其容量多数为50m^3，可成列发运，也可单车发运；对于小容量电厂或厂区不通铁路的小型电厂可采用汽车油罐车运输。采用油罐车及船舶运输燃油的电厂，应设置卸油和储油设施。

1-93 油罐车卸油方式有几种？

答：油罐车卸油方式有：在油罐车上部卸油和在油罐车下部卸油两种。

（1）在油罐车上部卸油

在油罐车上部卸油是由真空泵或蒸气抽气器将浸在油罐车油液中的卸油鹤管或胶皮管中形成负压（如果油液黏度大，应首先加热降低其黏度），使油注满卸油管，形成虹吸，将油从油罐车中吸出注入零位油罐中（或卸油母管中），然后再由卸油泵加压输送至储油罐中备用。

（2）在油罐车下部卸油

此种卸油方式是利用油罐车和零位油罐的高度差，油靠自重作用流入零位油罐。流入零位油罐的导油管可用较软的橡胶管或敞开式导油槽（此种方式一般不采用），即密闭式与敞开式。此种卸油方式较为经济，不需要卸油栈台、真空设备，节省动力消耗，卸油时间短。其缺点是油罐车的形式必须固定。

选用哪种卸油方式，应根据电厂的卸油、储油设施及条件来定。

1-94 为了使存油满足生产要求和减少损失，在储存燃油时应注意哪些方面？

答：为了使存油满足生产要求和减少损失，在储存燃油时应注意以下几个方面：

① 储油罐中油位不得高于高限值（各厂有具体规定），以防跑油；油罐顶部应留有足够的空间，以备灭火用；运行油罐油位不得低于低限值，以防油泵抽空断油。

② 储油罐的油温必须严加监视，防止超温。

③ 对储油罐上部空间的油气浓度，应定期进行测定；对油质，应定期进行化验；防止火灾事故及燃油的氧化变质；及时采取措施，减少燃油损失。

④ 对储油罐定期放水。

1-95 油泵房灭火方法有哪些？

答：① 若泵体周围滴油或管阀旁地面上积油着火，着火面积不大，可使用手提式泡沫灭火器或干砂灭火。

② 当燃油管道、阀门或法兰盘破裂，带压油流喷射到高温蒸汽管道上引起火灾时，起火时间快，瞬间就会发展成大火，油泵房内烟雾弥漫，这时应首先切断油流源，停泵并关闭有关阀

门。切断油流后，火势会逐渐减弱，然后视现场余火范围大小，采取相应补救措施进行灭火。

油气着火有爆炸危险，一般火势较大。在首先切断油泵房电源的前提下，电气部分用干粉、二氧化碳或1211灭火器灭火，禁止用水和沙子灭火。

1-96 储油罐灭火方法是什么?

答：储油罐发生火灾的抢救方法应根据具体着火情况而定，必须注意安全。

① 如罐顶敞口处出现稳定燃烧火焰，顶盖尚未破坏时，应立即启动泡沫泵灭火，也可用水封法、覆盖法灭火。

② 当油气爆炸、油罐顶掀掉时，应立即启动泡沫泵。若为金属油罐，则应同时启动淋水泵，冷却油罐的罐壁。必要时，将罐内存油放至安全地点。如附近油罐受到威胁时，应做好一切防范措施，并通知有关部门，作好事故预防。

1-97 电厂油泵的分类是什么?

答：油泵是电厂燃油系统的重要设备之一，按其工作过程可分为卸油泵、供油泵及污油泵。

① 卸油泵：主要用于燃油到货后将其输送到储油罐中储存。它多选用离心泵（如150Y-75A、80Y-100×2A），有时也采用蒸汽往复泵（如10YR40-56/25型）、电动往复泵（如2DS-10.6、2DS-24/10）及齿轮油泵（如2CY-18/3.6-1型、2CY-29/3.6-1型）等。

② 供油泵：主要是将燃油输送至锅炉房供锅炉点火、助燃时使用。它多选用离心泵（如65Y-50×7、50Y-42×9、80Y-50×7等）。

③ 污油泵：主要是将油区的污油进行回收再利用。它多选用离心泵（如85Y-60B、65Y-60B等）。

离心油泵又分为单级、两级悬臂式，单级、两级两端支承式和多级多段式三种形式。

1-98 离心泵的结构及工作原理是什么?

答：离心油泵主要由外壳和叶轮组成。当叶轮被电动机带动旋转时，油随叶轮一起旋转，并在离心力的作用下由内向外缘甩出，压力也不断增大，最后从外壳周缘排出。当压力要求较高时，可在泵轴上同时装设几个叶轮，并用隔板将它们彼此隔开，最后用连接管将各级叶轮的泵体依次串接起来，形成多级油泵。

多级油泵主要零部件结构如下。

(1) 壳体部分：由吸入段、中段、压出段和导翼等组成。它承受全部工作压力和介质的热负荷。

(2) 转子部分：由叶轮、轴、轴套和平衡盘等组成。它将机械能传输给流体。

(3) 密封环：在吸入段、中段与叶轮进口外圈构成很小间隙，以防止泵壳与叶轮之间的流体回流。

(4) 轴封装置。离心油泵的转轴总要穿过固定泵体伸出，运动部件与静止部件间必然有一定的间隙。为防止高压流体大量泄漏出来，就必须采用轴封装置来防止泄漏。

(5) 传动部分：油泵与电动机的连接采用弹性联轴器连接，用轴承支承，由转子部分完成机械能转换。

1-99 螺旋卸车机的工作原理是什么?

答：它是利用正、反两套螺旋的旋转对煤产生推力，在推力的作用下，煤沿螺旋通道由车厢中间向两侧运动，卸出车厢；同时大车机构沿车厢纵向往复移动、螺旋升降，大车移动与螺旋旋转协同作用，煤就不断从车厢中卸出。

第二章

大型火电机组卸煤与储备设备安装与检修

2-1 翻车机液压部分检修系统及管路拆装注意事项有哪些?

答：① 拆卸前，泄掉管道内油压。

② 拆卸的油管用清洗油清洗后，在空气中自然干燥，并将两端开口处用塑料塞塞住，或用油布包上，防止异物进入。

③ 拆卸管道螺纹及法兰盘上的O形圈、槽等部件，并注意保护防止划伤。

④ 对有关元件或辅机的孔口上堵上塑料塞或用油布包上，防止异物进入或加工面划伤。

⑤ 拆卸翻车机、拨车机上泵、缸、阀等元件，拆卸前把吸油或回油截止阀关掉：要检查表面有无破坏、断裂、伤痕、磨损、硬化及变形等。检查后，根据零件的伤损情况，采用必要的工具（砂纸、锉刀、刮刀、油石等）进行修复，不能修复的可进行配作或更换（如阀芯和密封圈等）。

⑥ 拆开蓄能器封盖前，须先放净其中的气体，确认无压力时，方可进行。

⑦ 拆卸油缸时，不得任意敲打缸体，防止损伤活塞杆顶端螺纹、油孔螺纹和活塞杆表面。

⑧ 如果是局部拆修，组装好后，重新加油时应将系统管路中死区的油顶掉。

⑨ 系统重新装配前，必须将所有零件清洗干净，严防污物进入系统。

⑩ 凡拆下的密封圈、垫已损坏或变形的，必须更换相同尺寸的密封圈、垫，不可代用。

⑪ 软管的装配长度要有一定的余量，避免扭曲或急剧变形。

⑫ 液压阀安装时，要注意几个油口的位置，不要装反。

2-2 斗轮机有哪些经常性的维护工作?

答：为了使斗轮机安全可靠的运行，正确、经常和定期的维护工作非常重要。

经常性维护工作包括：检查皮带输送机是否跑偏，机械各个部分润滑状况，液压系统中各个部件是否漏油，压力是否正常，油路系统的振动和异常声响时，随时要停机处理认真检查。日常维护要对全机系统分成若干个检查区，每个区又要定出数个点，每次维护时，就不会漏掉必须维护的点了。

2-3 标准轨道作为斗轮机安装基础，其精度要求应符合哪些要求？

答：(1) 轨道直线度（旁弯）±30mm；

(2) 轨顶全程高低差±10mm；

(3) 轨道横向水平度<1/100 轨宽；

(4) 轨顶面应水平，在门座架轴距 6m 的范围内，其高低差≤1mm；

(5) 同一断面两钢轨面的高低差≤2mm。

2-4 叶轮给煤机检修后应达到什么标准？

答：叶轮给煤机检修后应达到下列标准：

(1) 整机外表干净，减速器油位正常，密封点无漏油现象。

(2) 各连接件齐全、牢固，无松旷现象。

(3) 运转平稳，叶轮拨煤均匀，调速平稳；煤斗完好，无漏煤、洒煤现象。

(4) 轨道平直、牢固，行走平稳，四个车轮着力均匀。

(5) 各护罩及梯子安全可靠。

(6) 电气部分完好，电源拖线绝缘层无破损现象。

2-5 15t 后推式重车铁牛由哪些部分组成？

答：15t 后推式重车铁牛由卷扬装置、张紧装置、铁牛本体、滑轮、托辊及钢丝绳等组成。

2-6 15t 前牵式重车铁牛由哪些部分组成？

答：15t 前牵式重车铁牛由驱动装置、牵车器本体、液压系统、张紧装置、滑轮、托辊及钢丝绳等组成。

2-7 侧倾式翻车机由哪些部分组成？

答：侧倾式翻车机，即将被翻卸的车辆中心远离翻车机回转中心，使车箱内的煤倾翻到车辆一侧的受料斗内。以钢绳传动、双回转点夹钳式压车的侧倾式翻车机，由传动装置、活动平台、大钳臂、小钳臂及托车梁等组成。以齿轮传动、液压锁紧压车的侧倾式翻车机，由回转盘、压车梁、活动平台、压车机构及传动装置等组成。

2-8 翻车机常发生哪些故障？

答：翻车机常发生下列故障：

(1) 翻车机启动时无动作；

(2) 翻车机翻起一段时间后缓慢停止，电动机嗡嗡响；

(3) 翻起后车轮离轨；

(4) 翻车机翻车速度缓慢、吃力；

(5) 制动器失灵，刹不住车；

(6) 制动器打不开，制动瓦冒烟；

(7) 翻车机回零后，轨道不对位；

(8) 蓄能器油管爆破；

(9) 定位器升不起或落不下。

2-9 翻车机为什么会翻车速度缓慢、吃力？如何处理？

答：翻车机翻车速度缓慢、吃力的原因有：①驱动电动机和制动轮抱闸未打开，推动器损坏；②驱动电动机有一台故障，单电动机驱动。处理方法分别是：①检修推动器；②检修故障电动机。

2-10 翻车机卸车线由哪些设备组成？

答：翻车机卸车线是以翻车机为主机，由重车铁牛、摘钩平台、迁车台、空车铁牛等设备组成。

2-11 翻车机制动器失灵、刹不住车的原因有哪些？如何处理？

答：翻车机制动器失灵、刹不住车的原因及处理方法有：

原因：①杠杆系统中活动关节卡住；②润滑油滴入制动轮上；③制动带过分磨损；④弹簧张力不足；⑤制动轮与制动带间隙过大。

处理方法：①将关节处滴润滑油使其活动灵活；②煤油清洗制动轮及制动带；③更换制动带；④调整弹簧；⑤将其间隙调整到 0.8～1mm。

2-12 螺旋卸煤机有哪几种形式？

答：螺旋卸煤机的形式按金属架构和行走机构分类，主要有以下三种：

（1）门形。特点是所有工作机构都装在能沿地面轨道往返行走的门架上。

（2）T 形。该种是门形的演变形式，适用于场地有限、有特殊条件的场合。

（3）桥形。这种形式是把所有工作机构都装在能沿架空轨道往返行走的桥架上，其特点是铁道两侧比较宽敞，人员行走方便；而且机构设计较为紧凑，所以大多数电厂均采用这种卸煤机。

2-13 门式堆取料机取料机构的检修质量标准是什么？

答：（1）斗轮行走机构的轨距应在公称尺寸的±3mm 范围之内，同一横断面两轨道面高差不大于 3mm，轨道接头处基本内容向位移和高低不平误差不得大于 1mm。

（2）检查调整车轮，使其垂直于轨道，每侧两个车轮轮槽中心线应平行于轨道中心线，开动行走机构时不应有卡轨现象。

（3）检查调整行走电机转向，使其与操作台上操纵把手及指示灯相符合。

（4）调整行走制动器闸瓦间隙在 0.5～0.6mm，且间隙均匀，两个制动器应同步。

（5）检查行走、回转减速机油位，应符合规定的要求。

（6）调整斗轮旋转电动机转向，使取料方向与操作台按钮位置相一致。

（7）调整回转制动器闸瓦间隙在 0.5～0.7mm，并保持均匀。

（8）圆弧挡板与滚圈间隙应符合设计要求，斗轮回转时与静止部分不发生擦碰现象。

（9）调整四套导辊位置，其纵向中心线应互相平行，与滚圈均匀接触。转动滚圈时，四套导轮均应平稳转动，滚圈不应有摇摆晃动。

（10）调整摆线齿轮与滚圈啮合良好。

（11）导料槽应与受料胶带对正，橡胶板对胶带的压力适中。

2-14 螺旋卸煤机主要由哪些部分组成？

答：螺旋卸煤机是由螺旋旋转机构、螺旋升降机构、大车行走机构、金属架构四部分构成。

2-15 目前我国使用的卸船机主要有哪几种类型?

答：目前，在国内使用的卸船机可按工作性质分为两大类：周期性动作机械和连续性动作机械。

属于周期性动作机械的，有各种形式的抓斗起重机，如门式抓斗卸船机、固定旋转式抓斗卸船机、履带式抓斗卸船机等。

连续性动作机械有链斗式卸船机、刮板式卸船机。

2-16 转子式翻车机由哪几部分组成?

答：转子式翻车机是被翻卸的车辆中心基本与翻车机转子回转中心重合，车辆同转子回转180°左右，将煤卸到翻车机正下方的受料斗中。转子式翻车机由转子、平台、压车机构和传动装置等主要部分组成。

2-17 翻车机安装流程是什么?

答：施工准备→设备清点检查→基础检查划线垫铁配置→托辊定位、传动装置定位、托辊安装→端盘安装→翻转轨道等安装→验收合格→液压站安装→回转框架梁安装→验收合格→靠板振动器、压车机构安装→油管路连接→基础中心线复合、传动装置安装→基础一次浇灌→驱动装置细找正→验收合格→基础二次灌浆→整体复查安装完毕。

2-18 卸船机主要由哪些部分组成?

答：卸船机主要由行走大车，海、陆侧支腿门框，料斗梁，料斗，斜撑，悬臂，大梁，大梁顶架，前拉杆，后撑杆，机房，主/副小车，抓斗，司机室和电梯等结构组成。图2-1为1500t/h卸船机结构示意图。

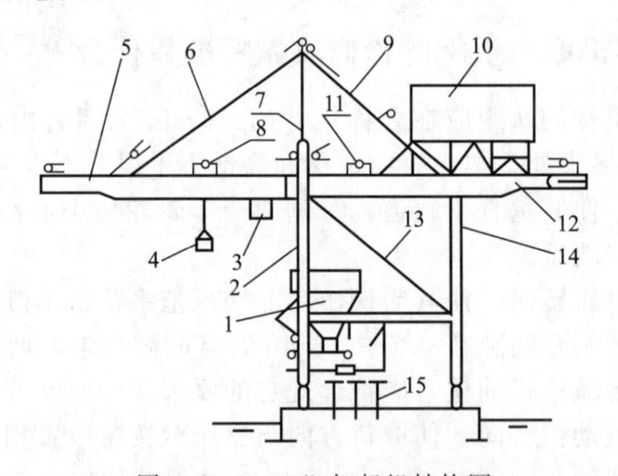

图2-1 1500t/h卸船机结构图

1—料斗；2—海侧门框；3—司机室；4—抓斗；5—悬臂；6—主小车；7—大梁顶架；8—前拉杆；9—后撑杆；10—机房；11—副小车；12—大梁；13—斜撑；14—陆侧门框；15—码头面皮带机

2-19 卸船机主副小车行走轮、导向轮和轴承检修过程是什么?

答：(1) 准备工作。①小车停在合适的位置，使拆卸时工器具不会碰到下车轨道两侧的栏杆；②做好安全措施，工作现场搭好脚手架；③工器具送到工作现场。

(2) 拆出主小车行走轮，检查并测量。

（3）拆出副小车行走轮。

（4）拆出行走轮轴承。

（5）轴承安装。

（6）行走轮安装。

（7）水平导向轮轴承更换。

（8）试运转。①提起抓斗，小车来回行走几次，检查主副小车在移动时是否与轨道发生啃轨现象；②如有啃轨现象，则调整水平导向轮，消除啃轨现象；③检查小车移动时是否有异声。

2-20　卸船机小车牵引钢丝绳滑轮轴承更换过程是什么？

答：卸船机小车牵引钢丝绳滑轮轴承更换过程为：

（1）滑轮拆卸：①小车固定后，放松钢丝绳液压张紧；②拆出滑轮轴压板，用千斤顶把轴顶出；③拆下滑轮，滑轮磨损测量。

（2）轴承安装：①拆出旧轴承，检查测量滑轮孔的尺寸；②安装新轴承，安装时只能使轴承外圈受力。

（3）滑轮装复。

2-21　卸船机海侧小车牵引钢丝绳更换过程是什么？

答：卸船机海侧小车牵引钢丝绳更换过程为：

（1）主副小车固定。

（2）安全措施：切断525V动力电源和大车行走电源。

（3）工作场所挂好安全网、搭设脚手架。

（4）导向托辊安装：主小车海侧安装2000皮带下托辊一只（钢丝绳下方）。

（5）牵引卷扬机钢丝绳安装。

（6）拆卸滚筒压板和叉形绳套销轴。

（7）放出旧钢丝绳。

（8）新钢丝绳安装。

（9）叉形绳套安装。

（10）试运行验收：检查小车限位及补偿钢丝绳张紧限位，必要时调整补偿钢丝绳。

2-22　卸船机抓斗开闭钢丝绳更换过程是什么？

答：卸船机抓斗开闭钢丝绳更换过程为：

（1）工作准备。①卸船机开至锚定位锚定，抓斗关闭后放至码头面，稍稍拉紧开闭钢丝绳。拆下开闭卷筒凸轮开关。②用抓斗垫把抓斗楔紧防止抓斗左右晃动，放松钢丝绳至合适位，拆下开闭连接环。

（2）旧钢丝绳拆卸。

（3）新钢丝绳安装。

（4）调试。①慢速运行各机构，检查其限位的准确性。若不准确，适当调整凸轮开关。②以正常速度试运行。

2-23　卸船机抓斗的检查内容有哪些？检修质量标准是什么？

答：抓斗的检查主要包括：

（1）斗体检查，有无严重变形、裂纹、严重磨损等缺陷，否则检修；抓斗刃口板磨损严重或有较大变形时，应及时修理与更换零件。若采用焊接法更换刃口时，焊条的选用和焊接都要严格按标准工艺进行，并对焊缝进行严格质量检验。

（2）撑杆检查。

（3）上下承梁滑轮检查，磨损测量。

（4）抓斗提升锚链、提升销轴检查、磨损测量。

抓斗检修质量标准为：

（1）滑轮直径磨损小于10%。

（2）提升锚链升长小于105%，直径磨损小于10%。

（3）抓斗闭合时，两水平刃口和垂直刃口的错位差及斗口接触处的间隙不能超出标准的规定，最大间隙处的长度不应大于200mm。

2-24 卸船机装卸桥的升降闭合机构中滑轮检修的要求是什么？

答：在装卸桥的升降闭合机构中，滑轮起着省力和改变力的方向作用。滑轮是转动零件，每月要检修一次，清洗、润滑。滑轮检修的要求是：

（1）正常工作的滑轮用手能灵活转动，侧向晃动不超过D_0/1000（D_0：滑轮的名义直径）。轴上润滑油槽和油孔必须干净，检查油孔与轴承间隔环上的油槽是否对准。

（2）对于铸铁滑轮，如发现裂纹，要及时更换。对于铸钢滑轮，轮辐有轻微裂纹可以补焊，但必须有两个完好的轮辐，且要严格补焊工艺。

（3）滑轮槽径向磨损不应超过钢丝绳直径的35%。轮槽臂的磨损不应超过厚度的30%。对于铸钢滑轮，磨损未达到报废标准时可以补焊，然后进行车削加工，修复后轮槽壁的厚度不得小于原厚度的80%，径向偏差不得超过3mm。

（4）轴孔内缺陷面积不应超过0.25mm^2，深度不应超过4mm。如果缺陷小于这一尺寸，经过处理可以继续使用。

（5）修复后用一个标准的芯轴轻轻压入滑轮轴孔内，在机床上用百分表测量滑轮的径向跳动偏差、端面摆动偏差、轮槽对称中心线偏差。径向偏差不应大于0.2mm，端面摆动偏差不应大于0.4mm，滑轮槽对称中心线偏差不应大于1mm。

2-25 卸船机钢丝绳卷筒的检修内容有哪些？

答：（1）卷筒既受钢丝绳的挤压作用，还受钢丝绳引起的弯曲和扭转作用，其中挤压作用是主要的。卷筒在力作用下，可能会产生裂纹。横向裂纹允许有一处，长度不应大于100mm，纵向裂纹允许间距在5个绳槽以上有两处，但长度也不应该大于100mm。在这范围内，裂纹可以在裂纹两端钻小孔，进行电焊修补后，再进行机加工。超过这一范围的应予以更换。

（2）卷筒轴受弯曲和剪切应力的作用，发现裂纹要及时更换，以免发生卷筒被剪断的事故。

（3）卷筒绳槽磨损深度不应该超过2mm，如超出2mm可进行补焊后再车槽，但卷筒壁厚不应小于原壁厚度的85%。

2-26 卸船机齿形联轴器的检修内容有哪些？

答：（1）在一般性检修中，要注意联轴器螺栓不应松动，经常加注润滑油。在大小修中，联轴器解体检查项目有：检查半联轴体不应有疲劳裂纹，如发现裂纹应及时给予更换；也可用小锤敲击，根据声音来判断有无裂纹；还可用着色、磁粉等探伤方法来判断裂纹。

（2）两半联轴体的连接螺栓孔磨损严重时，运行中会发生跳动，甚至螺栓被切断。所以要求孔和销子的加工精度及配合公差都要符合图纸或工艺的要求。

（3）用卡尺或样板来检查齿形；以齿形厚磨损超过原齿厚的百分数为标准来进行判断，升降机构上的齿形联轴器为15%～20%，运行机构的齿形联轴器为20%～30%，则要更新。

（4）键槽磨损时，键容易松动，若继续使用，不但键本身，而且轴上键槽和轮毂键槽将不断被啃坏，甚至脱落。修理方法是新开键槽，其位置视实际情况应在原键处转90°或180°处。一般不宜补焊轴上的旧键槽，以防止产生变形和应力集中。不允许采用键槽加垫的方法来解决键槽的松动，在紧急情况下允许配异形键来解决临时故障，但在修检中一定要重新处理。

2-27 卸船机大车轨道一般检修与维护的内容有哪些？

答：卸船机大车轨道一般检修是检查钢轨、螺栓、夹板有无裂纹、松脱和腐蚀。如发现裂纹，应及时更换新件，如有其他缺陷应及时修理。

2-28 底开车的特点是什么？

答：由于煤漏斗底开（简称底开车）有比普通铁路货车较多的优越条件，在我国大、中型火力发电厂中的应用越来越多，坑口电厂也较多使用底开车。

特点：

（1）卸车速度快、时间短。

（2）操作简单，使用方便，如手动操作，卸车人员只需转动卸车手轮，漏斗底门便可同时打开，煤便迅速自动流出。

（3）作业人员少，省时、省力，每列底开车只需1～2人便可操作，开闭底门灵活、迅速、省力。

（4）卸车干净，余煤极少，清车工作量小。

（5）适用于固定编组专列运行，车皮周转快，设备利用率高。

2-29 煤漏斗底开车的结构特点是什么？

答：煤漏斗底开车是一种新型的专用货车，与普通铁路货车有许多共同点。如车底架由中梁、枕梁、横梁和侧梁组成，制动系统、行走机构等基本相同，但底开车与普通铁路货车又有较明显的区别，有其特点，例如：底开车的本体为漏斗型，底门的开闭是通过气动或手动操作机构来实现的。另外，煤斗底开车可以实现单个卸车，分组卸车或整列卸车。

2-30 螺旋卸车机的形式有哪些？并简述各自特点是什么？

答：螺旋卸车机的形式按金属架构和行走机构分有桥式、门式和Γ式三种。

（1）桥式螺旋卸车机

桥式螺旋卸车机的工作机构布置在桥上，桥架在架空的轨道上往复行走。其特点是铁路两侧比较宽敞，人员行走方便，机构设计较为紧凑。

（2）门式螺旋卸车机

门式螺旋卸车机的特点是：工作机构安装在门架上，门架可以沿地面轨道往复行走。

（3）Γ式螺旋卸车机

Γ式螺旋卸车机是门式卸车机的一种演变形式，通常用于场地有限、条件特殊的工作场所。螺旋卸车机按螺旋的旋转方向可分为单向螺旋卸车机和双向螺旋卸车机两种。

目前国内使用的大多是双向螺旋卸车机，火力发电厂大都选用桥式螺旋卸车机。

2-31 螺旋卸车机有哪些项目需要定期检查？

答：(1) 检查各工作机构制动器的制动闸瓦和销轴磨损情况。

(2) 检查液力耦合器有无漏油情况。

(3) 检查桥架各连接部分及轨道有无变形、弯扭、焊缝的情况。

(4) 检查各电阻箱、电气控制柜、电机和电气元件的绝缘情况。

(5) 检查各限位开关和安全装置的动作。

(6) 检查减速箱中油液污秽程度，确属需要，更换新油。

(7) 检查电机转速是否正常。

(8) 检查缓冲器。

(9) 检查大车轨道是否符合轨道程度要求。

(10) 检查齿轮及滚子链的啮合情况。

2-32 什么是链斗卸车机？

答：链斗卸车机是利用斗式提升机和皮带运输机联合作业来卸车的一种机械，它主要用于火电厂、铁路货车、港口码头、煤矿焦化厂等卸异型敞车物料或与装卸桥配套使用。大部分电厂用链斗卸车机作为卸异型敞车的一种辅助设备，所以又称为链斗式卸煤机。

2-33 链斗卸车机由哪些部分组成？

答：链斗卸车机由主梁架、支腿、端梁、翻斗及翻斗机构、起升机构、旋转机构、变幅机构和皮带机、行走机构等组成。

2-34 链斗卸车机断链的原因有哪些，如何处理？

答：传动装置负荷过载，链磨损和链轮歪斜是造成断链的主要原因。

(1) 发现断链时应立即停机，将拉断点前后的链子节拆开，换上同型号的备用链节，按工艺要求予以恢复。

(2) 发现链轮歪斜时，应及时进行校正处理。

2-35 什么是翻车机的牵车台，由哪些部分组成？

答：牵车台是将翻车机翻卸完煤的空车从重车线移到空车线的转向设备，它用于折返式翻车机卸车线系统。牵车台由平台、行走部分、定位装置、推车装置、限位装置和液压缓冲器等组成。

2-36 重车铁牛卷扬机噪声大的原因和处理方法是什么？

答：(1) 原因：①联轴器不同心，地脚螺栓松动；②被牵引（或推送）的车辆未排风松闸；③卷筒轴闸瓦磨损严重。

(2) 处理方法：①按安装的要求标准对联轴器进行找正，紧固地脚螺栓或加防松背帽；②检查被牵引的车辆，对未排风松闸的车辆进行排风松闸；③对卷筒轴闸瓦进行处理或更换。

2-37 重车铁牛卷扬机轴瓦运行中出现黑色油液或严重磨损的原因和处理方法有哪些？

答：(1) 原因：①润滑不良或油质不符合要求；②因安装或调整不同心造成轴瓦接触面小，比压增大；③轴瓦内表面初期刮研不符合其接触斑点要求，无油楔，未形成油膜。

（2）处理方法：①对油道进行检查和疏通，定期加油润滑；②调整轴瓦与轴的同轴度，使其符合要求；③对轴瓦进行重新刮研，使轴瓦与轴达到均匀接触，并可建立油膜。

2-38 翻车机中推车器被车辆撞坏的原因和处理方法有哪些？

答：（1）原因：不论重车推车器还是空车推车器，被撞的原因大部分是推车器返回不到位以及推杆臂未按要求压下。

（2）处理方法：①调整推车器的限位开关，使推车器准确前进，后退到位。②检查推车器制动轮工作是否正常，必要时进行调整。③各动作开关及制动装置调整好后，不得随意变动。④推杆臂挡门（或称挡铁）的安装位置应正确，最好采用滚轮式。

2-39 翻车机摘钩平台升不起来的原因和处理方法有哪些？

答：（1）原因：①活塞密封圈磨损、内泄或是溢流阀损坏。②油箱无油，油泵反转，吸油口堵塞，系统泄漏。③单向阀卡死或电磁阀不动作。④油缸安装不垂直。⑤平台与基础的间隙小，平台被基础卡住。

（2）处理方法：①更换油缸密封，检查溢流阀故障情况并进行排除，或是更换溢流阀。②油箱加油，使油泵电动机接线正确，清理滤网并消除泄漏缺陷。③检查并消除单向阀卡死和电磁阀不动作的故障。④调整油缸的安装垂直度，使其位于平台中心线上。⑤消除或处理平台与基础在运行中卡碰现象。

2-40 翻车机摘钩平台升起超越行程，将油缸盖撞坏的原因和处理方法有哪些？

答：（1）原因：①限位开关安装不当或限位开关失灵。②油液太脏，将电磁阀卡死。③电气控制回路有问题。

（2）处理方法：①调整限位开关，使其行程动作在油缸的工作范围内，或更换性能可靠的限位开关。②定期更换或过滤液压油，清洗滤网，检查电磁阀的发卡问题并及时处理。③检查并处理电气回路误接线或其他故障。

2-41 翻车机夹车机构提升钢丝绳易断的原因和处理方法有哪些？

答：（1）原因：①钢丝绳与运动通道摩擦。②左右夹子未调平。③钢丝绳过紧。④夹子复位后与限位挡板无间隙。⑤滑轮不转。

（2）处理方法：①处理与钢丝绳运动时通常相碰或摩擦的部位。②左右夹子调整平，使其误差在规定范围之内。③调整限位挡板间隙在其规定范围内。④钢丝绳调整紧度要适中，且每组应相同。⑤处理滑轮卡死或不转的缺陷。⑥钢丝绳定期涂油。

2-42 翻车机牵车台定位不准时如何检修？

答：（1）检查行走电动机抱闸是否过紧或打不开，刹车抱闸应调整适当，不宜过紧。

（2）限位开关位置不准或有松动时造成平台对位不准，应选择可调式限位开关，并要检查和紧固限位开关底座螺栓。

（3）挡销高度不够，或挡销与挡座的间隙过小（或有杂物卡死），会使挡销不能自由升起。一般可调整挡销座的位置，使挡销与挡座的间隙在规定范围之内。

（4）检查缓冲器是否缺油或有漏油情况，应消除泄漏缺陷，及时补充油。

2-43 煤场装卸桥由哪些部分组成？

答：装卸桥是主要用于煤场，承担煤场堆取料作业的设备，也可用来卸车和上煤。装卸桥实际上是煤场专用的龙门起重机，它由大车（桥架）和起重小车两大部分组成，其主要结构由抓斗装置、桥架、挠性支腿、刚性支腿、小车机构、司机室、给煤机、收料带式输送机组成。如图 2-2 所示。

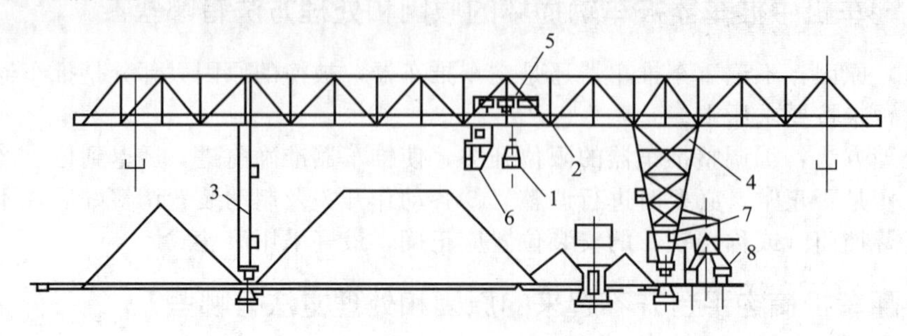

图 2-2 5t×40m 装卸桥结构图

1—抓斗装置；2—桥架；3—挠性支腿；4—刚性支腿；5—小车机构；
6—司机室；7—给煤机；8—收料带式输送机

2-44 煤场装卸桥的工作过程有哪些？

答：装卸桥工作分为卸煤、堆煤、向系统上煤三种方式。

（1）卸煤

铁路来煤车时，先将卸煤栈台两侧沟内的煤抓出腾空，煤车停好后，抓斗开始卸车，从列车一端按顺序卸至另一端。一般一节车厢分为 4～6 段卸除，在同一位置上一般两抓即可见底，并排两抓能卸除车厢全宽的载煤量，即每段四抓，车厢全长约 16～24 抓即可卸完，每抓约需时间为 18～20s。

抓斗卸完后的车底尚有一定量的剩煤，所以每台装卸桥应配置 4～5 人进行人工清底和开闭车门。通常卸车前先将车门打开，部分煤自流入煤沟或栈台两侧。煤湿时自流煤量小，下抓时煤受抓斗冲击，自流煤量增加。通常自流煤量在 20%～40%左右。

（2）堆煤存煤

部分来煤直接运往锅炉燃烧，其余的来煤存入煤场，此时装卸桥从车厢上卸煤，直接送往煤场堆存。电厂燃用多种煤时，卸煤可分别堆存。

（3）向系统上煤

装卸桥向系统上煤时，通过刚性支腿外侧的煤斗和给煤机。抓斗从煤场或车厢内抓取的煤送往支腿外侧的煤斗，通过给料机送入上煤系统，供锅炉燃用。

2-45 煤场装卸桥取料装置的检修项目和质量检验标准有哪些？

答：取料装置是装卸桥的主要部件，为保证安全作业和提高劳动效率，取料装置必须工作可靠，操作方便。装卸桥是抓取散状物料的设备，其取料装置为抓斗。

抓斗是一种由机械或由电动机控制的自行取物装置。根据抓斗的特点可分为单绳抓斗、双绳抓斗和电动抓斗三种。

抓斗装置的检修项目有抓斗、滑轮和钢丝绳等的检修。抓斗刃口板磨损严重或有较大变形时，应及时修理与更换零件。若采用焊接法更换刃口时，焊条的选用都要严格按标准工艺进行，并对焊缝进行严格的质量检验。

检修后抓斗的质量标准是：抓斗闭合时，两水平刃口和垂直刃口的错位差及斗口接触处的间隙不能超出标准的规定，最大间隙处的长度不应大于 200mm。

2-46 煤场装卸桥联轴器的检修项有哪些？

答：联轴器用来连接两轴，传递扭矩，有时也兼作制动轮。按照被连接两根轴的相对位置和位置的变化情况，联轴器分为固定式联轴器和可移动式联轴器。可移动式联轴器又可分为刚性联轴器和弹性联轴器。在装卸桥上主要用齿形联轴器，齿形联轴器属刚性联轴器的一种。

在一般性检修中，要注意联轴器螺栓不应松动，经常加注润滑油；在大小修中，联轴器解体检查项目有：检查半联轴体不应有疲劳裂纹，如发现裂纹应及时给予更换；也可用小锤敲击，根据声音来判断有无裂纹；还可用着色、磁粉等探伤方法来判断裂纹。

两半联轴体的连接螺栓孔磨损严重时，运行中会发生跳动，甚至螺栓被切断。所以要求孔和销子的加工精度及配合公差都要符合图示或工艺的要求。

用卡尺或样板来检查齿形：以齿厚磨损超过原齿厚的百分数为标准来进行判断，升降机构上的齿形联轴器为15%～20%，运行机构的齿形联轴器为20%～30%时，则要更新。

键槽磨损时，键容易松动，若继续使用，不但键本身，而且轴上键槽和轮毂键槽将不断被啃坏，甚至脱落。修理方法是新开键槽，其位置视实际情况应在原键处转90°或180°处。一般不宜补焊轴上的旧键槽，以防止产生变形和应力集中。不允许采用键槽加垫的办法来解决键槽的松动，在紧急情况下允许配异形键来解决临时故障，但在检修中一定要重新处理。

2-47 煤场装卸桥夹轨器的种类和检修注意事项有哪些？

答：为了防止装卸桥被风刮走，保证设备和作业的安全，必须装设防风夹轨器。夹轨器有手动螺杆式防风夹轨器，电动、手动两用防风夹轨器和电动重锤式夹轨器。

夹轨器的各传动部分和铰接点要求灵活，不得有卡涩现象，夹板应紧紧地夹在轨道的两侧。电动夹轨器还要经常注意指示针的位置，及时调整限位开关的行程，以保持夹持力并避免电气部件被烧坏。如果发现夹轨器机构中的闸瓦、钳臂、螺杆、弹簧、螺栓等有裂纹、变形或其他严重损伤时，要及时予以更换。

2-48 储煤罐检修与维护应注意哪些事项？

答：储煤罐的使用随罐的用途不同而异。若储煤罐是用于储煤，则要考虑煤的储存时间不能过长，防止煤在仓内储存时间过长而被上层煤压实，流动性降低，因此应及时地将罐中的煤卸出再存新煤；若储煤罐用于混煤，则应按不同煤种混烧的比例开启相应的给料机，向系统供煤。要求严格按比例混煤的电厂，配置储煤罐是适宜的。

储煤罐多数是用钢筋混凝土浇注而成，储存量高达千余吨到万余吨，因而在使用中应注意检查储煤罐的地基是否有下沉现象，并随时检查筒壁有无裂纹现象。

2-49 储煤罐使用范围受哪些条件的影响？

答：煤罐在电厂中有其一定的适用范围，它由煤的粒度、水分和外部条件决定，还受当地全年气候条件的影响。

（1）煤的颗粒组成

当电厂来煤是经过筛选、颗粒均匀时，储煤罐的效果比较好。此时煤在储煤罐中不易产生离析现象，颗粒之间摩擦力相近，流动性能好。如果来煤未经筛选，颗粒组成复杂，煤进入储煤罐时产生严重的离析现象，流动性较差，引起搭拱，造成物料难卸。此时储煤罐的作用无法发挥。

（2）外部条件

若电厂距煤矿较远、电厂容量很大时，储煤量要相应增大，此时所需的储煤罐的直径和个数也相应增大，一次投资的费用远远大于储煤场的投资。储存天数加大，对储煤罐十分不利，根据使用储煤罐的电厂的经验表明，煤在罐中的储存天数一般不要超过三天。

（3）煤的水分

水分的大小也限制着储煤罐的使用。一般来说，煤的外有水分在8%～12%时，煤的流动性好，卸料时储煤罐内物料都能活化，不易产生挂壁或中心卸料；当煤的水分大于12%时，例如洗中煤，水分子包裹了煤粒，其间摩擦力减少，煤容易自流，失去控制而从卸料口涌出，压坏卸料设备；水分低于8%时，煤颗粒之间摩擦力较大，容易搭拱，储煤罐的作用得不到充分的发挥。

2-50 储煤罐由哪些部分组成?

答：储煤罐的构造包括罐顶装料设备、罐筒、罐下斜壁、卸料口、卸料机械等部分。

（1）装料设备。多采用带犁式卸料器的带式输送机、埋刮板输送机等设备。装料设备是将煤装入储煤罐的设备，为了提高储煤罐的有效容量，装料设备应保证尽量把煤均匀地洒到储煤罐里。

（2）罐筒和罐下斜壁。罐筒和罐下斜壁大多是用钢筋混凝土制成的，用于储存散装物料。为了防止“挂煤”和加速煤的流动，常在罐筒和斜壁内砌衬铸石板，装助流振动器。

（3）卸料口。它位于储煤罐底部，卸料口的形状有圆形、正方形、长方形。采用一个卸料口的储煤罐极少见，通常采用4个卸料口，目的是为了卸料速度快。卸料口下方多装有闸门。

（4）卸料机械。为了将料迅速地从卸料口运走，通常采用卸料机械。目前多采用电磁振动给料机。当几个储煤罐相切布置时，也有将卸料口开成通常的卸料口，像缝隙煤槽下的卸料口那样，此时可采用叶轮给煤机作为卸料设备。

2-51 斗轮机上的高压橡胶软管如何安装与检修?

答：（1）软管安装应注意弯曲半径不小于胶管外径的7倍，弯曲处距离接头的距离不小于外径的6倍。如果结构要求必须采用小的弯曲半径时，则应选择耐压性能更高的胶管。

（2）软管安装和工作时，不允许有扭转现象。接头之间软管长度应有余量，使其比较松弛，因为软管在充压时长度一般有2%～4%的变化。

（3）检修拆下的油管，应首先将管接头处擦拭干净。拆下的管子两头及时用干净的白布包严，妥善保管。回装时，还要检查干净情况。如未采取上述措施或怀疑管内有杂物进入时，必须用铅丝扎白布拉管子内壁，直至管子内壁干净为止，再用高压蒸汽吹净。

2-52 斗轮堆取料机由哪些部分组成?

答：斗轮堆取料机主要由金属构架、进料皮带机（尾车部分）、悬臂皮带机、行走机构、斗轮及斗轮装置、俯仰液压机构等组成。

2-53 斗轮堆取料机金属架构的检修项目有哪些?

答：（1）架构的焊接：应每年检查一次，对重点焊接部位应每季度检查一次。

（2）架构的铰接部位：需每年检查一次，对连接轴、固定挡片和固定螺栓等应详细检查。

（3）架构的整体部分：应每年检查一次，重点部位应每月检查，检查有无变形、扭曲和撞坏等。

（4）楼梯、平台和通道：要随时检查其是否完好。

2-54 斗轮堆取料机金属架构的检修工艺有哪些？

答：(1) 对于金属架构开焊部位，要及时进行补焊。焊缝缺陷要挖尽挖透，并严格按焊接、热处理工艺进行补焊。

(2) 对铰接部位的连接轴、固定板和固定螺栓，应保证完好无损，发现缺损应及时进行修复或补齐。

(3) 对有缺陷的架构整体，应及时进行修复，对扭曲、变形应及时进行修正或更换。

(4) 对于楼梯、平台和通道要随时检查，发现缺陷及时消除。

(5) 对在检修中拆除的栏杆及平台上的开工孔洞，要采取必要的安全措施，检查后要及时予以恢复。

(6) 在承载梁及架构上开挖孔及进行悬挂、起吊重物或进行其他作业时，要经有关专业工程师批准，必要时进行载荷的校核。

(7) 为防止金属架构锈蚀，应每两年刷一次油漆。刷漆前要首先认真进行清污除锈，底漆刷防锈漆，面漆刷两遍调和漆。

2-55 斗轮堆取料机斗轮系统的检修项目有哪些？

答：(1) 检查油泵、油马达及液压系统的其他部件，必要时进行更换。

(2) 检查斗轮传动轴、齿轮的磨损及润滑情况，必要时更换齿轮或轴。

(3) 检查各部轴承的磨损及润滑情况，必要时更换轴承。

(4) 检查斗轮体、斗子、斗壳的磨损情况，必要时整形或挖补。

(5) 检查斗齿的磨损情况，及时修理或更换。

(6) 检查斗轮减速器及机壳的严密性，消除渗、漏油。

(7) 检查溜煤板的磨损情况，磨损严重造成取煤量降低的溜煤板，应修补或更新。更换的溜煤板应符合图纸要求，表面平整、光滑。

2-56 斗轮堆取料机斗轮系统的检修质量技术标准有哪些？

答：(1) 齿顶间隙为齿轮模数的 0.25 倍。

(2) 齿轮轮齿的磨损量超过原齿厚 25%时，应更换齿轮。

(3) 齿轮端面跳动和齿顶圆的径向跳动公差，应根据齿轮的精度等级、模数大小、齿宽和齿轮的直径大小确定。其中一般常用 6、7、8 级精度，齿轮直径为 80～800mm 时径向跳动公差为 0.02～0.10mm；齿轮直径为 800～2000mm 时径向跳动公差为 0.10～0.13mm；齿宽为 50～450mm 的齿轮端面跳动公差为 0.026～0.03mm。

(4) 齿轮与轴的配合，应根据齿轮工作性质和设计要求确定，键的配合应符合国家标准，键的顶部应有一定的间隙，键底不准加垫。

(5) 滚动轴承不准有制造不良或保管不当的缺陷，其工作表面不许有暗斑、凹痕、擦伤、剥落或脱皮现象。

(6) 斗轮液压马达运转声音正常，斗轮运转平稳，轮斗内无积煤。

(7) 斗子转速达到额定转速，取煤量达到额定出力，斗轮转向正确。

(8) 斗轮泵振动小于或等于 0.06mm，减速器振动小于或等于 0.10mm。

(9) 压力保护要求动作灵敏，动作压力要求在规定范围内。

(10) 溢流阀压力应在规定压力范围内。

(11) 轴承温度应小于 70℃，油温小于 60℃。

(12) 各部连接螺栓齐全、紧固。

（13）现场要求整洁，液压系统不漏油。

（14）皮带出力达到标准。

2-57 如何将减速器从斗轮机上整体拆除？

答：（1）首先用两台2t手拉葫芦将斗轮机悬臂固定在地锚上，防止将减速器拆除时悬臂跷起。

（2）用手拉葫芦将斗轮机斗轮固定在锚定上，防止施工时斗轮转动。

（3）将斗轮机减速箱侧面的栏杆割除。

（4）施工前用白色油漆将减速器外部各部位做好标记，如减速器端盖的原始位置、收缩卡盘与轴之间的原始位置等。

（5）将减速器与电机连接的靠背轮保护罩拆除，用力矩扳手将连接靠背轮的螺栓拆除，并在检修卡上记录好螺栓松动时的力矩值。

（6）用力矩扳手将减速器的四个地角螺栓拆除，并记录好螺栓松动时的力矩值，将用油漆做好原始记号的减速器的两个定位销拆除。

（7）用力矩扳手将收缩卡盘的连接螺栓拧松但不拆掉，以防止盘松脱时崩脱发生意外，用四块楔木塞在两收缩卡盘缝的四侧，用大锤使楔木均匀受力，使两收缩卡盘松脱。

（8）将减速器底板的顶紧螺栓拧紧，使减速箱底板与斗轮机之间有所松动，以减小它们之间的摩擦力。

（9）将密封端盖上的六角螺栓拆除，用顶紧螺栓将密封端盖顶出，顶紧螺栓拧紧时受力要均匀，对油封、密封套筒进行检查，并用游标卡尺和塞尺测出各部分间隙，并在检修卡上做好记录。

（10）用两台50t液压千斤顶将减速器与传动轴分离，在顶升过程中，千斤顶受力一定要均匀。

（11）用8t汽车吊将减速器吊至地面，起吊过程中，要做好防护措施，防止将别的设备碰坏。

（12）用3t铲车将减速器运至检修车间。

2-58 斗轮行星减速箱输入端锥齿轮拆除的步骤有哪些？

答：（1）用拉马将输入端锥齿轮的靠背轮拉出，将键取出放在指定地点，摆放整齐并做好记录。

（2）用力矩扳手将密封端盖上的螺栓松掉，用两件M10螺栓拧入密封端盖的顶紧螺栓，使螺栓均匀受力，将密封端盖顶出。

（3）对油封、套筒、固定套筒、轴承进行检查，并用游标卡尺和塞尺测出各部分间隙，并做好记录。

（4）将减速器上部注油孔盖打开，用色印检查锥齿轮的咬合，并测量出齿轮咬合的齿侧间隙及齿顶间隙并做好技术记录。

（5）将油封、轴承定位螺母、套筒定位螺栓、密封套筒拆除，放到指定地地点摆放整齐并做好记录。

（6）用行车将轴承座套吊出，用力矩扳手将螺栓拆除，用顶紧螺栓将轴承座套和锥齿轮整体拆除，对轴承、一级定位套筒各部位间隙进行测量并做好技术记录。

（7）将锥齿轮和轴承一起从轴承座套中拆除。

2-59 斗轮行星减速箱检修时行星架系统拆除过程有哪些？

答：（1）割除行星架推力轴承外壳，加热内套，取出内套。

(2) 用内六角扳手拆除行星轮转动轴上的定位销，如果太紧，可以用烘把将定位销周围加热再松定位销，在行星架表面和转动轴的结合面做上记号，以便安装时轴和支架的定位孔在一条直线上。

(3) 在轴的两侧各放置1只50t液压千斤顶，均匀提升千斤顶，直到将转动轴取出，在千斤顶顶起前对转动轴周围均匀加热。

(4) 取出行星轮轴套和齿轮，在取出齿轮前先将齿轮拉出一部分后，用撬棒将齿轮顶起，将轴套移动使其偏离中心，将齿轮连同套环一起取出。

(5) 取出齿轮后，用卡环钳将定位齿轮轴承的卡环取出，再用铜棒将轴承敲出。

(6) 清洗齿轮，做PT试验检查齿轮受损情况。

2-60 斗轮堆取料机减速器的安装过程有哪些?

答：(1) 用柴油对各拆除的部件进行清洗，并通知做环齿PT试验，对齿轮箱内部进行清洗。

(2) 检查各部件受损情况，要求轴承外观应无裂纹、重皮等缺陷。

(3) 锥齿轮、太阳轮轴、定位套筒、定位环经检查合格后，进行复装，将安装完的太阳轮轴装入锥齿轮传动箱体，将轴承座套安装就位。拧紧螺栓 M_A=1650kgf·cm (1kgf·cm=9.8N·cm)，调整轴承位置，安装轴承定位螺母、止动垫片。

(4) 安装行星架系统时，将合格的轴承、卡环和轴套装入行星轮内，并把行星轮装入行星架内。

(5) 将行星轮转动轴承冷却至−20℃，同时将行星架加热至80℃，将轴装入行星架内，装入时保证轴上的定位孔和行星架上的定位孔在同一位置。

(6) 加热行星架推力轴承后将轴装入。

(7) 用色印检查太阳轮与行星轮啮合情况。

(8) 安装支座和输出端箱体，用力矩扳手将螺栓拧紧，M_A= 1000kgf·cm。

(9) 安装输入端锥齿轮，将轴承座套安装在锥齿轮传动箱体上，拧紧螺栓，M_A= 1650kgf·cm，将装配好的锥齿轮装入轴承座套里，调整锥齿轮及轴承位置。用色印检查锥齿轮啮合情况，符合要求后，将轴承定位螺母拧紧。

(10) 安装油封及端面拧紧螺栓，M_A= 1650kgf·cm。

(11) 用铲车将减速器运至斗轮机旁，用8t汽车吊装就位，用两台50t千斤顶做推力，将斗轮转动轴承插入减速器输出花键轴内。

(12) 将减速器基座找正，安装定位销、地脚螺栓，恢复斗轮机栏杆，连接联轴器。

(13) 进行试运转。

2-61 斗轮堆取料机皮带跑偏的原因有哪些?

答：(1) 皮带机头尾滚筒和皮带的中心线不对正；

(2) 皮带机支架变形；

(3) 调偏托辊组损坏，调偏不灵；

(4) 托辊损坏；

(5) 滚筒安装倾斜或滚筒表面粘煤；

(6) 落煤点不正或落煤筒积煤；

(7) 皮带胶接头歪斜或老化变形；

(8) 皮带下积煤碰到皮带，皮带背面潮湿、结冰等。

2-62 斗轮堆取料机皮带跑偏的处理方法有哪些?

答：(1) 滚筒中心和皮带中心找正；

(2) 皮带机支架校正；

(3) 调偏托辊组修理；

(4) 损坏托辊更换；

(5) 重新安装滚筒或粘煤清理；

(6) 落煤点调整或积煤清理；

(7) 皮带接头重新胶接；

(8) 皮带下方积煤清理。

2-63 叶轮给煤机常见的故障处理方法有哪些?

答：叶轮给煤机常见的故障及处理如下。

(1) 轴承发热：轴承发热的原因可能是润滑不良（油量不足或油质变坏）；滚动轴承的内套与轴或外套与轴承座之间的紧力不够，发生滚套现象引起摩擦发热；轴承间隙过小或不均匀，滚动轴承部件表面裂纹、破损、剥落等；轴承受冲击载荷，严重影响润滑的稳定性。处理方法是检查油质状况，查看油质的颜色、黏度、有无杂物等。若系油质恶化，则进行换油。若是轴承缺陷，则退出运行，更换新轴承。

(2) 叶轮被卡住：原因可能是大块矸石、铁件、木料等引起。处理方法是停止主电动机运行，切断电源后将障碍物清除。

(3) 控制器交流熔丝熔断：原因可能是激励绕线圈烧坏而引起激励电流增大，熔丝质量差。处理方法是更换烧坏的线圈，换新熔丝。

(4) 运行中调速失控：原因是激励线圈的接头焊接不良，运行温度升高，使焊锡开焊而开路，造成无励磁电流；晶闸管被击穿；电位器损坏等。处理方法是检查处理触头，更换晶闸管；更换电位器。

(5) 晶闸管元件烧坏：原因是长时间低速运行，通风不良。处理方法是更换晶闸管，改善通风，禁止长时间低速运行。

(6) 按下启动按钮主电动机不转：原因是未合电源；控制回路接线松动或熔断器损坏。处理方法是拉开主开关，检查有无问题后再合上；更换熔断器。

(7) 合上滑差控制器开关，指示灯亮：原因是220V电源未接通；控制器内部熔丝烧断；灯泡损坏；印刷线路插座接触不良等。处理方法是检查电源接线；换熔丝；换灯泡；检查插头插座接触情况。

(8) 按下行车按钮，叶轮不行走；原因是行车熔丝损坏；回路接线松动或断线；行程开关动作未恢复等。处理方法是换行车熔丝；检查回路接线；检查并恢复行程按钮。

2-64 带式给煤机由哪些部分组成?

答：带式给煤机由输送带、驱动装置（电动机、减速器、联轴器、液力耦合器、制动器、逆止器）、电动滚筒、改向滚筒、托辊、清扫器、导料槽、机架、拉紧装置、漏斗、安全保护装置等组成，如图2-3所示。

2-65 调车机定位及推车装置的检修与维护有哪些内容?

答：(1) 定位装置上的液压缓冲器动作应灵活，油量要适中，不应有漏油和渗油现象；

(2) 推车器应保持动作灵活，槽钢轨道内不得有杂物阻卡，保持清洁；

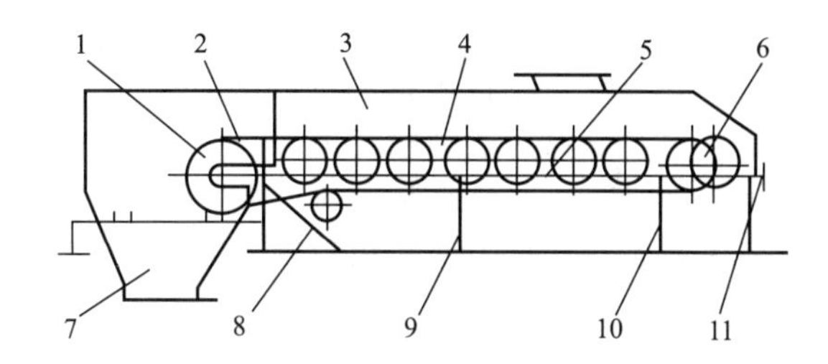

图 2-3　带式给煤机结构示意图

1—传动滚筒；2—托辊；3—导料槽；4—输送带；5—支架；6—改向滚筒；7—头部漏斗；8—头部支架；9—中部支架；10—尾部支架；11—螺旋拉紧装置

(3) 推车器钢丝绳的检修与维护与卷扬装置钢丝绳相同；

(4) 定位器方钢与铁靴活动距离应保持 5～10mm；

(5) 单向定位器的轴与孔应留有 2～3mm 的活动间隙，支座侧的立筋应焊接牢固，防止车辆压坏单向定位器。

2-66　翻车机液压系统的检修与维护有哪些内容?

答：(1) 检查油管路有无泄漏、损坏，必要时更换管道；

(2) 定期检查清洗油箱、滤油器和阀门，定期换油；

(3) 定期解体检修各种液压阀，研磨或更换磨损部件；

(4) 检查开闭阀、液压油缸有无漏油现象，及时检修或更换磨损部件；

(5) 定期检修、清理齿轮油泵，及时加油和更换磨损部件；

(6) 检查各压力表的指示是否准确，不符合要求的要进行调整和校验。

2-67　翻车机制动器的检修与维护有哪些内容?

答：(1) 检查闸瓦（包闸皮）的磨损情况，磨损超过标准时，立即更换闸瓦；

(2) 检查制动器油缸是否有漏油、缺油现象，发现有漏油现象时，进行处理或补充加油；

(3) 定期检查液压推杆、包闸拉杆等是否活动自如，发现有卡塞现象时，及时修理或更换。

2-68　重车调车机主要检查和维护的部位有哪些?

答：(1) 行走轮的两盘滚动轴承，每隔六个月用其油杯加注黄油（2 号钙基脂)；

(2) 导向轮的两盘滚动轴承，每隔六个月打开其轴承盖，进行加黄油润滑；

(3) 张紧装置的张紧轴，每半年用油杯加注一次润滑脂；

(4) 主轴装置的两盘轴承，每半年用油杯注油一次；

(5) 中间轴装置的四盘滚动轴承，每六个月用油杯注油一次；

(6) 张紧绞车的四盘滚动轴承，每六个月打开端盖加注一次润滑脂，其蜗轮副每隔三个月加一次黄油；

(7) 车钩装置的摆杆副每天用油杯加一次透平油进行润滑，两盘滚动轴承，每隔三个月加 2 号钙基脂一次。

2-69　DQ5030 斗轮堆取料机斗轮传动机构检修的质量标准是什么?

答：(1) 滚动轴承不准有制造不良或保管不当的缺陷，其工作表面不许有暗斑、凹痕、擦伤、剥落或脱皮现象；

(2) 斗轮液体马达运转声音正常，斗轮运转平稳，轮斗内无积煤；

(3) 斗子转速达到额定转速，取煤量达到额定出力，斗轮转向正确；

(4) 斗轮泵振动小于等于 0.06mm，减速器振动小于等于 0.10mm；

(5) 压力保护要求动作灵敏，动作压力要求在规定范围内；

(6) 溢流阀压力应在规定压力范围内；

(7) 轴承温度小于 70℃，油温小于 60℃；

(8) 各部连接螺栓齐全、紧固；

(9) 现场要求整洁，液压系统不漏油。

2-70 DQ5030 斗轮堆取料机回转机构传动套轴检修的工艺要求是什么?

答：(1) 传动套轴两端轴承应保证 0.2～0.3mm 的间隙，轴承与轴的配合为 K6，与孔的配合为 K7；

(2) 传动轴与蜗轮轴的径向偏差小于 0.5mm；

(3) 传动套轴两端应留有 10mm 的间隙；

(4) 小齿轮（模数 $m=25$，齿数 $z=18$）与轴为花键配合，各个尺寸公差配合要求为 ϕ200H8、ϕ180H12、30D9；

(5) 轴应光滑无裂纹，最大挠度应符合图纸的有关数值，其圆锥度、圆柱度公差应小于 0.03mm。

2-71 斗轮传动机构检修的项目有哪些?

答：(1) 检查油泵、油马达及液压系统的其他部件，必要时进行更换；

(2) 检查斗轮传动轴、齿轮的磨损及润滑情况，必要时更换齿轮或轴；

(3) 检查各部轴承的磨损及润滑情况，必要时更换轴承；

(4) 检查斗轮体、斗子、斗壳的磨损情况，必要时整形或挖补；

(5) 检查斗齿的磨损情况，及时修理或更换；

(6) 检查斗轮减速器及机壳的严密性，消除渗、漏油；

(7) 检查溜煤板的磨损情况，磨损严重造成取煤量降低的溜煤板，应修补或更新，更换的溜煤板应符合图纸要求，表面平整、光滑；

(8) 管接头使用的紫铜垫，在每次拆开回装时必须进行软化处理。

2-72 调车机卷扬机装置中传动或转向滑轮如何检修与维护?

答：(1) 传动或改向滑轮，其轮槽径向磨损不应超过钢丝绳直径的 1/4，轮槽壁的磨损不应超过原厚度的 1/3，否则应进行更换或经电焊修补后再机加工；

(2) 滑轮的轮辐如发生裂纹，轻微时可进行焊补，但焊补前必须把裂纹打磨掉，并采取焊前预热、焊后消除应力的处理，以防变形；

(3) 改向滑轮的轴孔一般都嵌有软金属轴套，其磨损的深度不应超过 5mm，其损坏的面积应小于 0.25cm^2；

(4) 改向滑轮一般每月进行一次检查加油；

(5) 改向滑轮的侧向摆动不得超过 $D/1000$（D 为滑轮的中径）。

2-73 调车机卷扬机装置中钢丝绳如何检修与维护?

答：(1) 钢丝绳在更换和使用当中不允许绳呈锐角折曲，以及因被夹、补卡或被砸而发生扁平和松脱断股现象；

(2) 钢丝绳在工作中严禁与其他部件发生摩擦，尤其不应与穿过构筑物的孔洞边缘直接接触，防止钢丝绳的损坏与断股；

(3) 使用的钢丝绳一般每六个月涂抹一次油脂，以防止其生锈或干摩擦；

(4) 严禁钢丝绳与电焊线接触，防止电弧烧伤。

2-74 调车机卷扬机装置卷筒如何检修与维护?

答：(1) 卷筒的绳槽磨损深度不应超过 2mm，超过时可重新加工车槽；

(2) 卷筒磨损后的壁厚应保证不小于原厚度的 85%，否则应进行更换；

(3) 卷筒在钢丝绳的挤压和其他作用下，可能发生弯曲和扭转变形，有时会造成卷筒裂纹的现象，如果裂纹不大于 0.1mm，可以焊补后加工，焊补前在裂纹两端各钻一止裂小孔，以防电焊时裂纹扩大。

2-75 调车机卷扬机装置配重的检修与维护有哪些内容?

答：(1) 配重架无明显变形及开焊，地脚螺栓无松动；

(2) 张紧绳和保险绳完好，每个固定绳头的绳卡子不少于 3 个；

(3) 满载工作时，张紧绳放绳长度应能保证配重底面离基础地面的距离大于 100mm；保险绳的长度应能保证张紧绳卡子在进入张紧导向轮绳槽前 100mm 时，保险绳吃力。

2-76 调车机卷扬机装置张紧轮和导向轮如何检修与维护?

答：(1) 轮辐无裂纹，绳槽应完整无损，绳槽的磨损深度应小于 10mm；

(2) 钢套与轴的磨损，最大间隙应小于 0.5mm；

(3) 轴的定位挡板应牢固可靠，地脚螺栓无松动。

2-77 调车机卷扬机装置张紧小车的检修与维护有哪些内容?

答：(1) 车架无明显变形，各焊缝无开裂；

(2) 车轮的局部磨损量小于 5mm；

(3) 轴的直线度误差应小于 0.5‰。

2-78 调车设备检修后的检查与调整有哪些内容?

答：(1) 重车铁牛、空车铁牛的液压离合器制动力由油系统的压力来保证，其系统油压应保证达到 1MPa。

(2) 重车铁牛的摘钩装置及抬头油缸应活动自如，动作灵活，准确无误。

(3) 各钢丝绳的初张力应调整适当，且钢丝绳在滑轮槽内应不咬边、不脱槽。

(4) 牵车台上钢轨与基础上钢轨应对准。两钢轨端头间隙一般为 5～7mm，高低差不大于 3mm，钢轨端头的横向错位不大于 3mm。

(5) 牵车台两端面的挡滚与基础上挡板的间隙不大于 5mm。

(6) 迁车台侧面的缓冲器动作要灵活，活塞杆垂直于基础端面，缓冲器油缸不漏油，加油量为其容积的 75%。

(7) 系统中各压力表、温度表、电流表、电压表等表计在检修调整后，应指示准确，灵活可靠。

(8) 液压系统中各种阀、泵应运转灵活可靠，无渗漏油现象。

2-79 翻车机定位机构液压系统的调试、使用维护及技术要求有哪些内容?

答：(1) 在试运转中应逐步升高压力，并排除系统的空气；

(2) 调试压力最高为15MPa，各处不得有明显的渗漏现象；

(3) 启动时不允许有载荷，正常运转3～5min后，系统方可开始工作；

(4) 各控制阀应动作准确、可靠；

(5) 常温下应采用20号机械油，工作时油温为30～55℃，当油温低于20℃时，应预热，但温度不得高于65℃；

(6) 当环境温度低于－10℃时，必须采用低温环境用油。

2-80 翻车机定位装置的检修与维护有哪些内容?

答：(1) 液压缓冲器应动作灵活，检查其有无渗油、漏油现象，发现问题及时进行修理。缺油时，及时补充加油，但油量要适中；

(2) 检查定位器偏心轮和制动铁楔动作是否灵活、准确，必要时进行调整；

(3) 检查定位器铁楔止挡拉簧刚度是否符合要求，发现拉力达不到要求或两侧弹簧拉力不均匀时，及时更换或调整。

2-81 翻车机金属构架的检修与维护有哪些内容?

答：(1) 检查金属构件的防腐情况，定期除锈、刷漆；

(2) 检查焊接件有无开焊，铆接件的铆钉是否紧固，螺栓连接件的螺栓有无松动现象，发现问题后及时处理；

(3) 检查转子（回转盘）和平台有无变形、裂纹等异常现象，发现问题后及时处理；

(4) 检查压车横梁、托车梁、底梁等有无损坏或变形情况，发现问题后及时校正或检修；

(5) 检查并及时更换压车梁的垫板、胶板等。

2-82 翻车机推车装置的检修与维护有哪些内容?

答：(1) 检查、更换钢丝绳；

(2) 推车器小轮应经常检查、清洗并加油，发现有卡塞和损坏时，应及时更换；

(3) 经常检查和清理推车器轨道，轨道紧固件不能有松动，轨道应保持清洁、畅通，不能有杂物阻卡；

(4) 检查蜗轮减速器是否有渗油、漏油现象，发现有问题时应及时处理和补充加油。

第三章

大型火电机组输煤与辅助设备安装与检修

3-1 管状带式输送机安装基本步骤有哪些?

答：施工准备→基础检查划线验收→设备运输→尾架安装→尾部过渡皮带支架安装管带机支架安装→双层中间机架安装→平台栏杆安装→六边形托辊组安装→头部过渡机架安装→头架及头部缓冲漏斗安装→驱动架及驱动滚筒安装→皮带铺设→导料槽安装→液压张紧装置安装→驱动装置安装→皮带张紧→试运、移交。

3-2 制动器的检修有哪些?

答：制动器的检修包括制动轮、闸瓦及制动架的检修。

(1) 制动轮、闸瓦检修：制动瓦片磨损不应超过厚度的1/2，否则予以换新。

① 制动轮表面硬度为45～55HRC，淬火后深度达2～3mm。

② 制动轮磨损达1.5～2mm（或表面不光滑，闸带铆钉擦伤深度超过2mm时）必须重新车制并表面淬火。车削后壁厚不足原厚度的70%，应报废换新。

③ 闸瓦和瓦片接触面积应大于全部面积的75%，铆钉头深入瓦片的深度不应小于瓦片厚度的1/2。

④ 制动轮中心与闸瓦中心误差不应超过3mm。

⑤ 制动机松开时，闸瓦与制动轮的倾斜度和不平行度不应超过制动轮宽度的1%。

(2) 制动架检修：制动架销轴磨损超过直径的5%时，即要检修。

① 制动架各部分动作要灵活，销轴不能有卡涩现象。

② 轴孔磨损超过直径的5%，需用铰刀铰孔，并配以相应销轴。

③ 各转动部分应定期检查并加油润滑。

④ 各部调整螺母紧固可靠，不应有松动现象。

3-3 滚动轴承如何安装和拆卸?

答：安装时勿直接锤击轴承端面和非受力面，应以压块、套筒或其他安装工具（工装）

使轴承均匀受力，切勿通过滚动体传动力安装。如果安装表面涂上润滑油，将使安装更顺利。如配合过盈较大，应把轴承放入矿物油内加热至 80～90℃后尽快安装，严格控制油温不超过 100℃，以防止回火效应硬度降低和影响尺寸恢复。在拆卸遇到困难时，建议使用拆卸工具向外拉的同时向内圈上小心地浇洒热油，热量会使轴承内圈膨胀，从而使其较易脱落。

3-4 滚动轴承检查注意事项有哪些？

答：检查轴承润滑情况；检查轴承与轴颈或轴承座的配合情况；检查轴承内外座圈和滚动体的表面质量状况；检查轴承的轴向间隙和径向间隙；检查轴承的保持架的结构完整和变形情况；查密封是否老化、损坏，如失效时应及时更新。当发现轴承有下列情形之一时，应予更换：座圈或滚动体上发现疲劳剥落或裂纹；座圈或滚动体表面呈蓝紫色；座圈滚道上发现明显的珠痕或振痕；保持架严重变形或破裂；轴承的径向间隙超过允许值。

3-5 在润滑轴承时，油脂涂的越多越好吗？

答：润滑轴承时，油脂涂的越多越好，这是一个常见的错误概念。轴承和轴承室内过多的油脂将造成油脂的过度搅拌，从而产生极高的温度。轴承充填润滑剂的数量以充满轴承内部空间 1/3～1/2 为宜，高速时应减少到 1/3。

3-6 对带式输送机的倾斜角度有什么规定？

答：带式输送机可用于水平输送，也可以用于倾斜输送，但是倾斜有一定限制，在通常情况下，倾斜向上运输的倾斜角度不超过 18°，对运送碎煤最大允许倾角可到 20°。若采用花纹皮带，最大倾角达 25°～30°。

3-7 上煤系统主要包括哪些设备？

答：上煤系统配套设备主要包含环锤破碎机，振动筛，皮带输送机，大倾角皮带输送机，给煤机，给料机，星型卸料器（刚性叶轮给料机），料仓，仓壁振动器，插板阀等设备。

3-8 环锤式破碎机原理是什么？

答：环式破碎机主要是利用旋转转子上的环锤施加锤击力，从而获得破碎物料作用的。物体从本机料斗进入破碎室后，立即受到高速旋转的四排交错安装着的环锤冲击并挤压于破碎板上，由于从环锤获得动能，物料受其剪切、挤压、滚碾和研磨，从而破碎到所需破碎粒度后，便从筛板的栅孔落下。本机尚不能被破碎的，如铁块和杂物等，经拨料器将其拨进到除铁室内。

3-9 碎煤机主要结构有哪些？

答：一般由后机盖、中间机体、转子部件、液压系统、前机盖、下机体、筛板架组件、调节机构组成。其中下机体、中间机体、前机盖及后机盖，都是采用不同厚度的钢板焊接而成，机体内壁固定有铸造的耐磨衬板。

3-10 破碎机筛板间隙如何调整？

答：筛板架由 4 件弧形板及其筋板焊接而成，其上装设有破碎板及大筛板和切向孔筛板，筛板上通过合理布置的筛孔，可有效防止堵煤。筛板架通过悬挂轴悬挂在后机盖上，并可绕悬挂轴转动。筛板间隙的调节是通过左右对称的两套蜗轮蜗杆减速装置实现的，为保证两边同步，用连接轴、连接套联结在一起，用活扳手卡住连接轴上的六方头摇动蜗杆带动蜗轮推动丝杠实现轴的前后移动，销轴、安全销、连接销将三角连接块与筛板架相连，轴的移动带动筛板架前后移动，从而实现筛板间隙的调整。调整终了的时候，调整垫块必须紧压在箱体上，使蜗轮、蜗杆、丝杠处于不受力状态。

3-11 碎煤机安装步骤有哪些？

答：首先参照基础安装图检查各地脚螺栓预留孔尺寸是否正确，相互位置应符合图纸要求。安装减振平台，安装前将碎煤机出料口密封装置预先安装到位。在隔振器安装位置用临时钢支撑代替，在碎煤机调整结束后安装隔振器。碎煤机安装前先将碎煤机地脚螺栓插入减振平台螺栓孔后，再安装碎煤机。在平台上把碎煤机、电动机中心位置打上墨线，按照安装基础图将碎煤机、偶合器、电动机及电动机底座放在平台上，并将地脚螺栓预紧。减振平台隔振器安装就位后，在碎煤机轴承座安装平面上用水准仪找正水平度，在转子轴的轴向及半径方向的水平度容许值均≤0.5mm。水平调整后，再充分地拧紧地脚螺栓。

3-12 碎煤机振动原因及处理方法有哪些？

答：原因：环锤破损或者严重磨损失去平衡、电机与耦合器安装不同心、轴承损坏或者径向游隙过大、给料不均匀造成环锤不均匀磨损、轴承座螺栓或者地脚螺栓松动。

处理方法：按说明书重新换装新环锤、按要求重新找正、更换新轴承、调整给料机构在转子方向上均匀给料、紧固松动的螺栓。

3-13 碎煤机轴承温度过高的原因及处理方法有哪些？

答：原因：轴承保持架或锁套损坏；润滑脂污秽；滚动轴承游隙过小；润滑脂不足。

处理方法：更换轴承或锁套；清洗轴承；更换大游隙轴承；填注润滑油。

3-14 碎煤机常见故障原因及处理方法有哪些？

答：碎煤机内部产生连续敲击声。

原因：不易破碎的异物进入机体内部、环锤击打破碎板或者筛板松动的螺栓、环锤轴磨损过大。

处理方法：停机清理异物、紧固松动的螺栓、更换新环锤轴。

3-15 碎煤机排料颗粒大于设计要求的原因及处理方法有哪些？

答：原因：筛板与环锤间隙过大、筛板孔有折断、环锤磨损过大。

处理方法：重新调整间隙、更换新筛板、更换新环锤。

3-16 碎煤机产量明显降低的原因及处理方法有哪些？

答：原因：给料不均匀、筛板孔堵塞。

处理方法：调整给料机构、调整筛板栅孔，检查煤的含水量含灰量。

3-17 碎煤机液力耦合器温度过高的原因及处理方法有哪些？

答：原因：充油量少、系统过载。

处理方法：加油到设备要求油量、减少系统载荷。

液力耦合器漏油原因：热熔塞或者加油口O形密封圈损毁、附室或者外壳与泵轮O形密封圈损毁或者螺栓没上紧。

处理方法：更换O形密封圈或者重新上紧螺栓。

3-18 碎煤机检修步骤及要求有哪些?

答:(1) 开启碎煤机的上盖:联系电气人员接液压油站装置动力电源及拆除碎煤机电机电源线,拆除联轴器护罩,拆卸联轴器密封环、蛇形弹簧片并做好标记。拆除转子两端锁紧螺母罩,拆除转子两端上盖侧半圆密封挡板,拆除上盖四周螺栓,用液压开启装置打开碎煤机上盖,上盖的支腿要平稳,安全牢靠。清理机体内部及转子上的积煤(包括环锤内孔积煤)。

(2) 检查碎煤机转子:拆开碎煤机转子两端的轴承座上盖,将转子平稳地吊运到事先铺好的防护橡胶的位置,拆掉转子轴上的半联轴器和连接键,取下外侧轴密封环,松开轴承锁紧螺母及止退垫片并退至距轴承内圈 10mm 左右,打压卸掉内圈,拆掉轴密封环,将半联轴器、键及密封环清理干净保存好,备用。将转子部分运到指定场所卡住转子,使其不能转动,拆卸两个转子圆盘上的环轴挡盖,用锤将环轴打出或拉出。当环轴从摇臂的端部孔中抽出时,依次将环锤从转子上取下,并作好记号。一般分为 A、B、C、D 四组,A、B 是齿形环锤,C、D 是光环锤。检查环锤和环轴,环锤齿磨平或磨至接近原厚度的 1/2 时应该更换。将转子上的转子圆盘、摇臂作好标记,松开转子锁母,拆下两侧转子圆盘及其顶套并检查键、键槽及主轴键槽,应整体完好、无裂纹、无变形,符合安装要求、键槽无损坏,否则修补、键损坏则更换。检查主轴、清理除锈,无严重磨损和腐蚀,轴承安装位的轴颈有缺陷时,应修补、磨削。检查轴承,轴承内外圈无沟槽,剥落、斑点、滚柱完整无疲劳损伤的现象。

3-19 碎煤机检修后的复位安装过程有哪些?

答:按拆卸顺序和标记回装摇臂、隔环,注意调整时两侧锁紧螺母丝扣的长度相当。摇臂上的环轴安装孔应偏向转子旋转方向,摇臂、隔环应紧密接触,不得有缝隙。装上两转子圆盘及其顶套,装上锁母并用锤打紧,对安装部分确认无误,将锁母和圆盘点焊牢固无松动。将需配制的齿环锤和光环锤分别称重,并标写出重量值,注意环锤质量精确度为 g。按对称平衡要求,选择重量相等的环锤配组并摆放好,按照 A、B、C、D 分组。按对称平衡要求,选择重量相等的环锤配组并摆放好,环锤组重量差以及每一环锤按照排序与其前后环锤重量差应满足设备技术要求。完成上述平衡工作,以每排中间为准,两侧 1/2 环锤找平衡。反复计算调整之,使重量尽可能保持一致,最后将稍重的一半放在电机侧,最后进一步校核一下:将四排环锤由中间划分为两半,计算总重量并看其差值,在不破坏两排对称平衡及每排的对称平衡的基础之上,调整至四排内对称平衡为最佳。检查环轴直径、长度合适后,穿入环轴,同时按照环锤排序将第一组(A)环锤依次穿于环轴,将其他环锤沿转子圆周方向按顺序回装。转子环轴直径和孔径相符,穿入后环轴两端与转子圆盘外表面平齐;环轴直径相等,长度一致,按 A、C、B、D 的顺序交叉回装。将轴承、轴清洗干净,先套上内侧密封圈(大孔径环),再将轴承轻推上锥轴,检查无偏斜,用小铜棒将内套捣紧。注意不得用力过猛,不得击打轴承滚柱和外套。装上止动垫圈、轴承锁母并紧固,同时用塞尺测量轴承安装后的径向间隙控制在 0.02mm。撬起止动垫齿片,卡住锁母,注意不得用力过猛。

3-20 碎煤机筛板更换步骤有哪些?

答:拆下本机旁路体上的螺母螺柱,吊去挡板,在筛板架与机体之间用一钢丝绳,紧紧托住其组合件,以便将其与调节装置分离开。分别拆出弹性销、垫圈,拿下两个铰接轴,将其脱开后,再把铰接轴插入支架孔内,用起重绳索缠好,将挂轴上面的片板卸下来,然后吊起本组合件,向本机前面移动,从本机前修门吊出。检查筛板、反击板的磨损,如磨损厚度超过原厚度的 1/2 或筛板有断条时应更换。检查筛板架的磨损情况,宽度方向磨损超过原尺寸的 1/2、高度方向磨损超过原厚度的 1/3 时应更换。

3-21 倾斜式滚动筛煤机结构特点是什么？

答：滚动筛主要由前筛箱、中筛箱、后筛箱、下筛箱、筛轴及煤挡板六部分组成。所有壳体均由钢板焊接而成，箱体内两侧固定有耐磨衬板，大大提高了设备的寿命。煤挡板置于入料口的下方，设备在工作状态时挡板处于顺煤流方向的位置；当煤的粒度不须筛分或设备出现故障而输送带不能停机时，可启动电动推杆将煤挡板转到逆煤流的位置，这时煤流可直接落入下游运输皮带中。筛轴之间间距满足设计煤种要求，其排列为折线型式，前四根轴排列与水平面成15°角，中间四根轴为10°，后四根轴为5°。避免了堵煤现象的发生，且大大提高了筛分效率。每根筛轴各由一台斜齿轮减速器驱动，便于维修。如有一台减速器发生故障停机设备仍可继续运行。筛轴下方装有清扫板，可随时清理掉夹在筛片间的煤块保证筛孔畅通。

3-22 滚轴筛维护注意事项是什么？

答：运行中电动机固定应牢固，无异常振动和响声，电动机外壳无过热现象。硬齿面减速器采用齿轮油润滑，油面高度保持在视油窗中部，值班人员要每班检查油位，欠油时应及时补充，保证减速器的正常运转。减速器运行应平稳，无杂音，地脚螺栓和连接螺栓应无松动现象，无漏油、振动、过热现象，工作环境温度为－25～40℃，使用中减速器的最高温度不允许超过＋80℃。筛轴转动应灵活平稳，发现筛轴不转时应停止运行，通知检修人员检查处理。设备应筛分率高，碎煤机基本在空载状态下运行，筛子密封性能好，碎煤机产生的强风带着粉尘在里面回转，回转后在内旁路、大罩盖等地方粘积，所以一至两个月需打开视门，清理粘积，以免影响筛子的正常运行。设备运行时，铲刀下容易挂满炮线等杂物，6～10个月清理一次，以免铲刀下的杂物堆积过多影响筛片的使用寿命。现场照明充足，通信设施完好，通道平整和畅通。附近不应有易燃、易爆物，并保持良好消防设施。运行中要监视和检查运行的工况。例如电机的电流，轴承部分的温度，以及响声、结合面的严密性、连接螺钉的紧固情况等。设备停止后，值班员应检查筛面上应无残留物，如有应设法清除。

3-23 滚轴筛常见故障及处理方法有哪些？

答：(1) 故障：按下启动按钮，电动机不转动。

原因：按钮接线不良或控制回路故障、无动力电源、无操作电源、电动机本身损坏。

处理方法：按下停止按钮，汇报班长，通知检修人员处理。

(2) 故障：筛选性能不好。

原因：梅花形滚柱片有窜轴或脱落。

处理方法：通知检修人员处理。

(3) 故障：筛轴运行中突然停止不动。

原因：电动机的热保护动作、联轴器上的尼龙柱销被剪断。

处理方法：在保证安全的条件下，清除筛轴间的积煤、杂物，通知检修人员处理及更换尼龙柱销。

(4) 故障：筛出力不足。

原因：煤的水分过大、煤的粒度过大、筛轴间有严重的卡堵现象。

处理方法：减小煤源设备出力，停止设备运行并检查筛面情况。

(5) 故障：轴承温度过高。

原因：润滑油过多或不足、润滑油过多或不足、轴承损坏。

处理方法：注意观察温度变化情况，如超过80℃时，应立即停机，通知检修人员检查处理。

（6）故障：电动机、减速器异常振动，有响声或过热现象。

原因：电动机、减速器底座地脚紧固螺栓松动、过负荷、电动机或减速器自身故障。

处理方法：汇报班长，减少系统出力并注意观察，严重时立即停机，通知检修人员检查处理。

3-24 滚轴筛检修的大修项目有哪些?

答：（1）检查落煤斗的磨损情况，并消除存在的缺陷；

（2）检查筛箱的磨损情况；

（3）检查密封垫密封情况；

（4）检查所有金属结构的焊接及变形情况；

（5）电动三通挡板修补；

（6）电机检修；

（7）斜齿减速器的检查；

（8）筛轴的检查修理；

（9）检查筛片的磨损情况；

（10）检查梳形板的磨损情况。

3-25 滚轴筛检修的小修项目有哪些?

答：（1）检查落煤斗的磨损情况，并更换磨损的衬板；

（2）检查筛箱的磨损情况；

（3）检查密封垫密封情况；

（4）检查所有金属结构的焊接及变形情况；

（5）电动三通挡板检修或更换；

（6）电机检修；

（7）斜齿减速器的检修；

（8）筛轴的检查修理；

（9）检查筛片的磨损情况；

（10）检查梳形板的磨损情况。

3-26 滚轴筛的检修工艺有哪些?

答：首先解列电动机，断开联轴器，拆除联轴器的螺栓，取出连接尼龙柱销，检查销柱是否严重磨损，如磨损严重则必须更换；解开箱体与顶盖结合螺栓，并确认无遗漏，拆去转子轴端与机体密封法兰等用行车、手动葫芦相互配合把滚轴筛的顶盖吊离放到不阻碍工作的地板。然后检查壳体上固定衬板，清理、检查，测厚如衬板磨损大于50%则更换衬板；检查各连接螺栓是否牢固无松动。

其次吊出滚轴，拆卸轴承，打好装配印记（打记号时应打在容易看到的侧面，不能打在工作面上）。拆卸轴承端盖：拆去轴承座上盖螺母，在两轴承座上盖上做好标记，以便于安装时装回原位，提起两轴承座上盖，存放在一个干净的地方，将滚轴用起重工具吊起，并将滚轴垫好固定，使其两轴承座下部留有一定的空隙，以便于检查及拆装轴承座和更换轴承，用拉马拆除联轴器（拆前标记好顺序和位置）检查筛轴下方的清扫板工作良好，及时清理夹在筛片间的煤块等杂物。用专用工具（卡钳）或用手锤、錾子把卡环松开取出，取出定位套，把筛片依次取出，检查筛片有无变形，磨损超过35%则必须更换。用梅花扳手松开清扫板的固定螺栓，把清扫板依次取出，并作好位置记号，检查紧固螺钉无松动及腐蚀严重，如腐蚀严重则必须更换；清扫板有无腐蚀严重及磨损严重，若有则必须更换；减速器按要求进行解体检查。

3-27 滚轴筛轴承、联轴器、滚轴安装注意事项有哪些？

答：按顺序安装轴承、联轴器、滚轴，在安装滚轴轴承时如新更换轴承建议使用新油封，测量更换轴承的滚子与外套的径向间隙，将其间隙数值记录下来，以确定是否符合规范的要求。在安装新轴承前，要用干净的棉布将轴颈处和轴承内套擦拭干净。将液压油涂在轴颈安装平面，在轴颈部形成一层很薄的油膜，将轴承装上滚轴，并将锁紧螺母旋上，旋转锁紧螺母顶在轴承内圈上，继续移动锁紧螺母，推动轴承在主轴锥部上紧，直到径向间隙符合检修标准。拆下锁紧螺母，装上锁紧垫圈，然后重新安装锁紧螺母并拧紧垫圈螺母，调整好止退垫圈与锁紧螺母的开口位置，使其相对应。此时要注意轴承间隙符合要求（0.007～0.01mm）。轴承及锁紧螺母等定位后，撬起止退垫圈锁片，并锁入锁紧螺母槽内。使用干净的布遮住轴承外圈及锥部，防止腐蚀和污染。安装轴承座时，一定要将座内孔、座与盖的接合面清理干净。轴承的润滑采用二硫化钼润滑脂，其注入量为油腔的1/3～1/2。检查油封、定位套、锁紧螺母是否齐全，对位后，装好轴承端盖。将联轴器两轮毂放入油中整体加热（油温135～177℃）。热压安装联轴器轮毂，保证轮毂面与轴端面在同一平面。联轴器找正：用等厚于0.250的定位钢筋插入两轮毂之间，用塞尺测量两轮毂径向间隙。两点定位钢筋与轮毂位间隙差标准最大不超过0.013mm，用塞尺测两轮毂面间隙应小于0.011mm。

3-28 管状带结构及性能特点是什么？

答：管带机的头部、尾部、受料点、卸料点、拉紧装置等部分在结构上与普通带式输送机基本相同，输送带在尾部受料后，在过渡段逐渐把其卷成圆管状进行物料密闭输送，到头部过渡段再逐渐展开成槽形，直到头部卸料。可广泛应用于各种散状物料的连续输送；输送带呈管状，运输物料无尘、无泄漏、不污染环境、不受自然条件（风、雨等）影响；输送带呈管状，增大了物料与胶带间的摩擦因数，故管带输送机的输送最大倾角可达45°；管状输送带可实现空间弯曲布置，一条管状带式输送机可取代一个由多条普通带式输送机组成的输送系统，可减少转运站费用、设备维护及运行费用；管状带式输送机自带走道和桁架，可不另建栈桥，节省费用；运输能力相同时，管带机的横截面积小，占用空间小，为普通带式输送机的1/3截面，可减少占地和费用；管状带式输送机的管带具有较大刚性，托辊间距可增大；管带机所输送物料的最大块度为其管径的1/3。

3-29 管状带托辊安装注意事项是什么？

答：管状带托辊类型较多，应按带式输送机总图，将各种托辊安装在指定位置；安装后部过渡段托辊时，从后向前过渡托辊组的槽角在逐渐变大；安装前部过渡段托辊组时，从后向前过渡托辊组的槽角在逐渐变小；托辊辊子表面要与胶带相接触；支承辊和立辊安装在头部过渡过段回程带上；侧压辊分别安装在尾部过渡段前端（承载段），或前部过渡段后端（回程段）；拨分辊安装在尾部过渡段回程带的中部。

3-30 管状带运行前检查事项有哪些？

答：（1）检查基础及各部件中连接螺栓是否已紧固，工地焊接的焊缝有无漏焊等。

（2）检查电动机、减速器、轴承座等润滑部位是否按规定加入足够量的润滑油。

（3）检查电气信号、电气控制保护、绝缘等是否符合电气说明书的要求。

（4）点动电机，确认电机转动方向。点动电机前对装有偶合器的驱动单元，可让偶合器暂不充油，不带偶合器的驱动单元可先拆开高速轴联轴器。

（5）检查输送带的压边是否一致，是否有扭曲、翻转现象，如有，则必须进行调整。

3-31 管状带常见故障及处理方法有哪些？

答：管状带式输送机的常见故障是胶带跑偏和扭曲。造成故障的主要原因如下：

（1）超载，使过渡段的托辊受到大的阻力，造成扭曲或爆管。

（2）当回程带下面的料堆积高度接近返程胶带时，物料卷入尾部滚筒，造成胶带翻转。

（3）应及时清扫黏附在增面、改向、张紧、头部、尾部和其他滚筒上的物料，以免造成胶带跑偏和振动。

（4）维修保养时，胶带上的润滑脂或润滑油没有及时抹掉，以致输送带表面变软或膨胀，造成胶带损坏。

（5）管状胶带张力达不到要求，造成打滑和扭曲。

3-32 管状带扭转如何调整？

答：管状带绝对没有扭转是不可能的，正常输送状态下允许输送带有较小角度的扭转。一旦输送机启动，必须以输送机的结构架为参照物监视输送带的搭接处，监测输送机头尾处输送带的对中情况，如果输送带的搭接位置相对于结构架顺时针或逆时针扭转超过 20°（见图 3-1），就必须对输送带进行调整。一般任何情况下扭转不允许超过 30°。上述要求对靠近头、尾过渡段的输送带显得特别重要，因为在此产生的扭转将使输送带在绕入和绕出滚筒时产生严重的跑偏，所以必须进行调整。调整参照通用带式输送机的纠偏原理，可以在输送带的边缘进行强制纠扭，也可以利用与前倾托辊同理的纠扭方法进行调整，图 3-2 即为其纠扭原理图。通过顺时针或逆时针调整调整托辊的转角，输送带就受到持续的逆时针或顺时针方向的纠扭力作用。通常把调整托辊设置在承受较大压力的多边形托辊组的下托辊处，并建议对调整托辊的外表面进行处理例如加沟槽和包胶等，以增加与输送带间的摩擦调整力。

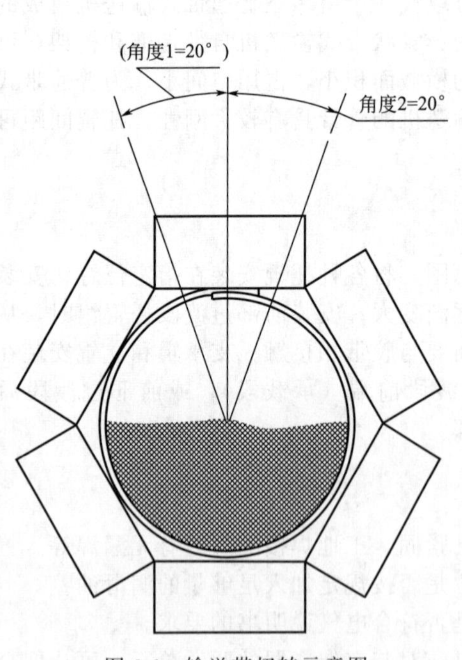

图 3-1 输送带扭转示意图

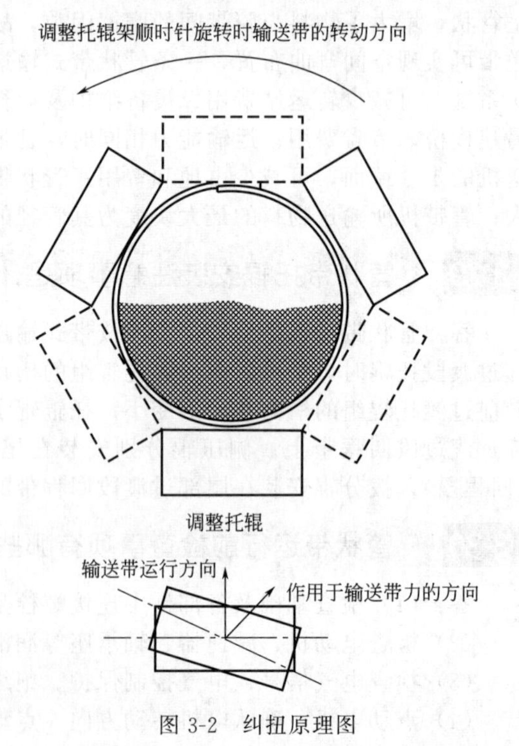

图 3-2 纠扭原理图

3-33　手动调整管状带常用方法是什么？

答：可利用 E 形调整垫片进行纠偏的方法。观察输送带扭曲情况根据需要先选定要调整的托辊，松动其紧固螺母，再把调整垫片垫到螺母下拧紧，则该托辊就变成“前倾托辊”，起到调整托辊的作用。此方法结构简单、成本低、使用灵活、简单实用，但要求有较丰富的操作经验。另一种手动调整托辊装置是在多边形托辊及其面板前安装一个可调整托辊，该调整托辊可以在弧形槽内绕其立轴旋转，操作人员可根据需要通过调整柄旋转调整托辊，调到适当的位置后，再拧紧压紧螺母将其固定，调整托辊就可以持续地对输送带施加纠扭力，达到调整的目的。

3-34　输送带跑偏原因是什么？

答：根本原因是因为输送带两侧受力不一致，输送带两侧运行速度不同造成跑偏。既有设备安装过程中的偏差，也有输送带加工自身的原因，具体问题具体分析。

（1）输送带支架安装不同心，相邻支架对角线尺寸偏差大；

（2）托辊安装不水平，输送带两侧高低不一；

（3）头尾部辊筒与输送带中心线不垂直；

（4）落煤点不在输送带中心，输送带受力不平衡；

（5）输送带接头不同心，输送带接头处受力不平衡。

3-35　皮带跑偏时如何调整？

答：皮带运输机运行时皮带跑偏是最常见的故障。跑偏的原因有多种，需根据不同的原因区别处理。

（1）调整承载托辊组。皮带机的皮带在整个皮带运输机的中部跑偏时可调整托辊组的位置来调整跑偏；在制造时托辊组的两侧安装孔都加工成长孔，以便进行调整。调整方法见图 3-3。

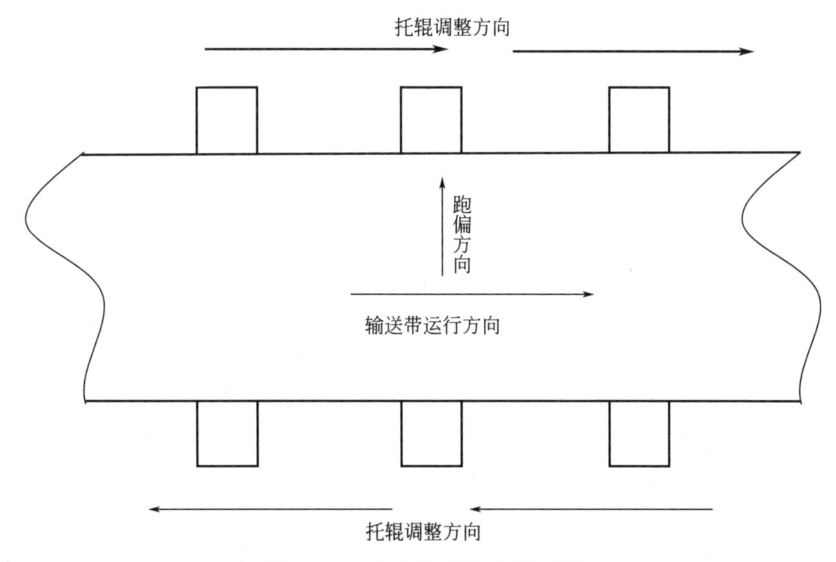

图 3-3　中间托辊组调整示意图

具体方法是皮带偏向哪一侧，托辊组的那一侧朝皮带前进方向前移，或另外一侧后移。

注意此时调整皮带应充分考虑全程皮带运转，从开始跑偏处调整，当调整一组托辊不足以纠正时，可连续调整几组，每组的偏斜角度不宜过大。如利用后方托辊反方向倾斜来调整皮带虽然也能达到调整皮带的目的，但倾斜的托辊对皮带能够产生附加阻力，增加了皮带的磨损。

（2）调整驱动滚筒与改向滚筒位置。驱动滚筒与改向滚筒的调整是皮带跑偏调整的重要环节。

其调整方法与调整托辊组类似，许多论文只是简单阐述头尾滚筒的调整，实际上无论何种改向滚筒只须依照皮带进入滚筒的方向判定滚筒的调整方向即可。皮带从头部滚筒上方进入滚筒，调整方法如上托辊，皮带从尾部滚筒下方进入滚筒，调整方法如下托辊。调整方法见图 3-4。

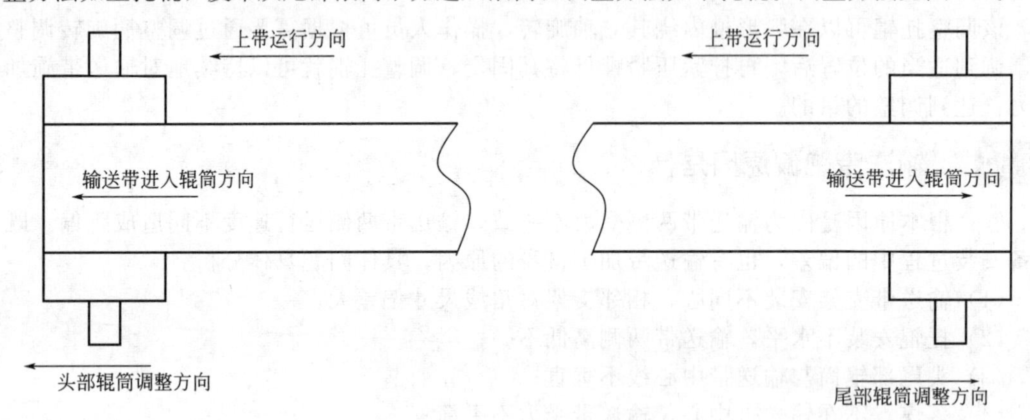

图 3-4 头尾部辊筒调整

（3）对于垂直拉紧处滚筒的跑偏，因为存在皮带的张力，调整时要考虑到调整方向，如果调整方向顺着皮带张力方向，松开紧固螺栓后轻敲轴承座即可移动，否则应使用葫芦或顶丝强力调整。垂直拉紧处改向滚筒一般不设计顶丝，建议安装时每个改向滚筒外侧加焊 M20×80 螺栓作为顶丝，便于调节。如图 3-5 所示。

3-36 皮带运行时撒煤如何处理?

答：（1）转载点导料槽处的撒料

转载点处撒料主要是在落料斗导料槽处。典型设计中为便于运输，导料槽常常分段供货，安装过程中导料槽各分段接口处稍有空隙或因煤的挤压冲击造成间隙撒料或粉末喷出。最好的办法是要求供货方提供完整通长导料槽皮子或自行更换，可彻底避免撒料。

跑偏时的撒料：

皮带跑偏时的撒料是因为皮带在运行时两个边缘高度发生了变化，一边高，而另一边低，物料从低的一边撒出，处理的方法是调整皮带的跑偏。

（2）头部滚筒皮带的撒料

通常头部滚筒处设计有过渡托辊，减少皮带磨损并避免皮带悬空。但皮带上托辊架与头部滚筒的高度关系安装图纸上往往反映不出来，许多安装人员没有掌握好，造成受料后皮带依然悬空，接触不到槽形托辊组，槽角变小，进入平型头部滚筒前皮带已经摊平，使部分物料撒出来。处理方式是在托辊组下加“E”形厚垫板，提高过渡托辊高度，使之受料后能够接触皮带；皮带托辊架与头部滚筒安装高度关系见图 3-6。

（3）尾部滚筒的撒料

对于落料管距离尾部滚筒过近的转载点，缓冲托辊安装时最后一个过渡托辊必须在转载点以后，以免皮带形成折线与导料槽挡皮出现间隙。缓冲托辊安装时要注意安装高度，否则与尾部滚筒过渡处皮带悬空，物料落下时对皮带冲击造成皮带下沉，离开导料槽挡皮，从而撒煤。有时转载点距导料槽后挡皮距离太短，物料也能从后方溢出。此时需要在托辊组下加“E”形厚垫板，提高托辊；同时将后挡皮与导料皮子之间间隙密封。

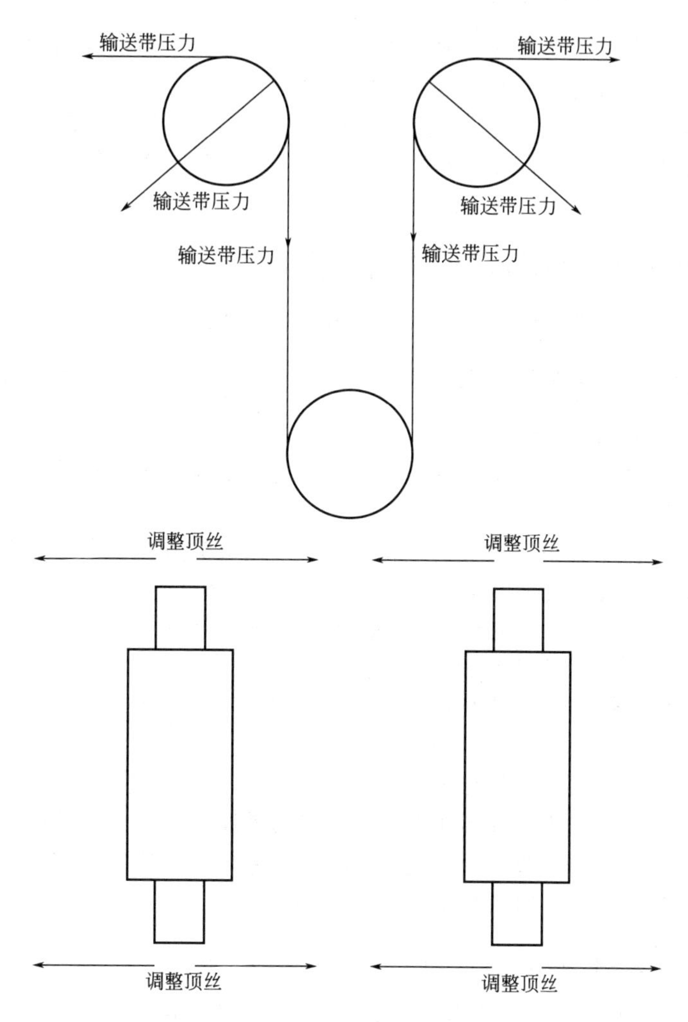

图 3-5 垂直改向辊筒调整

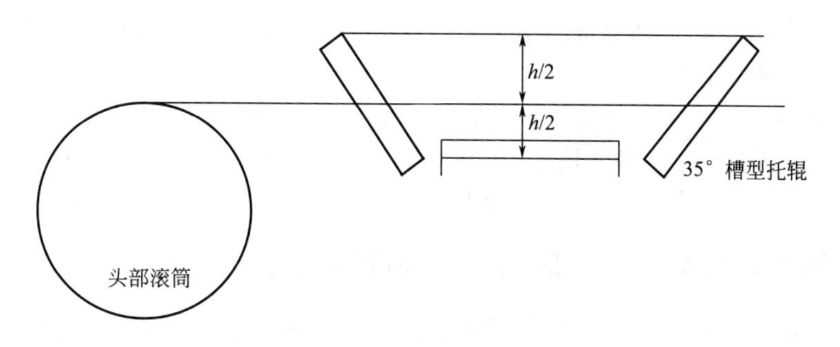

图 3-6 皮带托辊架与头部滚筒安装高度关系图

3-37 双向皮带跑偏如何调整?

答：双向运行的皮带运输机皮带跑偏的调整比单向皮带运输机跑偏的调整相对要困难许多，在具体调整时应先调整某一个方向，然后调整另外一个方向。调整时要仔细观察皮带运动方向与跑偏趋势的关系，逐个进行调整。重点应放在驱动滚筒和改向滚筒的调整上，其次是托辊的调整。同时应注意皮带在硫化接头时应使皮带断面长度方向上的受力均匀，在采用导链牵引时两侧的受力尽可能地相等。

3-38 输送带连接方式有几种?常用哪种方式?

答：机械连接、冷胶接、热硫化连接。常用热硫化连接。

3-39 硫化器安装步骤是什么?

答：(1) 将单根下机架摆放好。

(2) 将压力装置放在已摆放好的下机架上面，再将下电热板放在其上。三者对齐后，在下电热板上面铺满塑料薄膜。

(3) 将已加工好和处理好，并已填好胶料的胶带接头放置在下电热板上面，找准中心线后，对胶带两边用夹垫板和夹紧机构固定。

(4) 在胶带接头上面，以下电热板对应的位置，铺满塑料薄膜，然后按顺序在其上放置上电热板和隔热板，并以下机架找正、对齐。

(5) 将预紧螺栓、垫圈、螺母安装在上、下机架两端长形孔内，并用扳手拧紧螺母，此时，硫化器主体安装完毕。

(6) 将加压泵系统的快速接头与压力装置进水孔相连接；将一次电源导线相应地插在电热控制箱插座上，二次导线的一端插在电热控制箱的插座上，另一端插在电热板上；将热电阻导线相应地插在电热控制箱的插座上，另一端传感器插入电热板的测温孔内，这时，硫化器全部安装完毕，准备加压、加热和定时等操作。

3-40 热硫化的操作方法是什么?

答：(1) 定中心线定位，接头部截断、剥离、打磨、清洗、干燥，覆盖胶应切成45°斜坡；

(2) 用刷子将胶浆均匀地涂刷在带端接部位，如果带芯结构网格较粗，则需涂第三遍；

(3) 等胶浆干透后，按方向在带芯部位覆上中间缓冲贴胶，并把贴胶与带芯之间的空气排净，将贴胶与带芯压紧，将胶带两端贴合，在胶条和胶带的对接口处，涂上胶浆，粘合封口胶条，充分液压牢实；

(4) 检查中心线是否在一条线上，硫化时间为25～30min，不能大于40min，硫化温度为140～145℃，硫化结束要保持压力，待温度降至80℃以后，再卸压，打开硫化机，取出输送带，并再次检查中心线是否在一条线上。

3-41 输送带接头有哪几种形式?如何选择?

答：常用的接头形式有直角形、斜角形和人字形单面阶梯式搭接。如图3-7所示。

直角形接头所受的应力在上、下端头最集中，当受到外力（如刮板、犁料器等）作用时，接头受到较严重的剥离，导致接头端部刮起造成破坏。

人字形接头虽然应力分布均匀，抗外力破坏的能力较好，但制作工艺复杂，粘合时难以对合。

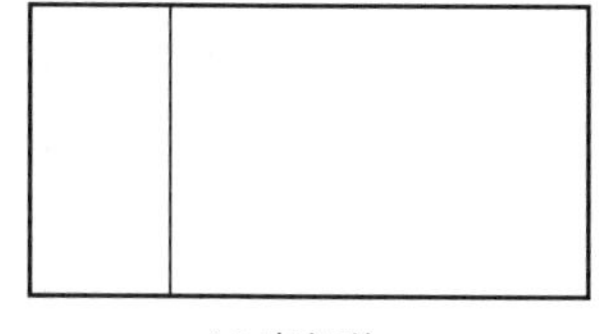
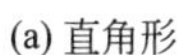
(a) 直角形

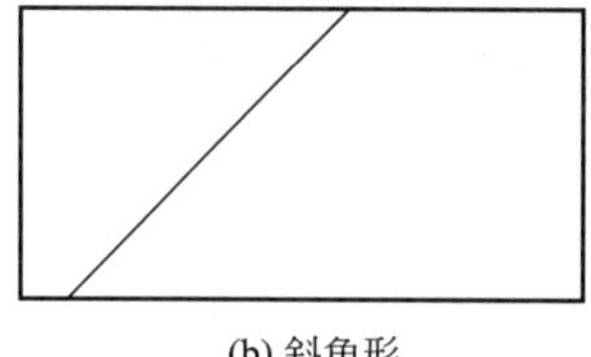
(b) 斜角形

(c) 人字形

图 3-7　输送带接头形式

斜角形接头应力分布比直角形接头要均匀得多，实践证明，采用 60°左右的斜角形接头，抗拉力强，使用效果好，制作简便，对合容易，是目前普遍采用的一种接头形式。

3-42　钢丝带接头制作步骤是什么?

答：(1) 首先确认接头形式及搭接长度；

(2) 在输送带上画出接头尺寸中心线；

(3) 画出胶结头尺寸线；

(4) 胶结头剥离；

(5) 按选定的接头形式及搭接长度确定截断钢丝绳；

(6) 切割接头斜坡；

(7) 打磨钢丝绳；

(8) 敷胶硫化成型。

3-43　钢丝绳输送带接头长度如何选择?

答：钢丝带一般有 GX 系列、ST 系列。根据带宽不同、钢丝绳直径不同选择。在电厂常用的 ST 系列中，一般 ST1250 采用一级搭接时，搭接长度 560mm，采用三级搭接时，长度 1460mm。ST1600 及以上规格，为保证接头强度，一般采用三级搭接，搭接长度应根据供货厂家的技术要求确定或者按下列公式计算

$$L=\frac{R_n}{F_n}\times K \qquad (3\text{-}1)$$

式中　P_n——钢丝绳破断强度，N/根；

F_n——黏着力（单位长度抽出力），N/cm；

K——接头系数，$K=1.5$。

3-44　图示说明如何画皮带接头中心线?

答：采用三点连线法，即在皮带接头附近画出垂直于输送带的直线①、距离直线① 1.2m 处画出垂直于输送带的直线②，同理画出直线③，找出三条直线的中点连成直线即为中心线。见图 3-8。

3-45　钢丝带接头如何剥离?

答：用刀沿画好的切割基线横向割开胶带上下两面敷胶，切割深度到钢丝绳，但要注意切割深度不得损伤钢丝绳，并将该头拖到工作台上。用刀具沿两根钢丝绳间隙把带头胶割开，割至切割基线处。带头全部割成四方形条状。再把内裹钢丝绳的四方形条带上的橡胶全部用刀具削去，钢丝绳上所剩橡胶越少越好。但削钢丝绳上橡胶时严禁损坏钢丝绳镀层。

3-46　钢丝带接头胶结步骤是什么?

答：在接头平台下表面上铺设好经用溶剂清洁过的下覆盖胶、芯胶层，尺寸与接头一

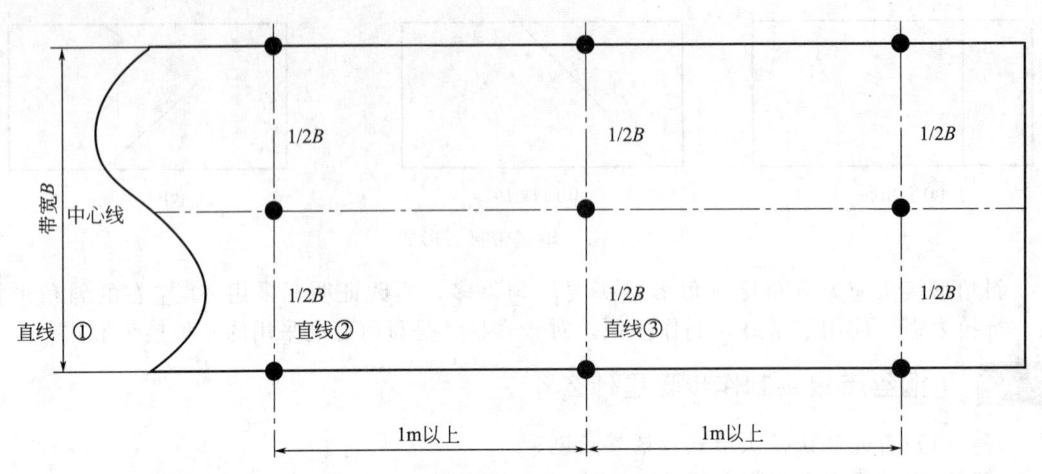

图 3-8 皮带接头中心线的画法

致。在处理好的钢丝绳、基准线过渡面上涂刷胶浆；要做到不过多，不漏涂；当胶浆干燥到不黏手时，可按选定好的排列方式排好钢丝绳，同时剪除多余的钢丝绳；将嵌条胶切割成宽度与钢丝绳直径相接近的胶条。先将输送带两个头的中心钢丝绳找出，按选定接头排列方法，在输送带中心线上用嵌条胶固定。将两边钢丝绳和切割好的嵌条按图例排列上去，注意使钢丝绳保持与胶带中心线平行和不弯曲。同时保证每组钢丝绳与原来的间距一致。全部钢丝绳排列完毕后，检查钢丝绳排列情况，有歪斜的，排列错误的要予以纠正；检查嵌条胶情况，有胶片填充量不足的，要加添填充。检查无误后，涂刷胶浆。覆盖上胶层将用溶剂或胶浆清洁过的芯胶片平整地覆盖在接头部位。沿钢丝绳与基准线过渡线下沿将多余的芯胶层裁去。用溶剂或胶浆清洁芯胶层上表面和过渡区表面。待胶浆干燥后，将清洁过的覆盖胶层平整地覆盖在芯胶层上。根据基准线过渡区斜面，将覆盖胶层在接头基准线上裁切成相应的斜面。将接头部位翻起，裁切下面芯胶层和覆盖胶层。将胶层压实，可用木锤在表面顺次敲打和刺孔，以排除胶层中的气孔。然后根据两边胶带边部，将成好型的接头部位的余胶割去。仔细检查整体带坯情况，有缺胶的要修补完整，防止硫化后有缺胶现象。检查无误后可安装硫化机进行硫化。

3-47 钢丝带胶结注意事项有哪些？

答：在打磨钢丝绳表面时尽量不要损伤钢丝绳表面的锌层，注意在钢丝绳上应保留0.5mm 左右的橡胶，以增加钢丝绳与接头胶料的粘合力。如果胶带接头比较长，不能在一套硫化接头平板内完成接头的，可以采用两套或两套以上平板同时硫化，但需注意相连接的两套硫化平板必须紧密靠拢，不要留有空隙。在连接部位的过渡区内，胶带上下表面应垫放0.2～0.3mm 厚度的薄铜片或不锈钢片，以防止该处胶带表面胶料溢出。

3-48 胶料与溶剂比例如何确定？

答：胶料与溶剂的比例一般为胶料∶溶剂＝1∶4～5（夏季选用溶剂比率适当偏高），考虑的因素为溶剂的挥发大小。一般在气温较低的情况下，选用较低的比例；手工搅拌胶浆的挥发较大，应采用较高的溶剂比例，即在夏天用手工搅拌方法制作胶浆的，胶料与溶剂的比例为1∶6左右；用机械（密封）搅拌胶浆的，可按1∶5比例进行胶浆配置。

3-49 胶料的质量现场如何快速检查？

答：胶料外观应光滑，无结节状硬块。有些品种的胶料表面可能有白色的喷霜，可用汽油擦拭表面，将表面的喷霜擦去。如果由于储藏条件较差或胶料已过保质期，可以用以下简易鉴别方法检验胶料的质量：剪取一小条胶片，用力拉伸。比较容易拉伸伸长、并且拉伸后变形很大的胶料性能损失较小。用手指甲在胶料表面用力挤压。指甲印较深并且能够保持印痕的胶料性能损失较小。用剪刀或刀将胶料切割后，将新鲜的切面相互粘合，切面黏性大的胶料性能损失较小。用溶剂浸泡胶料，能够完全溶解的胶料是有效的。

3-50　胶浆制作步骤有哪些？

答：胶浆一般需提前24h制备。接头胶料的胶片应该剪切为较小的胶条或胶片，原则上认为：胶片越小越细，在溶剂中越容易溶解，胶浆制成的时间越少。一般胶片的宽度不要大于10mm，长度不要大于30mm为好。制备胶浆的容器必须为不能被溶剂溶解或软化的硬质材料为宜，并且能够完全密封，必须是清洁和干燥的。先将所需溶剂的一半倒入容器。将剪制好的小胶片分散放入容器内并且边放边搅动溶液。密闭容器，让胶片在溶剂中浸泡，使胶料充分溶涨。浸泡时间一般为8h以上。将浸泡后的胶片和溶剂间隔1h或更短时间搅拌一次，并且逐步加入余下的溶剂，直到胶料在溶剂中完全溶解为止。完全溶解的胶浆应该是均匀的黏稠胶状体，没有未溶解的胶块和沉淀物。将制备好的胶浆密封存放在避光的低温处备用。同时要注意不同品种的胶浆具有不同的性能，混用可能影响胶带的黏合性能。在使用前必须仔细核对胶浆代号。防止混用可能造成胶浆性能的降低或完全失去作用。

3-51　简述普通输送带接头制作工艺有哪些？

答：普通输送带主要分为尼龙带、帆布带。接头采用台阶式搭接结构。台阶数根据输送带不同层数而定，一般比输送带层数少一层；例如：输送带为5层，接头台阶为4层，以此类推。接头剥离一般采用横向剥离，在切割时应注意下刀要轻控制切割深度，不得割断下层带芯。制作好的接头要使用电动磨光机配钢丝刷打毛表面，增加接头接触面积。

3-52　入厂（炉）煤采样装置结构有哪些？

答：采样装置主要构成部分有：采样机、初/二级给料机、除铁器、一/二级破碎机、一级缩分器、立式缩分器、样品收集器、余煤回送装置及电控装置等。

3-53　入厂（炉）煤采样装置在运行过程中常见问题及处理方法有哪些？

答：转动机械有异常噪声：

轴承损坏——更换轴承。

敲击噪声——检查齿轮啮合是否异常。

减速器漏油：

密封损坏——更换密封圈。

减速器通风不畅——检查减速器通风阀。

油量加注过多——放出多余油至油标尺最高油位下1/3处。

3-54　液力耦合器安装步骤有哪些？

答：首先将电动机轴与工作机轴的同轴度、平行度调正，电动机与工作机之间要留足够安装耦合器的位置，电动机、工作机的底脚可用垫片或斜块等调整，同轴度误差要求小于0.8mm。将键分别置于电动机、工作机的轴上，在轴上涂上润滑油。将耦合器平稳地装入电动机轴上，可采用木锤敲打。电动机轴端应有防止轴向窜动的轴孔，需要进行轴向固定把耦合器与电动机固定起来。把制动轮平稳地装入减速器高速轴上，把梅花形弹块装入制动轮的齿爪中。把电动机连同耦合器平稳地推入减速器上的制动轮齿爪中。把电动机和工作机的底座螺栓初步拧紧，再检查电动机，根据制动轮与半联轴器相接的齿爪端面的间隙均匀度判别安装误差的大小。若要精确测出误差数值，就要使用专用检测器具，转动制动轮，用千分表测量表面跳动量，如测量结果超出表误差要求，则必须重新调正，直到符合要求为止，再把电机地脚螺栓紧固。液力耦合器与电机或减速器连接，应保证轴向间隙 2～4mm，同轴度为 0.2mm，角度位移≤1°。加注透平油至容腔容积的 2/3。耦合器轴孔与电动机轴的配合应选用动配合，间隙在 0.02～0.03mm 之间。制动轮与减速器轴的配合取成动配合，间隙在 0.02～0.03mm 之间。

3-55 输送带辊筒如何检修?

答：在轴承座和机座上做好明显标记，以保证原来的安装位置，松下轴承座的紧固螺栓。拆下轴承座，清洗轴承、轴承座、透盖、闷盖、密封件等部件，轴承如无损坏，可不必从轴上拆下。检查轴承的完好程度。用敲击法检查滚筒在轴上的固定，键的固定、螺栓的紧固情况。检查滚筒的筋板，圆周面有无脱焊、裂纹，如不严重则可焊补，裂纹严重的必须更换。滚筒包胶胶面磨损超过原厚度的 2/3 时，应及时更换胶面。胶面与滚筒贴合应严密，不得有凹凸不平、裂纹及脱胶现象，轴颈处应包好，并涂上润滑油，以免碰伤。所有检查修理工作结束后，进行组装，轴承内加注润滑油，其量为轴承空间的 2/3 为宜，过多则引起发热。整体组装结束后，滚筒就位安装，位置要正确，轴承座下应清扫干净。检修后的滚筒应转动灵活，无卡阻现象，油嘴齐全。

3-56 电子皮带秤安装注意事项有哪些?

答：秤架一般安装在输送带尾部位置，距离落料点不少于皮带额定速度移动 2～3s 的位移。在安装秤架位置中（部分的）输送机的横梁应是刚性不易变形的，在秤架安装区域内与输送带走向平行。安装秤架的托辊与相邻两侧每侧至少两个托辊是一样的，而且这两个托辊中没有调偏托辊。带有凹凸段的输送机架，秤架距离凹凸段至少 12m 以上，输送带与秤重托辊充分接触，不得有悬空及跳带现象。输送带跑偏不得大于输送带宽度的 1/30。安装过程中焊接应特别注意，如果在秤架附近进行电焊，极易损坏传感器，主要是因为焊接电流流经传感器而引起的。特殊情况下进行电焊时，必须把电焊机的地线和焊接把线同时引到焊接现场，地线就近接地，以保证地线接地位置和焊接位置的最短电流通过距离之间没有传感器。

3-57 电子皮带秤主要由哪几部分组成?

答：主要由秤重秤架、秤重托辊、称重感器、速度传感器、称重控制箱（集成称重显示器）组成。

3-58 电子皮带秤安装步骤有哪些?

答：皮带秤安装前，首先应将其与包装框架分离，检查有无机械损伤和缺漏等事项后再进行安装作业。在秤架与皮带输送机安装紧固部分，如果没有立柱支撑，要加装立柱，必要时再斜拉加强筋，防止运行时秤架抖动。

拆除托辊：确定安装位置后，在确定的安装位置上拆下皮带输送机的四组托辊。

改造托辊：拆掉并按照图示改造已拆下来的托辊两端的双孔底板的底梁两端。将原安装固定托辊的双孔底板去掉后，可将其改变尺寸后再移装到秤体用来固定托辊的位置上，并与托辊支架焊接固定。或在秤架需要固定托辊的位置安装新的双孔底板，不使用原来的底板。必要时，在托辊支架的底梁和立柱之间斜拉焊上加强筋以防止秤体运行时托辊支架颤抖。

安装称架：根据秤体需要拆除并改造相应的托辊数量，将皮带称秤架放置到已经拆除了托辊的位置。安装时要利用原有机架的安装孔，安装螺栓和螺母，但暂时不要紧固（如没有安装孔或安装孔不合适可现场打孔后安装）。检查回程皮带与秤体有无摩擦，挂码杆挂码后是否有足够的空隙。

安装托辊：调整完毕后，达到秤体纵向中心线与皮带输送机中心线一致，秤体横向垂直于皮带输送机机架并保证水平。安装上改造底梁后的托辊组并调正中心位置，使托辊中心和秤架中心一致。

3-59 电子皮带秤调整质量要求有哪些?

答：对于单杠杆和双杠杆秤，秤架中心调整以秤架外框架为调整对象，水平调整主要是调整以耳轴为支点的秤架梁的水平，调整到和机架平行。对于全悬浮秤架注意秤架和传感器固定梁之间的间隙不要太小，10mm 以上合适。对于单托辊秤架只调整秤架左右水平即可。

秤架准直度-秤架中心调整：用一根 0.3～0.5mm 的细钢丝在皮带输送机直线段包括秤体外两端各 4 个托辊的长度上拉一根中心线，测量出秤架和机架的中心线位置。调整秤架中心使秤架中心要和施放的皮带输送机中心重合。检查秤架的安装紧固部位是否需要加装垫片。

秤架准直度-秤架水平调整：调整传感器的垂紧螺栓，确保秤体上下水平并与输送机机架平行。调整限位拉杆螺栓，确保秤体整体左右方向保持和输送机架中心一致，前后方向与输送机架平行，秤架没有扭曲现象，可以使用水平尺测量校准，最后紧固传感器垂紧螺母。

检查托辊两侧翼中心线：用一根 0.3～0.5mm 的细钢丝在皮带输送机直线段尽可能远的长度上（包括秤架外前后各四组托辊）拉两根中心线，分别为两侧翼托辊的中心线。细钢丝与输送机架成平行，检查两根钢丝与托辊上表面间隙是否一致，如不一致就需要在托辊底梁与秤架之间增加垫片，直至间隙一致。注意，秤架范围内的托辊高度应略高于输送机托辊，秤架内托辊高度应保持一致。

注意：秤架内托辊与秤架外托辊距离至少要保持一个托辊间距（见图 3-9），如不能满足必须拆除一组在托辊。秤架内托辊组不得有调心托辊。

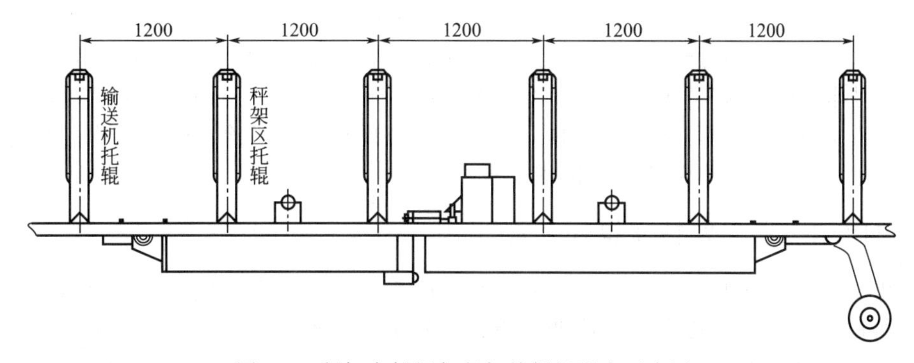

图 3-9 秤架内托辊与秤架外托辊距离示意图

精确的安装对实现皮带秤的精度至关重要，托辊安装不正，将导致其受力方向偏斜，最终导致校准和使用时的误差变大。校直安装时，必须用高强度的细钢丝线作准直线，准直线不能弯曲下沉。

3-60 皮带秤的安装方向如何确定?

答：以速度传感器测速轮顺输送带回程皮带方向运行为准。

3-61 循环链码由哪几部分组成?

答：组成部分有循环链码机架、循环链码、链码托辊、主动链轮、链轮驱动电机、从动链轮、推杆电机、限位装置、控制系统。

3-62 循环链码安装步骤有哪些?

答：循环链码应安装在皮带秤上方，链轮靠自重自然下落在输送带上。循环链码按使用条件不同分为单链、双链、四链，一般常用单链及双链。首先安装链码机架，机架立柱焊接在基础预埋铁件上，机架斜撑在立柱安装结束后全部固定牢固。然后安装主动链轮、从动链轮，链轮安装要保证在同一平面内。下一步将推杆电机安装在机架推杆电机横梁处，推杆与推链小车固定铰链连接，并用开口销将铰链销轴固定。然后安装链轮托辊，安装时注意托辊的准直度，链轮按照“同字母标识为同一套的链码，同色标识为同一条链码”的原则组装，同一组标识或者同色标识链轮组合安装，不得混用。最后安装链轮驱动电机。

3-63 循环链码安装技术标准是什么?

答：在电驱动链码运转的情况下，链条运动要平稳，无跳动，无噪声；链条与链轮的结合和传动应平稳，可靠；码块与链条的连接要牢固，运动中不应有松动现象；链条的提升和降落过程应平稳；整台设备应运行平稳，无剧烈振动；推链车推出，缩回应无阻无卡现象；行程开关现场焊接，其位置应保证使链码放下时能落到皮带机皮带上，抬起时链码不能碰到煤块。

3-64 除铁器安装步骤是什么?

答：首先根据现场情况，根据图示要求安装工字钢导轨和电动组合小车及拉杆。每件电磁除铁器取 4 套（可调）吊具中的调节螺栓，调整好螺杆至较大尺寸位置，以便有足够的调节距离。根据电磁除铁器型号，按其安装示意图，选择所要求的钢丝绳（一般为 8 根）及调节螺栓。截取钢丝绳，长度根据现场情况而定（如非水平安装，则钢丝绳不一样长），其中 4 根钢丝绳分别穿过两台电动组合小车之吊环孔及调节螺栓上的吊环后，用钢丝绳卡封住钢丝绳的两头（注意所留钢丝绳吊高长度合适），其余 4 根钢丝绳穿过除铁器机架上的 4 个销轴后用钢丝绳卡封住钢丝绳的两头（注意所留钢丝绳吊高长度合适）。然后用升降工具升起除铁器，分别将已安装好的吊环上的 4 个调节螺栓的开口吊环分别钩住除铁器机架上 4 个销轴上的钢丝绳，即可慢慢降下升降工具，并调整调节螺杆至电磁除铁器处于水平状态（或所要求的倾斜状态），高度符合图纸和使用要求。

3-65 电动三通主要特点是什么?

答：电动三通结构紧凑、体积小、重量轻、阻力小，采用电动推杆驱动，运行平稳、故障率低、维修方便，可以接受调节或变送单元信号进行自动控制，便于实现集中控制。通道流畅，具有导料性能好，不卡料，不堵料，可以快速切换物料流向。密封性好、转动灵活、噪声低，减少操作工人的劳动强度，优化劳动环境。

3-66 电动三通安装步骤有哪些?

答：首先确认三通型号是否符合图纸设计要求，然后将三通吊装就位。电动三通上部进料口法兰与落料斗下部法兰之间采用螺栓连接，法兰之间一般用橡胶垫或密封胶进行密封。电动三通下部出料口法兰与相应落料管法兰之间亦采用螺栓连接，法兰之间一般用橡胶垫或密封胶进行密封。电动推杆设定在全收缩位置，挡板处于电动推杆相反方向一侧极限位置，此时将电动推杆与转动臂连接好并放置水平，再把电动推杆座与电动推杆螺栓连接紧固后焊接到落煤管上。然后使电动推杆处于全伸出位置，挡板应转至另一侧极限位置。电动推杆的伸缩若不能使挡板处在两侧极限位置，应重新调整电动推杆座的安装位置。

3-67 电动三通运行过程中注意事项有哪些？

答：运行中定期检查衬板磨损情况，如磨损严重应及时更换；定期检查挡板的磨损情况，若磨损严重应及时进行更换；挡板轴两端的轴承处应每半年加注一次润滑脂（润滑脂型号按照设备厂家技术要求）；应定期检查挡板轴，若出现弯曲应校正；磨损严重无法修复的应及时更换；定期检查挡板轴两端轴承的磨损情况，应及时更换。长期停用后重新使用时要进行全面检查维护。

3-68 缓冲锁气器主要用途是什么？

答：缓冲锁气器一般安装于落煤管、斗等封闭设施的末端，也可根据需要安装于落料管中部或其他部位。缓冲锁气器主要调节管道内的各种散状物料从高处下落所产生的冲击和抑制粉尘飞扬，可使下落的物料所产生的冲击被本锁气器吸收，使物料均匀、平稳、规则地缓缓溜到皮带上或其他受料装置。缓冲锁气器可减缓物料对胶带输送机的冲击，同时把下落物料产生的飞扬粉尘围困在锁气器内，阻挡系统回流粉尘，减少粉尘流量，改善作业环境。

3-69 缓冲锁气器主要特点是什么？

答：缓冲锁气器结构设计紧凑合理、安装方便，维修量小，使物料重新均匀分布，防止胶带跑偏的同时具有导流作用，避免发生堵塞及撒料现象。可输送黏性、湿性及块状物料，有效防止了粘堵现象发生。锁气挡板由耐磨材料制成转动灵活可靠，且具有抗冲击、抗振动及耐磨损的特性。有效减少了诱导风量，使得诱导风量降低90%。设计合理、缓冲力矩大，降低了系统噪声。

3-70 缓冲锁气器的安装步骤有哪些？

答：缓冲锁气器一般安装在电动三通出口处，缓冲锁气器上的吊环用于吊装就位，吊装宜采用螺旋扣吊杆组合。缓冲锁气器上部法兰与电动三通或落料管下部法兰之间采用螺栓连接，法兰之间一般用橡胶衬垫进行密封。缓冲锁气器下部与导料槽连接处应用铁板条封闭接口周围。缓冲锁气器手柄钩的定位耳环应焊在皮带机导料槽钢架上，并根据现场高度将拉链切短至合适的长度，使柄钩钩住耳环后锁气板处于全开位置。调节缓冲锁气器重锤位置，达到用设备要求力矩作用下缓冲锁气板恰好开动为止，固定好重锤。

3-71 输送机伸缩装置主要功能及特点？

答：主要用于卸煤装置或各个转运站作为甲、乙胶带机交叉换位之用。在火力发电厂输煤系统中可以实现：同层输煤段相互交叉转运、上下层输煤段相互交叉转运。

主要特点：

使转运站的空间大大减小，节省建筑费用。

降低了输送机提升高度，同时也降低了输送机的驱动功率。

缩短系统皮带机长度，减少机械投资成本。

降低煤流落差，减少粉尘对环境的污染。

减少煤流对皮带机冲击，延长设备寿命。

3-72 输送机伸缩装置结构有哪些?

答：主要结构包括驱动装置、金属结构、制动装置，其中驱动装置主要由控制电缆、电动机、减速器、联轴器等组成；金属结构主要由移动机架、齿条传动轨道（或链条传动轨道）、行车轮、传动滚筒固定支架、移动托辊组、固定托辊组、落煤斗、受料斗等组成；制动装置主要由地锚及锚锭、行程开关等组成。

3-73 输送带伸缩装置运行中注意事项有哪些?

答：(1) 启动前检查地锚是否在抬起位置。

(2) 滑动托辊组之间是否平行且垂直于移动方向。

(3) 滑动托辊组间的连接链条是否齐全完好、长短一致。

(4) 托辊是否缺失。

(5) 行车轮是否掉道。

(6) 皮带机张紧是液压自动张紧的，应先卸去压力再进行切换。

(7) 禁止皮带机运行中切换伸缩装置。

(8) 禁止皮带机带负荷切换伸缩装置。

3-74 输送带伸缩装置维护注意事项有哪些?

答：(1) 定期检查减速器油位正常，油质合格，更换油品质符合设备技术要求。

(2) 定期对齿条传动轨道涂抹黄油。

(3) 定期检查活动机架车轮轨道和滑动托辊组轨道，如有变形，及时校正。

(4) 定期检查滑动托辊及固定托辊，如有缺失或损坏应及时更换。

(5) 定期检查头部清扫装置，如磨损超过要求及时更换。

(6) 定期检查滑动托辊组架下方轨道内的“限位卡件”，如有变形应及时校正或更换。

3-75 输送带伸缩装置常见故障有哪些及如何处理?

答：常见故障：

(1) 滑动托辊架卡死或者脱落

原因分析：滑动托辊轨道变形，滑动托辊轮晃动、偏斜，滑动托辊架间的链条长短不一或断开，滑动托辊架中心和皮带机胶带中心不在一条线上、滑动托辊架下方轨道内的“限位卡件”变形、托辊脱落或损坏。

处理：校正轨道，保证轨距平行且中心与机架中心一致、检查紧固托辊轮固定螺栓，检查滑动托辊架无变形且垂直于轨道，更换连接链条，保证托辊架间两边对称、前后对称，且直径一致、长短一致、松紧一致、重新调整托辊架、重新校正更换卡件，如果是“工”字形轮则检查有无啃轨现象、更换托辊。

(2) 活动机架车轮脱出轨道

原因分析：两侧轮轨不一致、齿条传动轨道松动、车轮轨道变形、限位开关或锚锭故障。

处理：检查两侧轮齿是否一致，保证两侧轮齿和齿条轨道的齿合同一位置、校正并紧固齿条轨道保证两侧轨道前后一致，轨距一致、校正车轮轨道，保证两侧轨道前后一致，轨距一致、检查消除限位和锚锭故障。

（3）伸缩装置回程带撒煤

原因分析：头部清扫器不起作用、胶带未调整好跑偏。

处理：调整或更换清扫器、调整胶带，检查清理滚筒上的积煤。

（4）伸缩装置活动机架启动后不动作或无法停止

原因分析：锚锭没有抬起、控制故障、行程开关不起作用。

处理：检查锚锭，如有卡死变形，及时处理、检查控制线路和程序、更换行程开关。

3-76 输送带打滑原因及处理方法有哪些?

答：输送带打滑是因为输送带拉紧力不够、载荷启动或者辊筒表面摩擦因数降低造成输送带与辊筒的摩擦力不够，输送带打滑；输送带过负荷运行造成输送带打滑；输送物料含水分较大使输送带或者辊筒沾水造车打滑。

处理方法：

（1）输送带初张力太小。输送带离开滚筒处地张力不够造成输送带打滑；这种情况一般发生在启动时，解决地办法是调整拉紧装置，加大初张力。

（2）尾部滚筒轴承损坏不转或上下托辊轴承损坏不转；造成损坏的原因是机尾浮沉太多，没有及时检修和更换已经损坏或转动不灵活的部件，使阻力增大造成打滑。

（3）传动滚筒与输送带之间的摩擦力不够造成打滑；或者是因为输送带上有水或环境潮湿；解决办法是在滚筒上加些松香末或打皮带蜡；但要注意不要用手投加，而应用鼓风设备吹入，以免发生人身事故。

（4）启动速度太快也能形成打滑，此时可慢速启动；如使用鼠笼电机，可点动两次后再启动，也能有效克服打滑现象。

（5）输送带地负荷过大，超过电机能力也会打滑；此时打滑有利的一面是对电机起到了保护作用，否则时间长了电机将被烧毁。

3-77 造成输送带撕裂的原因及应对方法是什么?

答：原因分析：

（1）原煤中夹带有尖锐的刚性物质，在运输过程中经过较大高差的落煤管后有较大的冲击力，直接将输送带刺破，在输送带尾部导料槽狭窄空间被卡住，从而造成输送带发生纵向撕裂。

（2）输煤设备例如煤斗或落煤管的耐磨内衬板在运行过程中长期受到煤流及煤中“三块”的冲刷、撞击，其紧固件或者焊缝发生磨损、脱落、开裂后落入落煤管中卡住，造成输送带发生纵向撕裂。

（3）输送带接头或者尾部落煤管处的输送带在长期运行中受到煤流及煤中“三块”的冲刷、撞击，其黏结部位或者尾部落煤管处输送带发生开裂、起皮、水分渗入等缺陷未能及时修补，经过皮带清扫器或者犁煤器时不断的剐蹭，从而导致输送带发生横向撕裂。

（4）输送带在运行过程中发生严重跑偏，输送带被带入辊筒与输送带支架之间狭小空间，与输送带机架棱角发生刮擦从而导致输送带撕裂。

（5）输送带在运行过程中，煤中“三块”滚落至回程皮带，被回程皮带带至清扫器处卡住或者卷入改向辊筒、尾部辊筒卡住与输送带发生剧烈摩擦从而导致输送带撕裂。

预防措施：

（1）从源头抓起，加强对原煤进场的检查，最大限度地减少“三块”的入场。

（2）强化运煤设备的巡回检查、日常维护，特别是针对内衬耐磨板的磨损情况重点盘查，发现有磨损、脱落、开裂的要及时联系检修人员处理。

(3) 强化对除铁器、碎煤机除大块器、防跑偏装置、防撕裂装置等保护设备的维护保养，发现问题及时联系检修人员处理，不得带病运行。

(4) 加强运行人员的培训和设备巡查的力度，发现问题及时联系检修人员进行处理，不得带病运行。

3-78 输送带撕裂如何处理?

答：当输送带出现破损时，目前主要有以下几种方式进行修复：

(1) 更换新皮带，此方法成本投入大，更换时间比较长，对企业的生产有较大影响。

(2) 采取皮带扣进行机械连接修补，按此方法修补后存在缝隙且要拆卸清扫器（包括犁形清扫器）从而造成漏料和由于没有清扫器造成撒料，增加安全文明清理的劳动强度，由于没有犁形清扫器物料会滚带进机尾滚筒，皮带扣为金属扣，都增加了输送带扩大缺陷的风险。

(3) 用硫化机现场小段硫化，此方法时间比较长，并且硫化机体型较大，受场地影响布置比较困难增加工人的劳动强度。

(4) 采用传统挖补方式临时应急修复，此方法慢且为临时性应急修补，频繁的脱胶再修补使修补部位面积不断扩大，而为了修补造成频繁的停机，非永久性修补。

由此可见，输送带撕裂对企业来讲造成损失较大，必须加强日常的巡查力度、维护保养，杜绝输送带撕裂事故的发生。

3-79 液压式拉紧装置特点是什么?

答：(1) 改善带式输送机运行时胶带的动态受力效果，特别是胶带受到突变载荷时尤其明显。

(2) 启动和各种工况的不同拉紧力，可以根据带式输送机的实际需要任意调节（其调节范围由所选拉紧装置的型号规格确定)。系统一旦调定后，即按预定的程序自动工作，使输送机处在理想的工作状态下运行，大大改善输送带的受力状况。

(3) 响应快。由于输送机启动时，输送带松边会突然松弛伸长，引起“打带”、冲击现象。此时，拉紧装置能迅速收缩油缸，及时吸收输送带的伸长，从而大大缓和了输送带的冲击，使启动过程平稳，避免发生断带事故。

(4) 具有断带时自动停止输送机的保护功能。

(5) 结构紧凑，安装空间小，便于使用。

3-80 液压拉紧装置的组成结构有哪些?

答：主要由拉紧油缸、液压泵站、蓄能站、地面智能型控制开关和拉紧附件等五大部分组成。

3-81 液压拉紧的特点及技术性能有哪些?

答：(1) 液压式拉紧对带式输送机的启动拉紧力和正常运行时的拉紧力可以根据需要任意调节，完全可以实现启动拉紧力为正常运行时的拉紧力 1.4～1.5 倍的要求。一旦调定后，液压自动拉紧装置即按预定程序自动工作，保证胶带在理想状态下运行。拉紧力设定后，可以保持系统处于恒力拉紧状态。

(2) 对胶带张力变化缓冲响应快，动态性能好，能及时补偿输送带的弹塑性变形，有效消除胶带启动张力峰值，降低胶带疲劳破坏程度，延长胶带使用寿命，避免断带事故的发生。

(3) 油泵电机可以实现空载启动，达到额定拉力时，电机断电，由蓄能器进行补油，从而达到液压自动拉紧装置的节能运行。

(4) 液压全自动拉紧装置结构紧凑，安装、布置、调整方便。可与集控装置连接，实现对该机的各种自动和手动控制。与非自控拉紧装置相比，选取同等胶带带强，其安全系数可以提高20%，并且可以与集控系统连接，实现对该液压自动拉紧装置的远程控制。

3-82 液压拉紧装置使用注意事项有哪些?

答：液压油液清洁是保证系统正常工作的必要条件，需始终注意保持液压油液清洁；电控箱周围环境温度不超过－5～40℃；周围空气相对湿度在25℃时不大于95%；当超过两个星期不使用时，应首先将压力继电器、溢流阀中的调压弹簧拧到最松的位置，使用时再重复上述过程进行调整。加油前要进行过滤，加油时把空气过滤器盖拧出后从滤网上加油。检修时应将端子排上的压线螺钉紧固一次；蓄能器内充气为普通氮气，在出厂时均已充好，充气压力为6～6.3MPa；当气体压力降至4.5MPa以下时应充气加压，每三个月检查一次；初始使用或停用一个月以上而重新使用时，应首先空转一刻钟。电气开关箱在进行检查和维修时，必须注意将箱内总开关分断后再进行处理。当系统不能正常工作时，首先应检查判定，是电气部分出现问题，还是机械或液压系统出现问题，判明后再予以维修处理。如果开关箱内部出现故障，应在技术人员协助下解决问题。在操作、维护液压拉紧装置时，操作人员应仔细阅读本说明书。并根据说明书的要求严格执行操作和维护。

3-83 液压拉紧装置常见故障及处理方法是什么?

答：常见故障原因及处理方法：

(1) 启动后无压力或压力调不上去

原因：溢流阀泄漏、调压装置失灵、先导阀和阀芯的密封带有杂质或损坏严重、油泵反转。

处理方法：检查阀面及阀芯，清除杂物、改换接线，改变电机转向。

(2) 压力脉动大流量不足甚至管道振动、噪声严重

原因：油箱油位不足、吸油管路中密封圈破坏或吸油管路漏气、液压系统中溢流阀本身不能正常工作。

处理方法：清洗隔板上滤油器或加油、更换密封圈、紧固密封螺母，更换溢流阀。

(3) 泵运转噪声大或效率低

原因：电机和泵轴线不同轴、泵内有杂质。

处理方法：检查联轴器调整电机与泵轴线、清除杂物。

(4) 自动补压不能实现

原因：电接点压力表损坏、变送器损坏、电气开关故障。

处理方法：更换电接点压力表、更换变送器、电气开关箱维修。

3-84 电动犁式卸料器结构特点是什么?

答：电动犁式卸料器属新型卸料装置，可配备于各种形式、带宽的带式输送机上作为多点卸料装置，有双侧、右侧、左侧三种卸料形式。它广泛地应用在电力、冶金、煤炭、化工、建材、焦化厂、供热厂等部门。

电动犁式卸料器结构简单、合理，动作迅速灵敏、工作可靠平稳，并可以就地控制、远距离集中程控控制，它是取代老式槽角可变卸料器，替代进口卸料装置的理想产品，它与老式槽角可变卸料器相比具有以下优点：

犁式卸料器具有电气过载保护和自锁装置，采用双犁头结构，犁头可进行调整间隙，第二道犁头采用浮动式。主犁头采用耐磨材料而不划伤胶带，副犁刀刃具有弹性，确保余煤清扫干净。副犁头采用聚氨酯复合材料，具有低摩擦、高耐磨、高强度、高弹性以及稳定的良好刮料效果。抬犁和和落犁均能电动、手动执行。犁头升降灵活、落点准确、犁煤干净、运行平稳。驱动机构转动时，铰关节转动灵活，无震动和卡阻。能自动实现可变托辊由平形到槽形或由槽形到平行之间的转换。在平形托辊与槽形托辊转换过程中以及胶带输送机发生跑偏（允许范围之内）的情况下不产生洒料现象。整机具有强度高、无抖动现象。电动推杆设置极限限位开关和力矩保护开关能远距离集控和现场操作并用，便于整个系统实现集控和程控。

3-85 输送带清扫器类型及安装位置?

答：清扫器主要分为空段清扫器、头部清扫器、中部清扫器；空段清扫器安装在输送带回程段尾部缓冲托辊前 5m 左右；头部清扫器分为一级（P 型）、二级（H 型）清扫器，头部一级清扫器安装在头部辊筒中心线水平位置；二级清扫器安装在头部辊筒正下方中心线垂直位置；中部清扫器安装在与皮带中部卸载点后方 5m 范围内，或皮带机机身（距离机头）2/3 位置。

3-86 输送带清扫器主要结构及作用?

答：输送带清扫器主要由聚氨酯刮刀、基架、张紧器组成，基架比较容易拆除、便于调节清扫压力、能够安装在狭小空间、高度适应性。头部清扫器用于皮带卸载滚筒回程皮带上面的清扫工作。中部清扫器也用于清理皮带非工作面，使下皮带面粘的物料尽量少地传送到下部托辊及改向滚筒上去。尾部空段清扫器负责皮带机机尾前非工作面的清扫。

3-87 清扫器安装要求是什么?

答：刮板的清扫面应与胶带接触，其接触后清扫覆盖面积覆盖不应小于皮带宽度 85%；清扫介质（胶条）厚度应不小于 10mm，伸出固定框部分高度不小于 20mm，固定框不能在皮带运行过程中磨带面；V 形清扫器使用槽钢作为皮带纵梁的皮带机将清扫器使用螺栓或销轴固定在皮带机纵梁上。使用钢管作为皮带纵梁的皮带机应将清扫器使用扁铁将清扫器固定在皮带机纵梁上；V 形清扫器两端三角铁架应使用细链条或钢丝绳作为保险绳进行单独固定，以避免杂物碰落拉入机尾滚筒；发现清扫器卡入石块及铁丝后应及时清理，避免损伤皮带。清扫器安装位置不应有调心托辊，如安装位置有调心托辊可根据现场实际情况前后调整。

3-88 输送带清扫器维护注意事项有哪些?

答：选择好位置后进行安装，安装时调整好位置，使清扫器工作面与皮带面均匀接触，不得一头接触一头有间隙，调节调整螺栓来实现接触平衡，清扫板工作力要适当，不得过大或过小，张紧力过大摩擦阻力就越大，阻力过大影响刮片的使用寿命，过小清扫效果不好，清扫下来的黏附物堆积在刮片上，如不及时清扫掉，会影响清扫效果和使用寿命，各部分的紧固螺栓时间过长，螺栓松动脱落，要及时检查更换，以防损坏清扫器和划伤输送带，更换备件（刮片）时要调整平直，不准许靠给压调平，否则影响会清扫效果，每月检查一至两次刮片是否保持原来的工作力，否则要补到原来的工作压力。

3-89 缓冲床用途及适用范围是什么?

答：主要用途：应用于带式输送机受料点部位，是缓冲托辊的最佳替代品。其主要作用是支撑和保护输送带，可有效地避免物料下落时对输送带的冲击，防止输送带的跑偏。

适用范围：适用于各式带式输送机，特别适用于长距离，高运速，大运量，高强度，工况恶劣的带式输送机。

缓冲床可以防止输送带纵向撕裂，防溢效果好且可防止输送带在落料点跑偏，吸收冲击力强，对输送带磨损小。在工况恶劣的情况下可以在缓冲床前后各设2～4组缓冲托辊，防止冲击力过大对输送带造成伤害。

3-90 滚轴筛启动前检查事项有哪些？

答：电动机、减速器底座紧固螺栓应无松动，脱落及断裂；电动机引线、接地线应牢固完好，减速器的润滑油清洁，油位正常，无漏油现象；联轴器、轴承座紧固螺栓齐全无松动，各联轴器护罩齐全完好；筛轴梅花形滚柱片应无窜轴脱落损坏现象；筛面上无积煤，筛轴之间无异物卡堵，筛轴与筛轴铲刀之间无积煤和缠挂物，每隔半年清理一次铲刀上的积煤和缠挂物；滚轴筛上部、下部落煤管不得有破洞、开焊现象，落煤管内应无积煤或堵塞，三通挡板位置正确，限位开关完好；控制箱上各转换开关应齐全完好，位置正确，按钮完好无损。

3-91 管状带式输送机安装基本步骤有哪些？

答：施工准备→基础检查划线验收→设备运输→尾架安装→尾部过渡皮带支架安装→管带机支架安装→双层中间机架安装→平台栏杆安装→六边形托辊组安装→头部过渡机架安装→头架及头部缓冲漏斗安装→驱动架及驱动滚筒安装→皮带铺设→导料槽安装→液压张紧装置安装→驱动装置安装→皮带张紧→试运、移交。

3-92 制动器的检修有哪些？

答：制动器的检修包括制动轮、闸瓦及制动架的检修。

3-93 滚动轴承如何安装和拆卸？

答：安装时勿直接锤击轴承端面和非受力面，应以压块、套筒或其他安装工具（工装）使轴承均匀受力，切勿通过滚动体传动力安装。如果安装表面涂上润滑油，将使安装更顺利。如配合过盈较大，应把轴承放入矿物油内加热至80～90℃后尽快安装，严格控制油温不超过100℃，以防止回火效应硬度降低和影响尺寸恢复。在拆卸遇到困难时，建议使用拆卸工具向外拉的同时向内圈上小心地浇洒热油，热量会使轴承内圈膨胀，从而使其较易脱落。

3-94 在润滑轴承时，油脂涂的越多越好吗？

答：润滑轴承时，油脂涂的越多越好，这是一个常见的错误概念。轴承和轴承室内过多的油脂将造成油脂的过度搅拌，从而产生极高的温度。轴承充填润滑剂的数量以充满轴承内部空间1/3～1/2为宜，高速时应减少到1/3。

3-95 对带式输送机的倾斜角度有什么规定？

答：带式输送机可用于水平输送，也可以用于倾斜输送，但是倾斜有一定限制，在通常情况下，倾斜向上运输的倾斜角度不超过18°，对运送碎煤最大允许倾角可到20°。若采用花纹皮带，最大倾角达25°～30°。

第四章

大型火电机组燃油设备安装与检修

4-1 重油压力式雾化喷嘴形式有哪些？各有何优缺点？

答：重油雾化方式很多，目前电厂中使用的重油雾化喷嘴一般都是压力式雾化喷嘴，其形式有简单机械雾化喷嘴和回油式雾化喷嘴两种。

简单机械式雾化喷嘴的优点是供油系统简单，雾化后油滴分布均匀，有利于混合燃烧。缺点是用改变进油压力来调节喷油量，因而锅炉负荷的调节幅度不大。这是因为当锅炉低负荷运行时，由于油压降得过低，将使雾化质量变差，增加了不完全燃烧损失。对较大的负荷变化，只能用增减油枪数量和调换不同出力雾化器的办法来实现。所以适用于带基本负荷的锅炉。

4-2 我国的火力发电厂所用的燃油主要分为几类？

答：我国的火力发电厂所用的燃油大体上可分为三类：第一类是燃油锅炉用的燃油，主要是重油或渣油；第二类是煤、油混合燃烧锅炉用的燃油；第三类是煤粉炉点火及低负荷助燃用的燃油，一般是轻油或重油。

4-3 供给锅炉点火或助燃的燃油应符合哪些要求？

答：供给锅炉点火或助燃的燃油应符合以下要求：

(1) 保证一定的燃油流量，以满足锅炉负荷的需要。

(2) 燃油的压力和温度对燃油的雾化质量和燃油供给速度有很大影响，所以在炉前应具有规定而且稳定的燃油压力和温度，炉前供油母管油压的上下波动应不大于 0.1MPa。

(3) 防止油中含有杂质。如果油中含有杂质，将引起雾化器通道堵塞，影响雾化质量，严重时将使喷油量减小，甚至喷油中断。所以必须保证来油滤油器的正常投用。

(4) 油中带有水分会影响锅炉出力，严重时将影响燃烧，甚至造成灭火事故，所以来油必须经过必要而充分的脱水。

4-4 燃油的防冻措施有哪些？

答：(1) 对易冻结的燃油卸油、储油及供应系统采用加热设施；对储油罐、污油池装设管排式加热器；对卸油站台装设加热装置；对卸油母管装设伴热蒸汽管；在供油泵出口装设加热器。

(2) 对长距离输送的室外供油、回油管路装设蒸汽伴热管，并将三者一起保温，以保证加热效果。

(3) 冬季对燃油泵房供给暖气。

4-5 燃油系统的防腐措施有哪些？

答：在对油系统各设备、管道进行保温前，应按设计要求对其进行除锈防腐，然后再涂橙黄色的面漆。对直接埋入地下的燃油管道焊缝部位进行防腐工作时，必须先经过 1.25 倍工作压力的水压试验合格。

4-6 燃油的燃烧过程是怎样的？

答：燃油由油泵加压输送到锅炉前，经油雾化器送入炉内，形成很细的油滴（其直径为 100～300μm），称为雾化。雾化后的油滴在炉膛内开始受热蒸发形成油气，油气包围在油滴的外围，继而与炉内的空气混合成可燃混合气体，并继续吸热，温度进一步升高。当可燃混合气体加热到着火温度时，即开始着火和燃烧。燃烧产物放出的热量又有一部分传递给油滴，使之不断蒸发成油气，并继续燃烧，直到结束。同时燃油不断从油雾化器进入炉膛，形成雾化炬，并向外扩散而吸入高温燃烧产物，油雾与空气充分混合，燃烧不断进行。油雾化炬的燃烧过程可分为以下几个阶段：燃油的雾化；雾化油滴吸热蒸发、扩散、与空气混合形成可燃物；可燃物的着火和燃烧。

4-7 强化燃油燃烧的一般措施有哪些？

答：(1) 将入炉前的燃油和空气预热，以保证燃油更好地雾化与蒸发。

(2) 选用合适的燃油系统及燃油喷嘴，保证燃油雾化良好，使油滴细小而均匀，这样既便于它的蒸发，又有利于它与空气充分混合。

(3) 根据燃油特性，选择合适的油雾化角，以便烟气回流使油雾及时着火。

(4) 使空气与油雾充分而迅速混合。

4-8 储油罐及其附件的检修内容有哪些？

答：储油罐及其附件的检修需按计划并且要结合实际情况进行。储油罐内的沉淀物是否需要清理和储油罐内是否需要检查应根据储油罐的具体情况确定，但至少 3 年要进行一次罐内检查。

金属储油罐的检修内容包括：

(1) 罐内沉淀物的清理及罐内检查；

(2) 罐体检查消缺；

(3) 油罐附件检修。

4-9 储油罐检修前的准备工作有哪些？

答：(1) 提前与有关方面联系，有计划地燃用待检修的油罐存油。

(2) 根据所掌握的设备缺陷情况确定检修项目，并准备好工器具及消防器材。

（3）提前组织检修人员学习有关注意事项。

（4）办理工作票，布置安全措施，确认无误后方可开工。

4-10 油罐沉淀物的清理过程有哪些？

答：（1）拆油罐下部检查人孔门，拆油罐顶呼吸阀、阻火器、安全阀，打开量油孔盖并装设换气扇（轴流式）。将拆下的零部件有序地摆放整齐。

（2）油罐充分换气后，测定其油气浓度，确认其低于限额时，工作人员方可进入罐内工作。

（3）开始清理的头几天内，油罐内尚有一定浓度的残留油气，故进入罐内工作的人员必须戴防毒面具，并轮流到罐外休息。工作人员的数量应有保证，其中必须有两人在罐外进行专职监护。

（4）清罐时，先从检修人孔门周围开始，逐渐向内部扩展。先清理底部油渣，再清理罐壁、罐顶。在清理中，要做好高处作业的安全措施。

（5）罐内照明应充足，照明灯应为防爆式手提行灯，电压不能超过12V；罐内应通风良好；作业人员应穿不产生静电的服装和鞋；使用的工具应尽量为有色金属工具，若使用铁制工具时，应采取防止产生火花的措施。

（6）清理出的油渣、铁屑等杂物应及时运至专门指定的地方烧掉，不准大量堆积在油罐旁或油区其他地方。

4-11 油罐体内检查的内容有哪些？

答：（1）检查罐体内壁有无腐蚀、渗漏及变形。

（2）检查罐内附件、油位测量装置的浮子严密性及腐蚀情况，与浮子连接的钢丝绳接头的牢固情况，管排式加热器的严密性情况及腐蚀情况，以及放水管有无堵塞的情况。

（3）检查罐底情况，对罐壁厚度进行测量。

4-12 油罐体的检查消缺有哪些？

答：当油罐下沉、变形、渗漏时，要有针对性地进行消缺处理。消缺处理应在罐内清理工作结束后且油气浓度较低的情况下进行。

对于靠近油罐上部的渗漏，尽可能采取堵漏剂或玻璃钢粘补。需要用电、火焊修补油罐时，应办理动火工作票。在进行电、火焊前，必须对罐内油气浓度进行测试，其浓度必须低于该油品爆炸下限的60%，且测试油气浓度的仪表不能少于两台，以防止仪表失灵；对需进行明火修理的油罐区内杂物及可燃物，均应清理干净；电、火焊设备的安放位置与修理油罐的距离应大于10m；若有多座油罐时，则应放在防火堤外，且至存油油罐的距离应大于20m；氧气、乙炔发生器应相距5m以上；不准使用漏电、漏气设备；火线和接地线均应完整、牢固，禁止使用铁棒等物代替接地线和固定接地点，接地点应靠近焊接处，不准采用远距离接地回路。

检修所用的临时动力线和照明电源线，应符合《安全工作规程》的要求。

对进行了大面积焊补工作的油罐体，应进行焊缝渗油试验。消缺工作结束后，应彻底清除罐内焊渣等杂物并经检查无任何遗留物后，将人孔门严密封闭，最后对罐体进行重新防腐、保温。对油位表尺重新刷漆标度。

4-13 油罐附件检修后应达到的要求是什么？

答：除油罐中管排式加热器及油位测量装置的浮子外，其他附件的检修可在储油情况下进行，但需要有可靠的防火、防爆措施。

油罐附件的检修参照同类型设备的检修方法进行，检修后应达到：

（1）各阀门应符合其质量要求。

（2）管排式加热器管子应无严重锈蚀，内壁无严重结垢，且整体无任何泄漏。

（3）油位测量装置的浮子位置应正确且经严密性试验合格；浮子的两根导向轨应相互平行并在同一垂直平面内；连接浮子的钢丝绳接头应牢固，钢丝绳有断股、表面严重磨损或腐蚀等情况时应更换，浮子与绳子接触的部位应用铜料制成；浮子上下运动应无卡涩。油标重新刷漆标度后应表面平整，标度准确，色泽鲜明，指针上下运动无卡涩。

（4）检查孔和量油孔的开关灵活，结合面上的橡胶圈垫应紧密。

（5）阻火器的铜丝网应保持清洁畅通，呼吸阀和安全阀的通流部分应畅通，且无黏滞现象。

（6）避雷针及防静电装置应完好。

（7）油罐测温装置、油位高低限报警装置应完好准确。

4-14　火力发电厂锅炉燃油雾化油喷嘴的形式主要有哪两种？

答：火力发电厂锅炉燃油雾化油喷嘴（雾化器）的形式主要有压力雾化油喷嘴（又称机械雾化油喷嘴）和蒸汽雾化油喷嘴两种。

4-15　压力雾化油喷嘴的形式主要有哪几种？

答：利用油压转变成高速旋转动能使油雾化的油喷嘴，统称为压力雾化油喷嘴。按其结构形式有简单压力雾化、回油压力雾化和柱塞式压力雾化三种油喷嘴。

4-16　压力雾化油喷嘴如何分类？

答：利用油压转变成高速旋转动能使油雾化的油喷嘴，统称为压力雾化油喷嘴。按其结构型式有简单压力雾化、回油压力雾化和柱塞式压力雾化三种油喷嘴。

4-17　简单压力雾化油喷嘴的结构和雾化原理是什么？

答：简单压力雾化油喷嘴主要由雾化片、旋流片和分流片三部分组成，其结构如图 4-1 所示。燃油在一定压力下经分流片的小孔汇集到一个环形槽中，并由此进入旋流片的切向槽至旋流片中心旋涡室，产生高速旋转运动。油经雾化片中心孔喷出后，在离心力的作用下克服油的黏性力和表面张力，迅速破碎成细小的油滴，同时形成具有一定角度（一般在 60°～100°范围内）的圆锥雾化炬。

4-18　回油压力雾化油喷嘴的结构和雾化原理是什么？

答：回油压力雾化油喷嘴是为了扩大雾化器的调节幅度而又不影响雾化质量，在简单压力雾化油喷嘴的基础上发展起来的。按其回油方式可分为内回油（中心回油）和外回油两类。内回油又分为集中大孔（单孔）回油喷嘴和分散小孔（多孔）回油喷嘴两种，其结构如图 4-2 所示，原理与简单压力雾化油喷嘴相同，所不同之处在于回油压力雾化油喷嘴的旋流室各有一个通道。一个通道通向喷孔，将油喷入炉膛；另一个通道则是通过回油管，让油回到储油罐。当进油压力保持不变时，总的进油量变化不大，只要改变回油量，喷油量也就随之改变。

回油压力雾化油喷嘴当出力降低时，可进行回油调节，则进入旋流室的油压基本保持不变，因而可以保证原有的旋转速度，使雾化质量不受影响，故可适应较大的出力调节。但中心喷孔由于油量减小，轴向流速相应降低，切向速度几乎不变，因此出口雾化角相应扩大，

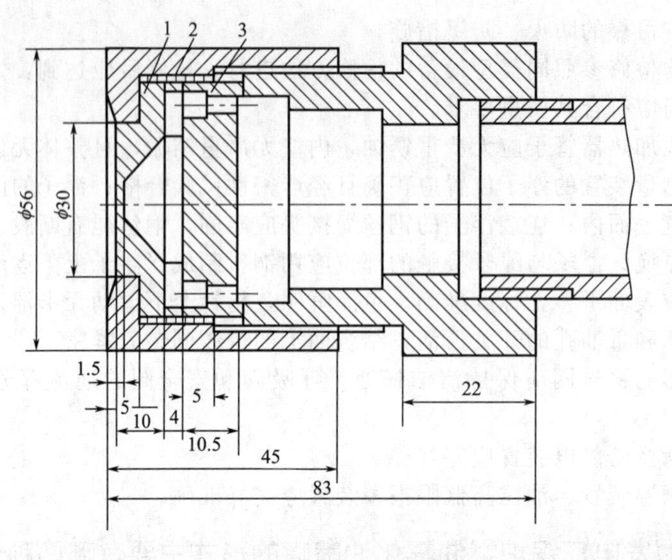

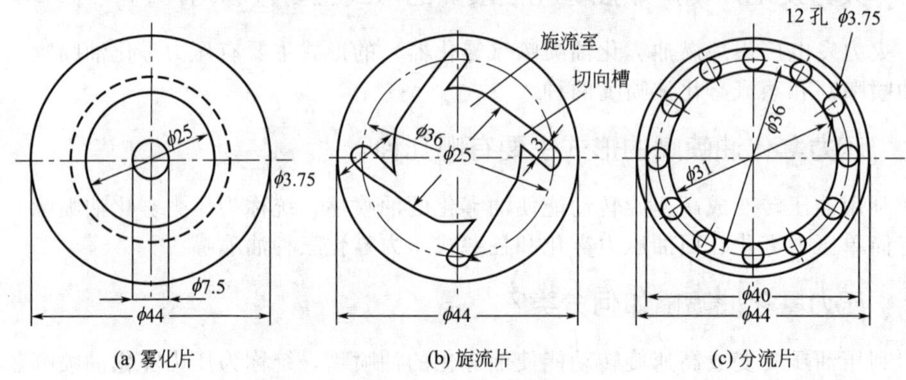

图 4-1　雾化油喷嘴结构

1—雾化片；2—旋流片；3—分流片（分油嘴）

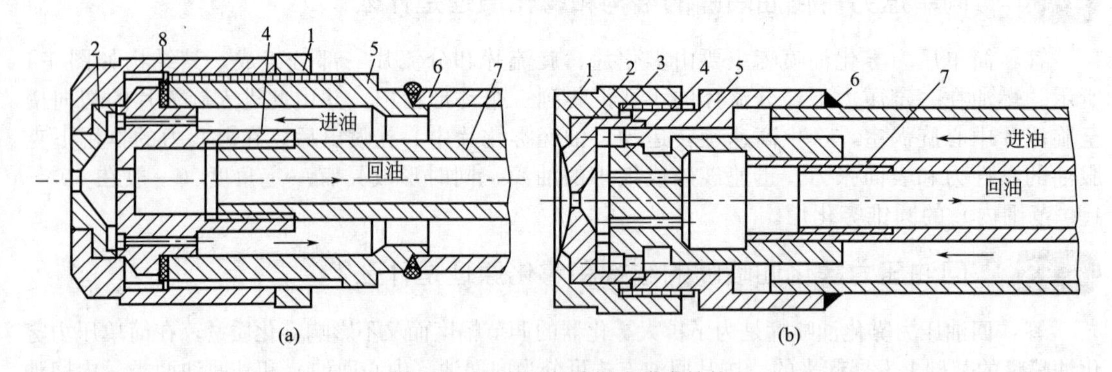

图 4-2　回油压力雾化油喷嘴结构

1—压紧螺母；2—雾化片；3—旋流片；4—分流片；5—喷嘴座；6—进油嘴；7—回油管；8—垫片

可能会使燃烧器扩口烧损。这是内回油喷嘴的主要缺点，运行时回油量一般不宜过大。

4-19　燃油设备定期检修项目有哪些？

答：(1) 油泵实际运行8000～12000h需大修，运行2000～4000h需小修，油泵出入口附件随之进行检修。

（2）储油罐每三年至少进行一次罐内检查（连接管路上阀门和罐内设备随之检修）。

（3）加热器每两年至少进行一次解体检修。

（4）滤油器每年至少清理一次。

（5）油管路每三年重新刷漆一次。

（6）每年雷雨季节前，认真检查油区避雷装置与接地装置，并测量接地电阻。

（7）每月检查一次油泵事故按钮、联动装置动作的准确性。

（8）每月检查一次热工报警装置的准确性。

（9）炉前燃油设备随炉大、小修进行。

4-20 燃油设备定期检修要点是什么？

答：燃油设备定期检修为一种保证设备健康水平的预防性检修。每次检修计划消除哪些设备缺陷，解决什么问题，必须有明确的目标；同时通过检修设备达到了什么样的水平，仍存在哪些问题，必须有一个全面认真的总结；针对这些问题及其他薄弱环节，应及时提出预防性措施和改进方法，并尽快安排实施。

为了真正保证检修工作如期顺利进行且达到预期的目的，需把握好三个环节：

（1）检修前的准备工作

① 检修前针对设备缺陷类型及可能存在的设备隐患，认真分析，周密筹划，制订出切实可行而全面的检修技术措施，科学合理地安排各项检修工作，避免检修工作的盲目性及无序性。

② 根据检修计划及设备缺陷状况准备好检修用具、设备易损易坏备件及消耗性材料。避免因器具不全或备件不齐而影响检修进度和检修质量。

③ 油区设备检修更具有其特殊性，所以检修安全措施尤为重要；安全措施除必须注意防火防爆外，还须根据检修项目对锅炉用油的影响及影响大小，合理选择和安排检修时间。

（2）检修中的质量保证工作

在保证检修进度的同时必须保证检修质量，严格按设备技术要求及其他规定执行，并积极采用新技术、新工艺、新材料，确保检修质量。

（3）检修后的验收总结工作

对燃油系统及设备，检修完工后必须按有关要求进行试验及验收工作。验收时，应出具各种材料及应具备条件：

① 检修项目、工作进度表。

② 填写好的检修记录，检修中更换的主要部件的材料证明及有关资料。

③ 检修中若有改进，则应具备所有的工程图纸及有关资料。

④ 各检修设备的试投运记录，并再次试运。

⑤ 现场应整洁，验收后应填写验收报告。

若在验收中发现仍有影响设备运行的缺陷时必须返工；若不影响设备运行，应作好记录。要做好检修的技术总结工作。

4-21 燃油系统漏油的原因是什么？

答：燃油系统漏油的部位一般是供油油管法兰处（回油管路很少发生漏油）、供油泵处、表管接头处以及各阀门处。它与设备制造、安装和检修中存在的缺陷以及运行维护操作不当有关，如法兰结合面变形、法兰密封垫材料使用不当、螺栓紧力不足或偏紧等。

4-22 燃油系统漏油的防止措施有哪些？

答：燃油系统漏油是系统中最常见的缺陷，同时它又是引发油系统着火的主要原因。所以出现此类缺陷时，必须找出故障根源并及时消除。更重要的是采取有效措施，防止系统漏油。

（1）对不符合要求的油管、法兰、阀门，要进行更换。在更换或改进中，应按其工作压力、温度等级提高一级标准选用。

（2）尽量减少不必要的法兰、阀门、接头等部件，尽可能采用焊接连接，其焊口应由专业焊工进行焊接，且焊口应符合焊接规范的要求。

（3）油系统的管路阀门不能采用铸铁阀门。阀门安装更换使用前，应解体检修并经1.25倍工作压力的水压试验合格。

（4）油管法兰连接时，法兰密封面应平整光洁，无贯通内外的沟痕；法兰垫应符合标准要求；两法兰应无歪斜，不得强力对口，紧固螺栓时应对称均匀紧固。

（5）发现焊缝有轻微渗油时应彻底处理。

（6）油管道与基础、设备或其他设施应留有足够的膨胀间隙及防磨间隙。

（7）油管道安装或检修后，需进行1.25倍工作压力的水压试验。

（8）改善各相对运动设备的密封。

（9）检修时严格按工艺要求施工，保证质量。运行维护操作要按规程进行。

4-23 燃油系统安装完毕后应进行哪些试验？

答：（1）燃油系统安装结束后所有管道必须经1.25倍工作压力的水压试验合格（最低试验压力不得低于0.4MPa），并应办理签证。

（2）整个系统应进行清水冲洗或蒸汽吹洗。吹洗时应有经过批准的技术措施。吹洗前止回阀芯、孔板等应取出；流量计应整体取下，以短管代替。吹洗次数应不少于2次，直至吹出介质洁净为合格。吹洗结束后应清除死角积渣，并办理签证。

（3）整个系统应进行油循环试验，油泵的分部试运工作可以一并进行。试验时，应有经过批准的技术措施，循环时间不少于8h。油循环结束后应清扫过滤器并办理签证。油循环试验中应进行下列试验工作：

① 油泵的事故按钮试验；

② 油泵联锁、低油压自启动试验；

③ 燃油速断阀与风机联动试验（当有条件启动风机时）。

有条件时宜先做一次全系统水循环试验。

4-24 燃油系统受油前应具备的条件有哪些？

答：燃油系统受油前应进行全面检查，符合下列条件方可进油：

（1）燃油系统受油范围内的土建和安装工程应全部结束并经验收合格。

（2）应有可靠的加热汽源。

（3）防雷和防静电设施安装完毕并经验收合格。

（4）油区的照明和通信设施已具备使用条件。

（5）消防道路畅通，消防系统经试验合格并处于备用状态。

（6）已建立油区防火管理制度并有专人维护管理。

（7）油区围栏完整并设有警告标志。

4-25 燃油系统安装完毕后的验收内容有哪些？

答：燃油系统安装结束后必须进行整体验收。

（1）燃油系统的设备及管道签证项目（包括隐蔽工程中间验收签证）：

① 直埋管道防腐签证；

② 设备及管道水压试验签证；
③ 管道吹洗签证；
④ 油循环试验签证。
（2）燃油系统的设备及管道安装记录项目：
① 金属罐的制作、安装和试验记录；
② 各附件安装和检修记录；
③ 各油泵的安装和检修记录。

4-26 燃煤锅炉点火及助燃用油的油种有哪些？

答：在火力发电厂中，燃煤锅炉点火及助燃用油的油种需根据锅炉容量、台数、燃用煤、油源、油价及运输条件等综合比较后确定。一般有三种形式：
（1）轻油点火和重油启动与低负荷助燃；
（2）重油点火、启动及低负荷助燃；
（3）轻油点火、启动及低负荷助燃。

4-27 离心泵的检修项目有哪些？

答：油泵检修分计划性的大、小修及临修。其检修项目按大、小修标准进行，也可视设备的实际情况，对检修项目有所增减。泵在运行中发现了较大缺陷或者发生轴承发热、盘根大量冒漏等缺陷而需临时停运消除时，称为临修。临修好的设备往往很快又投入运行。

4-28 燃油雾化油喷嘴的检修有哪些？

答：（1）将油喷嘴由燃烧器中抽出，用蒸汽进行吹扫，吹扫干净后进行解体检查。
（2）对压力雾化油喷嘴，检查其雾化片、旋流片、分流片的各部尺寸，磨损的尺寸大于原尺寸的5%时应更换。
（3）对蒸汽雾化油喷嘴，检查其油孔、汽孔、混合孔的尺寸，磨损的尺寸大于原尺寸的5%时应更换。
（4）检查油喷嘴头部有无烧损变形，丝扣是否完好，若烧损或丝扣损坏不能紧固时应更换。
（5）检查垫圈有无老化、变形、损坏，及时进行更换。
（6）检查连接油喷嘴的金属软管有无破损，若有则应更换。
（7）更换油喷嘴零件前应仔细测量其尺寸，尺寸应符合规定要求。
（8）整体喷嘴尺寸误差不大于±5mm。
（9）油喷嘴零部件更换及检修后，应进行喷油试验，并对下列项目进行检验：
①油喷嘴密封处应严密不漏；②油喷嘴的油雾化角符合设计要求；③油喷嘴的流量在设计范围内，最大流量偏差不大于±3%。
（10）油喷嘴经试验合格后应重新吹扫干净，再回装至燃烧器。安装时，必须保证安装角度正确。

4-29 离心泵的大修项目有哪些？

答：（1）检查、清洗、更换轴承和轴承箱，换油。
（2）检查机械密封磨损情况，清洗、更换磨损部件。
（3）检查、更换、调整平衡板及平衡盘。
（4）检查叶轮、叶轮密封环磨损情况，进行修复或更换。

(5) 检查泵壳、泵壳密封环、导流板和衬套的磨损腐蚀情况，进行修复或更换。
(6) 检查轴的磨损、腐蚀，测量校验弯曲度。
(7) 调整叶轮窜动间隙。
(8) 检查、冲洗、疏通各连接管路。
(9) 打压，检查各级泄漏情况。
(10) 紧固基础螺栓，校正中心。
在小修过程中，如果发现较大缺陷时，也应按上述情况作相应的处理。

4-30 离心泵的小修项目有哪些?

答：(1) 检查轴承磨损情况，轴承箱冲洗，换油。
(2) 检查平衡板和平衡盘的磨损情况，测量分窜动量。
(3) 检查机械密封各部件磨损情况。
(4) 冲洗、疏通轴承冷却水管及机械密封冷却水管。
(5) 检查、紧固基础螺栓，联轴器校中心。

4-31 泵组解体过程是什么?

答：(1) 准备工作
① 根据运行台账，掌握设备在停运前的状态及存在的主要缺陷，进一步充实检修项目。
② 准备好易损备件及常用消耗性材料。
③ 准备好工器具及量具。
④ 准备好图纸及检修记录表格等。
⑤ 解体前，从系统上首先要切断泵的工作介质源（如油源、蒸汽源等）。
(2) 连接系统的拆除
拆除联轴器及连接水管等，并测量联轴器中心距。
(3) 高、低压侧轴承箱的解体
测量并记录修前转子轴向窜动量。
(4) 高、低压侧机械密封装置解体
(5) 平衡板、平衡盘的解体
记录平衡板后垫片数量、厚度，测量记录总窜动量。
(6) 泵体解体
拆除泵体穿杆螺钉，从末级叶轮开始逐个测量和记录叶轮窜动量，以便回装时参考。取出导流板，抽出叶轮，用螺钉顶出键，从泵壳吸入段中孔抽出轴。

4-32 离心泵轴承的检修方法及质量标准有哪些?

答：(1) 检修方法
① 检查轴承，应无凹槽、麻点、裂纹、气孔、发蓝、脱皮、锈斑等缺陷，如果有严重的缺陷时应更换。
② 检查轴承滚柱（滚珠）与内圈，转动应灵活、无杂音，隔离圈完整，否则应更换。
③ 用塞尺或压铅丝法测量轴承间隙，应符合标准，如果间隙过大，则需更换。
④ 轴承内圈与轴的滑动配合应不松动，轴承外圈与轴承箱内孔为紧配合。
(2) 质量标准
① 新轴承径向间隙最小为 0.02mm，最大为 0.05mm。
② 旧轴承最大径向间隙不超过 0.10mm。

4-33　离心泵吸入段、压出段和中间泵壳的检修及质量标准有哪些?

答：(1) 检修方法

① 铸铁制成的各段泵壳如有裂纹、砂眼及局部产生凸凹不平而影响泵强度或零件之间正常配合的缺陷时，应更换或修理。

② 对泵壳之间的无齿片密封的凹凸结合面进行研磨，直到各处接触均匀为止。

③ 泵的地脚与泵的支架接触部位应进行刮研或刨床刨平，接触点应分布均匀。

④ 装配时，泵壳上的圆柱销不得松动，凸出部分应小于导流板的孔深，泵体密封环与泵壳及结合面螺钉配合不松。

(2) 质量标准

① 泵壳各结合面应平整，无纵向纹路及烂疤等缺陷。

② 泵壳与泵壳之间的松动不超过 0.085mm。

③ 泵的地脚与泵支架接触面不少于 70%。

4-34　离心泵前、后轴承箱的检修及质量标准有哪些?

答：(1) 检修方法：箱体应无砂眼、裂纹、磨损；各螺钉孔应无滑扣；对箱体泄漏可烧焊修补或更换；油位计完整；轴承外圈与箱内孔配合松动时可喷涂或涂镀处理。

(2) 质量标准：轴承箱不得有砂眼、裂纹、气孔、烂疤、泄漏等缺陷。

4-35　离心泵轴、密封环与衬套的检修及质量标准有哪些?

答：(1) 检修方法

① 置于车床或专用台架上，用百分表检查主轴弯曲度、轴颈椭圆度、圆锥度，如果主轴弯曲超标，应进行校直——直轴。

② 轴应无裂纹、磨损、沟痕等缺陷，若有需更换新轴或堆焊处理（轴的堆焊应进行预热，焊后应进行回火，凡未经过调质处理的轴不得使用）。

③ 装配时，各零部件内孔与轴工作面的配合应符合要求；键与轴槽配合不得松动；泵体密封环与泵壳配合不得松动，径向结合面防转螺钉齐全不松；叶轮密封环与叶轮进口外圆、衬套与导流板配合应不松动，径向结合面防转螺钉齐全不松，如果叶轮密封环外圆磨损严重，应更换；密封环高出泵壳出口端面和叶轮进口端面的部分应车去。

(2) 质量标准

① 主轴弯曲度不超过 0.05mm。

② 轴的丝扣应完整，无滑扣、烂扣等现象；轴颈的椭圆度和圆锥度不超过 0.03mm。

4-36　离心泵叶轮与导流板的检修及质量标准有哪些?

答：(1) 检修方法

① 当叶轮与导流板表面出现裂纹，或因腐蚀而形成较多砂眼，或因被冲刷、磨损而使叶轮导流板变薄而影响机械强度时，如果不能修复，则应更换。

② 在厚度允许情况下，可用锉刀或小砂轮及砂布修复个别叶轮导流板入口处的不严重磨损沟痕或偏磨缺陷。

③ 用百分表测量水平放置叶轮的两端面平行度，偏差小可直接研磨，偏差大可进行单面修刮。

④ 校对叶轮静平衡，当其偏差大时，在保证其壁厚及机械强度的前提下，可在铣床上铣去偏重部分。

⑤ 叶轮与键槽的配合应不松。

（2）质量标准

① 叶轮两端面接触面光滑，接触均匀，两端面平行度允许误差 0.016mm，与中心垂直，允许误差 0.016mm。

② 校验叶轮静平衡，其不平衡重量不超过 30g。

③ 铣去叶轮不平衡重量时，应保证其壁厚不小于 2.6mm。

4-37 离心泵机械密封的检修及质量标准有哪些?

答：（1）检修方法

① 检查机械密封轴套面和动静环摩擦面，应无磨损，如果磨损严重，则应更换；轻微磨损，可上磨床研磨。

② 检查弹簧的弹力，弹簧形状应良好。

③ 检查动静环端面接触棱缘，不能倒角。

④ 动环聚四氟乙烯垫及动静环胶圈应无老化、变形、发脆，否则应更换。

（2）质量标准

① 弹簧自由及压缩高度应符合要求。

② 动环材料为硬质合金，与密封轴套间隙为 0.5～0.6mm，最大不超过 1mm；静环与密封轴套间隙最大不超过 2mm。

③ 动静环接触面必须光洁，其接触面积不小于 50%，并应呈环状。

④ 密封轴套表面完好，并与轴为滑配合且不允许有轴向窜动，径向跳动允许误差为 0.025mm。

⑤ 弹簧在平板上不允许有摆动，热处理后不得有残余变形。

⑥ O 形密封橡胶圈不允许有气泡、杂质、凹凸、槽缝错位等缺陷。

4-38 离心泵平衡板、平衡盘的检修及质量标准有哪些?

答：（1）检修方法

① 平衡板、平衡盘结合面应均匀接触；结合面轻微磨损时，应在磨床上磨出端面；严重磨损时，应更换。

② 平衡盘内孔键槽与轴键两侧实配合不松动。

③ 平衡盘硬质合金有脱壳、纵向裂纹时，应更新。

（2）质量标准

① 平衡盘键槽轴线与轴孔线歪斜允许误差 0.03mm。

② 平衡板、平衡盘内孔与外圆跳动允许误差 0.016mm。

③ 平衡盘与承磨环磨损不大于 1.5mm。

4-39 离心泵各连接系统管路检修及质量标准有哪些?

答：（1）检查联轴器应无裂纹及内孔磨损，与轴实配合不松动、其螺钉圆锥孔与圆锥面接触不松动，其连接螺钉不弯曲；橡胶圈无老化、变形，大小一致。

（2）各系统管路无腐蚀、破损、结垢，否则应进行冲洗、疏通、修补或更换。

4-40 离心泵转子的预装及质量标准有哪些?

答：（1）装配方法

① 从低压侧第一级开始，将所有键、叶轮、平衡盘、调整圈、哈夫圈、高压侧机械密

封轴套、密封压盖等按顺序编号逐个安装在轴上，然后用轴端的螺钉将其紧固。

② 在V形铁或车床上对转子进行检验（与校验轴弯曲方法相似），用百分表分别检查叶轮、轴套、平衡盘、叶轮进出口轮缘的径向晃度，对平衡盘还要测量其轴向晃度，若晃度值超标，应检查修整，如果不是结合面处有残余物质夹杂，则应根据晃度的最大值和所在部位修整叶轮轴套端面，直至符合要求为止；修整后的轴套端面，仍应保证接触均匀。

③ 如在大修中有新的叶轮，还必须同时测量转子各级叶轮的轴向距离，应符合图纸要求，误差过大时，应修整。

（2）质量标准

① 叶轮的颈部、口环同轴度不超过0.10mm。

② 调整环的宽度和平衡盘与哈夫圈之间距离应一致。

③ 转子晃度找好后，调整环与哈夫圈及帽所在部位，并做好标记。

4-41 离心泵密封环、衬套的组装及质量标准有哪些？

答：（1）组装方法

① 新调换的泵壳密封环及导流板衬套与泵壳及导流板组装时结合面应钻孔和套扣，并加装锁紧螺钉。

②新调换的叶轮密封环与叶轮进口外圆组装时结合面应钻孔套扣，并加装锁紧螺钉。

（2）质量标准

各结合面锁紧螺钉不准露出零件端面。

4-42 离心泵中间泵壳的组装及质量标准有哪些？

答：（1）组装方法

① 在基础上或选择一平整地面进行组装。

② 装出口段泵壳，与泵座之间用螺钉连接牢固，同时泵出口端面找好水平，泵座下部放好调整螺钉，与泵中心孔同心。

③ 将轴垂直穿入泵壳中心，座在支头螺钉上，同时调整，紧固百分表吸铁架和轴向窜动测量的专用工具。

④ 将叶轮键用铜棒轻轻敲入键槽内，装第一级叶轮并使之与导翼的出口中心一致（调整支头螺钉），再套进带销钉的导流板，与泵壳四周接触均匀，不得有单面张口，在动静摩擦部位间隙注入润滑油，轻轻转动叶轮，应无轻重、卡涩；再装第二级泵壳，使其结合部位紧配，四周间隙一致（键、叶轮、导流板、泵壳都按原编号装复）；所测得的窜动即为第一级窜动量，泵的窜动量调整应根据泵的结构特点及工作条件而定。

⑤ 如果新调换的叶轮或导流板因壁厚或宽度超标而影响窜动时，可在不影响机械强度条件下，将其相对部位车薄，以后各级叶轮安装调整方法同上。

⑥ 穿入穿杠螺钉并紧固，在轴端加百分表，测总窜动量。

（2）质量标准

① 叶轮总窜动量为4～5mm。

② 叶轮出口中心与导翼进口中心需对正，误差不超过0.5～1mm。

4-43 离心泵平衡板、平衡盘的组装及质量标准有哪些？

答：（1）组装方法

① 装平衡板，螺钉按对角顺序进行紧固，紧力要求一致。

② 装键及平衡盘，再依次装调整圈、哈夫圈、机械密封轴套、密封压盖，用并帽打紧

后检查平衡板、平衡盘结合面接触情况和测量并调整叶轮窜动间隙。

（2）质量标准

① 平衡板、盘端面结合面接触均匀，其平面晃度不超过 0.016mm。

② 平衡盘工作面晃度不超过 0.016mm。

③ 平衡盘外圆与平衡板内孔间隙为 0.50～0.60mm。

4-44 离心泵机械密封的组装及质量标准有哪些?

答：（1）组装方法

① 在各项准备及检查工作做好后方可进行组装工作。

② 将防转销装入密封端盖（不平衡压盖）相应的孔内；将静环密封胶圈套在静环上，再将静环凹槽对准不平衡压盖的防转销压入。

③ 将机械密封轴套外圆涂一层机油或透平油，再将弹簧（弹簧旋向应与轴向相反）压入机械密封轴套座上，不得歪斜。然后装推环及装好橡胶密封圈的动环座、镶垫，动环套在机械密封轴套上（推环与弹簧部分为紧配合，不得歪斜），压紧或放松动环时能在轴套上移动灵活。

④ 将安装好的不平衡压盖装复在填料函冷却盖上（不平衡压盖撬紧螺钉需在联轴器找好中心后方能撬紧）。

（2）质量标准

① 不平衡压盖与密封腔配合止口对轴中心线的同轴度允许误差 0.04mm。与垫圈接触的平面对中心线的垂直度允许误差 0.02～0.03mm。

② 不平衡压盖与密封腔之间的垫片厚度为 1mm。

③ 静环尾部防转槽与防转销顶部保持 1～2mm 的距离。

④ 动环安装后必须保证动环能在密封轴套上灵活移动，两者间隙为 0.40～0.60mm。

⑤ 推环与密封轴套间隙为 0.40～0.60mm。

⑥ 密封轴套与密封压盖间应嵌石棉线，然后用背母打紧。

4-45 离心泵轴承箱的组装及质量标准有哪些?

答：（1）组装方法

① 将轴承定位圈、防尘环、轴承盖、轴承、轴承定位套、保险圈依次装入，并随手打紧，保证牢固。

② 装轴承箱、油环、轴承顶盖（低压侧装防尘环）。

③ 调整防尘环与轴承盖间隙。

④ 轴承箱注入规定润滑油至油位线。

⑤ 装泵体靠背轮。

（2）质量标准

① 转动部分装好后，盘动转子应灵活，无轻重不同之处，轴向窜动无卡涩。

② 前后轴承并帽随手打紧，不宜过紧。

③ 防尘环与轴承盖间隙为 4mm，在轴最大窜动时不应与静止部分发生摩擦。

4-46 离心泵各系统的连接及质量标准有哪些?

答：（1）操作方法

① 泵体打压无泄漏（充压至 6.5MPa 左右保持 30min 检查）后运至现场装复在原基座上，垫实底脚，拧紧地脚螺栓。

② 连接装复各系统管道，应注意出口管路法兰连接时，法兰结合面应平行无错口，垫片厚度应为实测平行间隙加上 0.10～0.30mm（压紧后变薄量）。

③ 联轴器找中心（撬紧不平衡压盖螺钉），装复防护罩。

联系电气人员吊电动机就位，并经空转检查转向正确后切断电源。

用钢板尺将对轮初步找正，将对轮轴向间隙调到 5～6mm。

将两个对轮记号用两条螺栓连接住。

初步找正好安装找正卡子，将卡子的轴向、径向间隙调整到 0.5mm 左右。

将找正卡子转至上部作为测量的起点。

按转子正转方向依次旋转 90°、180°、270°，测量并记录径向、轴向间隙值 a、b（测轴向间隙时应用撬棍消除电动机窜动）。

转动对轮 360°至原始位置，与原始位置测量值对比，若相差大，应找出原因。

移动电动机调整轴向、径向间隙，转动对轮两圈，取较正确的值。

④ 试运转。

试转须有工作人员在场主持。

试转时应盘车检查转动灵活性，并将泵转子撬向出口侧。

检查轴承温升，各部振动及内部音响。

检查泵压力、电动机电流、各部严密情况。

带负荷试运 4h。

试运转合格后，结束工作票，办理设备移交手续。

（2）质量标准

① 联轴器橡胶垫圈应有弹性，无断裂、脆化现象，与联轴器间隙 1mm；联轴器对轮找正，外圆平面误差不超过 0.05mm；联轴器轴向间隙 5～6mm。

② 各部振动不超过 0.03mm；轴承温度不超过 65℃（滚动轴承温度≤70℃）；压力、电流符合铭牌要求；各部转动无异音，各结合面无泄漏；带负荷试运 4h 性能稳定。

③ 现场清洁，设备标志齐全。

4-47 燃油系统阀门的形式有哪些?

答：燃油系统阀门应根据不同条件、不同用途来选择其结构形式：

（1）燃油系统阀门基本上是中、低压阀门。各类关断阀门多为闸阀或截止阀。

（2）各油泵的出口管路及油枪蒸汽出口管路上均装设止回阀。

（3）在燃油回油总管上装设控制回油量和油压的调节阀或节流阀。

（4）供油泵出口旁路上装设安全阀或释放阀。

（5）锅炉供油母管上装设电磁速断阀，油枪油管路装设电磁阀。

4-48 燃油系统阀门有哪些要求?

答：燃油系统的阀门都应关闭严密性好，有足够的强度，流动阻力小，阀门零件互换性好，结构简单，量轻体小，维修容易等。除此以外，还必须注意以下几个方面：

（1）燃油系统选用的阀门压力级别要与所承受的额定油压相符，重要部位应选用承压高一级别的阀门。

（2）燃油系统设备及管道上的阀门不管压力大小，一般均不选用铸铁门。

（3）阀门的盘根可选用聚四氟乙烯、异型耐油橡胶等。

（4）阀门在安装前应解体检修，并经 1.25 倍工作压力的水压试验合格。安装后应保证阀腔清洁和方向正确。

4-49 如何进行阀门、阀瓣和阀座的修理？

答：阀门在运行中由于各种工况的变化或在制造时产生的缺陷，阀体能产生沙眼或裂纹，可以先用砂轮将其磨去或用錾子剔去，然后进行补焊。补焊碳钢阀门，可以不做预热处理，但对合金钢阀门，补焊前必须进行预热处理，并要使用合金钢电焊条。

阀瓣和阀座的密封面，经长期使用和研磨会逐渐磨损，使严密性降低。为此，可采用堆焊的办法将其修复。在堆焊前，将密封面清理打磨直至发出金属光泽。堆焊可采用“堆547”合金钢焊条或钴基合金焊条。堆焊要进行焊前预热和焊后热处理。处理完毕后用车床加工，使其达到要求的尺寸。再经研磨使其达到要求后，即可进行阀门组装。

4-50 阀门的研磨方法有哪些？

答：(1) 磨料：阀门密封面的研磨并不是研磨头或研磨座和被研磨的工件直接接触对磨，而是要垫一层研磨材料，利用硬度很高的研磨材料微粒将被磨件磨光。常用的研磨材料有砂布、研磨砂和研磨膏等。

① 砂布。根据砂粒的粗细，可分为00号、0号、1号和2号等。

② 研磨砂。研磨砂的规格是根据其颗粒大小编制的。按粗细分为磨粒、磨粉和微粉。

③ 研磨膏。研磨膏是油脂和研磨微粉合成的油膏。

(2) 用研磨砂和研磨膏研磨：阀瓣或阀座上的麻点、小孔或划迹，深度在0.5mm以内，可采用此方法检修。其研磨过程可以分为粗磨、中磨和细磨三阶段。应根据缺陷的轻重来决定采用的研磨程序。

粗磨：利用研磨头或研磨座工具，用粗研磨料，先把麻点或小坑等磨去。粗磨时，可以采用机械化研磨工具研磨。只要平整地把阀瓣或阀座的麻点等去掉，粗磨过程即告结束。

中磨：经粗磨后，更换新的研磨头或研磨座，用较细的研磨料进行手工或机械研磨。中磨后，阀门的接触平面基本上达到光亮。

细磨：这是阀门研磨的最后一道工序，一般用手工研磨。细磨时，不用磨头，而是用阀门的阀瓣对阀座进行研磨。先把阀瓣和研磨杆装正，用微研磨料稍加一点机油，轻轻地来回研磨，一般顺时针方向转60°～100°，再反方向转40°～90°。磨一会儿检查一次，待磨至发亮光后，再用机油轻轻地磨几次，用干净布擦干净即可。研磨完后，再把阀门及其他缺陷尽快消除，进行组装，以免碰坏已磨好的阀瓣。

(3) 用砂布研磨：用砂布研磨阀门的优点是研磨速度较快、质量较高。目前多采用此种方法。

用砂布研磨时，如阀门有严重缺陷，可分三步研磨，先用2号粗砂布把麻坑磨掉，再用1号或0号砂布把粗磨的纹路磨去，最后用抛光砂布磨一遍即可。如阀门有一般缺陷，可分两步研磨；若只有轻微缺陷，可以一遍研磨。

以上所述是针对阀座而言。若阀瓣有缺陷，可以用车床车光、也可用抛光砂布放到磨床上磨一次即可。

4-51 如何进行阀门盘根的检修与更换？

答：阀门的盘根是否泄漏，与检修、维护的质量有直接关系。因此要求盘根具有一定弹性、能起密封作用、与阀杆的摩擦要小、要能承受温度变化或压力变化作用下不易变形、变质，而且工作可靠。

检修维护阀门盘根要注意以下两点：

(1) 压兰与阀杆的间隙一般控制在0.1～0.2mm之间；阀杆与盘根的接触部位要光滑，

若有腐蚀或麻点，其深度不得超过 0.1mm；阀杆不得有轴向划迹，否则应更新；压兰要平整。

（2）更换新的填料时，挖旧填料用的小铁钩硬度不得超过阀杆材料硬度，以免阀杆被钩出小槽。

更换填料的方法是：

首先制作填料环。先把填料紧裹在直径等于阀杆的金属杆上，沿 45°的角度切开，再用这些做好的填料环分层装入，在层之间加少许石墨粉，各层接头应错开 90°～120°，每两层就用压兰压紧一次。阀门换好新填料时，压兰压入填料室的深度应保证在 10%～20%。以便投入运行后发生泄漏时再紧。填料装好后，试转阀杆感到有一定的摩擦力，即认为压兰压得合适了。

4-52 如何进行阀门衬垫的更换和配置？

答：阀门阀体与阀盖接触处的严密性，主要靠衬垫。衬垫材料使用正确，检修工艺好，就可保证阀门长期安全运行。为了保证其可靠性，衬垫的材料应具有一定的强度、弹性和韧性，能抗介质侵蚀，受温度变化的影响要小。

装配阀门衬垫时，应先将两部件结合面清理干净，在衬垫上均匀地抹上掺油的黑铅粉，再抹上干铅粉，然后将衬垫放在阀体结合面上，扣上阀盖（阀瓣、阀杆等都已经装好），对称地紧固连接螺钉。应随时注意检查并确保法兰平面之间的间隙，四周应均匀。

4-53 如何进行阀门的水压试验？

答：阀门检修完毕后，都应进行水压试验，以检查其严密性。阀体经过焊补处理后，则应做 1.25 倍工作压力的水压试验。在试验压力下保持 5min 进行检查。若发现不严密处应进行再次检修，并重新做水压试验，直至合格。

4-54 燃油系统阀门检修质量要求有哪些？

答：经解体检查并消除缺陷后的阀门应达到的质量要求是：

（1）合金钢部件的钢种符合图纸规定。

（2）所用的衬垫、盘根等规格质量均符合技术要求。

（3）阀门各部件配合尺寸符合要求。

（4）水压试验合格。

4-55 燃油系统阀门使用前的检查有哪些？

答：（1）确认该阀门参数符合系统要求且有合格证书等技术性证件。

（2）检查填料是否符合要求，填装方法是否正确。

（3）检查填料密封处的阀门有无缺陷。

（4）检查开关是否灵活，指示是否正确。

（5）对节流阀尚应检查其开关行程及终端位置。

（6）经水压试验合格。

经上述检查合格后，方可进行安装。对主要部位的阀门，应进行解体检查后方可使用。

4-56 燃油系统阀门的安装及注意事项有哪些？

答：阀门与管道的连接有法兰连接、焊接连接两种方式。

（1）经过解体检查后的阀门，在安装中不得再随便拆开，并应保持清洁，防止杂物掉入。

（2）安装直接与管子焊接的汽水阀门时，应先点焊，然后将关闭件全开，再进行接口焊接（焊接按有关焊接工艺执行）。如安装法兰连接的阀门时，应先将阀门关闭严密，以防止对口连接时杂物落入密封面。对接法兰时，端面要相互平行，孔眼对正，不得有歪斜和偏心现象。

（3）安装阀门时，除了闸阀之外，其他阀门一定要弄清介质的流动方向，以防装反，影响使用效果和寿命。如没有标志，应根据阀门工作原理正确判定后再安装。

对小口径的截止阀，在安装时应使介质在阀内的流向自下而上。

对于大口径的截止阀，在安装时应使介质由上而下流动。

（4）阀门的安装位置必须正确合理，便于操作和检修。

（5）阀门的传动机构应在阀门安装完毕后再安装，以防损坏传动机构的零件及电气设备。传动机构安装时，应做到传动灵活，操作方便。

4-57 燃油管道更新时应对新管子进行哪些检查?

答：（1）管子外表检查：用眼配合灯光检查管子内、外壁表面，应光滑，无刻痕、裂纹、凹陷、锈坑及层皮等。

（2）管径及厚度的检查：检查管子时可沿管子长度选择3～4个测量点，管径允许偏差和椭圆度一般不超过管径的10%。管壁厚度的允许误差不超过管壁厚度的10%。

（3）光谱检查：对所用管子检查出厂证明，其材质应与原管子材质相同，并用光谱仪复查管子的材质。

4-58 常见的管子的弯制方法有哪些，应符合哪些要求?

答：弯管是管道更换的一项重要准备工作。根据不同的需要，将直管弯制成不同要求的弯管。常用的弯管方法有冷弯、热弯和可控硅中频弯管法等。无论采用哪种弯管方法，均应符合下列要求：

（1）管子的弯曲半径，应按设计图纸或弯管的实样配制的样棒。若无设计图纸或不受限制时，管子的最小弯曲半径为：管内不充砂进行冷弯时，弯曲半径应不小于管子外径的4倍；在弯管机上弯制时，弯曲半径应不小于管子外径的2倍；管内充砂并加热弯制时，弯曲半径应不小于管子外径的3.5倍。

（2）弯制管子时，一般应选用壁厚为正公差的管子。管子弯制后，管子表面不允许有裂纹、分层、过烧等缺陷，弯曲部分的椭圆度、波浪度、角度、角度偏差及壁厚减薄等数值应符合以下要求：

① 弯曲部分的椭圆度不大于70%。

② 弯曲部分的波浪度符合一点的允许值。

③ 弯管角度的允许偏差值如图4-3所示。管端轴线与图纸中心线的偏差（Δ），每米长直管段允许±5mm；直管段大于3m，其总偏差不得超过±15mm。

④ 弯管外弧部分的壁厚减薄后，其实际壁厚不得小于设计计算壁厚。

4-59 管道冷弯法有哪些?

答：图4-4为管子冷弯法示意图。将待弯的管子放在工作轮和滚轮的型槽内，并用夹子固定在工作轮上。转动工作轮而保持滚轮的轴固定不动，或保持工作轮不动而使滚轮绕着工作轮的轴转动，这样滚轮将迫使待弯管子在A—A剖面的位置上弯曲。管子在弯制时总要产生椭圆变形，为了将其控制在允许范围内，在设计工作轮及滚轮时应予以考虑。

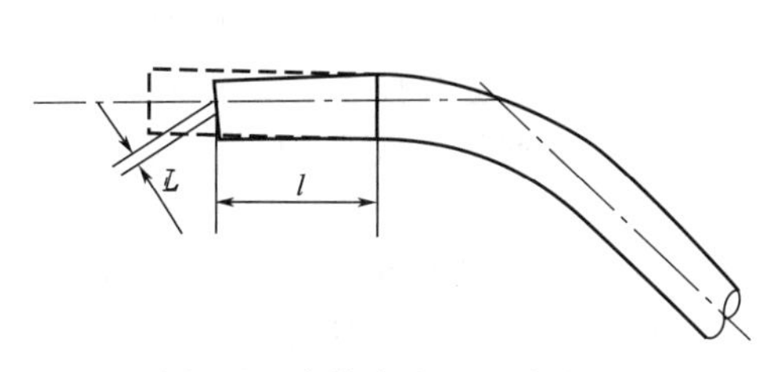

图 4-3　弯管角度的允许偏差

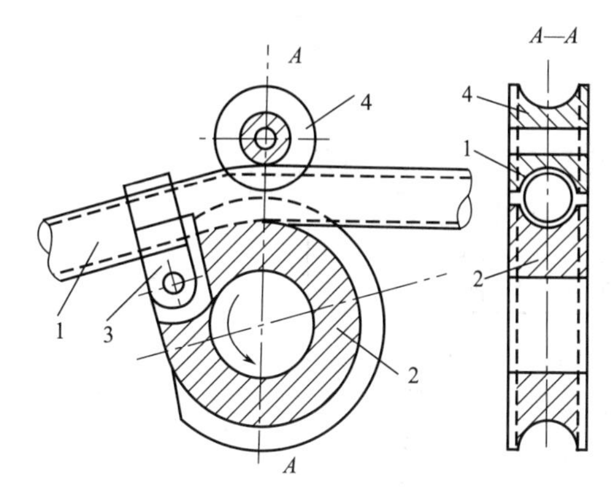

图 4-4　管子冷弯法示意图

1—管子；2—工作轮；3—夹子；4—滚轮

4-60　管道的热弯法有哪些?

答：管子的热弯法是：先在待弯管子内充砂，再加热至一定温度，然后放在弯管平台上弯制。直径在 60mm 以下的，可用人力直接扳动弯制；直径为 60～100mm 的，可用绳子滑轮来拉；直径在 100～150mm 的，可用链条葫芦来拉；直径在 150mm 以上的，可用卷扬机来拉。具体方法如下：

（1）弯管用砂的准备

① 砂粒的大小应根据管子的直径来确定。管径小于 150mm 的管子热弯时，2～3mm 的砂粒占 3/4，1.5mm 的细砂约占 1/4；管径大于 150mm 的管子热弯时，2～3mm 和 4～5mm 的砂粒各占 1/2，这样混合后易打实。

② 砂粒应经筛选，挑出木头之类的杂物，否则弯制时管子易变扁。砂粒筛选后要烤干，去除水分，以防加热时产生的水蒸气引起事故和弯曲后冷却太快，筛选过的砂粒要用铁箱或木箱存放在干燥处，而不要放在地上。

（2）装砂

① 管子应立着装砂，边装边振紧。装满后还要打实。

② 振打砂子可用手锤或机械方法。用手锤时，锤头要放平，以免将管壁打出小坑。一人作业时，应从下向上打；多人作业时不限，至听到敲打声音变哑时即可停止振打。打实后应装上堵头，以防砂子倒出来。

（3）热弯管工具

① 弯管平台：一般用铸铁或厚钢板制成。

② 检查管子用的样棒。

③ 火炉：弯直径大的管子，一般采用在地上的火炉较为方便，也有用砖专门砌成的火炉。

④ 起吊工具及其他工具。

（4）钢管的热弯操作

① 将装好砂子的管子运到弯管场地，先按图纸或实样计算出弯曲半径和角度，然后算出管子弯头长度，并在待弯的管子上标出记号，以备弯制。

管子弯头长度　　$$L=\frac{\pi R}{180}\approx 0.0175R$$

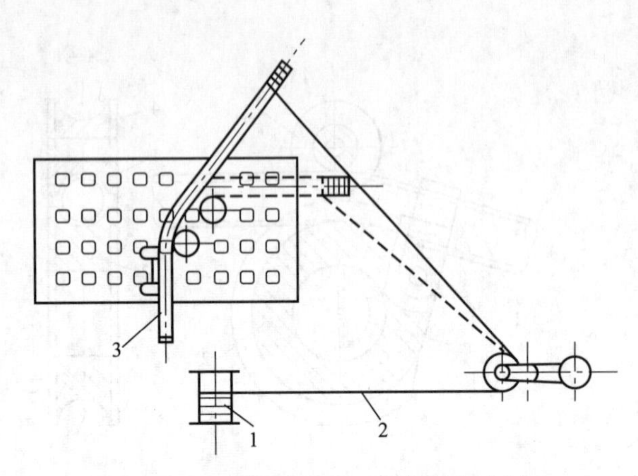

图 4-5　利用卷扬机施力的弯管示意图

1—卷扬机；2—钢丝绳；3—管子

② 准备弯管样棒，在弯管平台上安好插销。两个插销的距离约为管径的 2 倍。

③ 将待弯管段放在火炉上，用铁板盖上缓缓加热。加热过程中要注意翻动管子，以免火旺将管子一面烧坏，而另一面的温度还不够高。

④ 加热管子需要的时间与管径可查阅相关要求。

⑤ 管子加热至 1000℃左右时，停止火炉送风，看管子呈橙黄色不变，即可将管子抬到弯管台上弯管。弯管前，要在加热弯曲段两端冷却段上浇一点水（注意对合金钢管不能浇水，以免产生裂纹），并在弯管平台的插销之间放上垫铁（对薄壁管可用木垫块）。弯制时，用两根插销固定管子的一端，在管的另一端施力将管子弯曲过来。图 4-5 为利用卷扬机施力的弯管示意图。在弯制过程中，应用样棒随时校核，并注意观察管子逐渐冷却颜色变为暗红时，就要停止弯管。待重新加热后再弯，避免管子产生折皱、弯扁或裂纹。

⑥ 弯管时不能施力过猛，防止弯曲不均匀。当弯曲过了角度时，可用浇水来纠正，但不能多浇。

⑦ 碳素钢管弯好后，可放在地上自然冷却。对合金钢管，则须按有关规定进行热处理。管子冷却后，将砂子全部倒出，并将管内外壁清理干净。

4-61　燃油管道焊接工艺及要求有哪些?

答：燃油管道焊接除符合有关焊接工艺外，还必须注意以下几点：

（1）燃油管道的焊接工作，若非管子对接最好将油管拆下清扫后进行。焊前将管子移至安全工作区，管内用蒸汽吹扫干净、外部清理干净，两端需敞口，并做好防火措施。

（2）焊完后，对焊缝要彻底清理，用手锤和扁铲清除药皮和焊渣，然后用压缩空气吹扫干净。

（3）若是在油系统上对接，应先将该系统与其他系统隔绝并用蒸汽吹扫干净。做好动火工作票的一切安全措施。焊接完后，再恢复系统。

4-62　燃油管道安装要求有哪些?

答：在燃油管道安装中，主要有以下要求：

（1）管道安装要横平竖直，对口准确。因此，必须逐段做好拉线及吊线锤等测量工作，以免出现大的积累偏差。

（2）管道的坡度一般不得小于 0.1%。为保证水平管段达到这个要求，可用水平仪测量管道各间距的高度差及各支吊架支承面的标高，并及时做好调整工作。

（3）安装时，若发现管道对口偏差过大，应查明原因再进行处理。

（4）管件在安装前虽已经检查，但在安装中还可能暴露出一些新的问题和缺陷，应随时注意检查，发现后应及时消除。

（5）管道安装后，除受支吊架的正常约束作用外，其他任何装置都不应对管道的热位移发生阻碍。后装上的支管均应注意这个要求。

（6）蒸汽管道最低点应装设疏水门。

（7）管道密集的地方应留足够的间隙，以便有保温和维护工作余地，油管道不能直接和蒸汽管道接触，以防油系统着火。

4-63　内插物表面式加热器的检修事项有哪些?

答：这种加热器多用于供油、卸油泵系统中。它在燃油各系统中一般布置两台，其中一台备用，因此只需从系统中解列并吹扫干净后即可进行解体检修。

（1）拆除端盖，进出口油管及汽管法兰连接螺栓。

（2）吊出芯子，清除内外污物，检查有无锈蚀、结垢，并清理。

（3）加热器按技术条件进行水压试验，检查各管无泄漏。

（4）调整更新内插物的端部状态，不得弯折堵塞管口，压紧钢网应平整与管板点焊牢固，钢网边缘不得妨碍结合面。

（5）加热器各温度表、压力表准确无误。

（6）加热器就位后地脚螺栓与支座孔间的膨胀间隙和方向符合图纸要求。

（7）加热器的防腐保温齐全。

4-64　滤油器的检修内容有哪些?

答：装设于各油泵处的滤油器，其构造基本相同，仅容量及金属滤网的孔径不同。

滤油器阻力大于正常情况的50%时应进行清理，但每年至少清理一次。正常运行时，可以参照滤油器出入口压差判断其堵塞情况。轻微堵塞时，可以将滤网与系统解列，再用蒸汽进行反冲洗；堵塞严重时，必须清理。

（1）旋开滤油器顶盖法兰连接螺栓，取下顶盖。

（2）取出网罩压紧固定架。

（3）逐一将网罩上金属网取下，进行检查、冲洗或更换。

（4）清除滤油器筒体底部杂物。

（5）检查各部表计，应完整、准确。

（6）在清理、检修工作中，应注意防火，清除的杂物不得遗留在油区。

（7）回装时注意筒体顶盖法兰间的垫片是否合适，应保证其无渗漏。

4-65　燃油水分对燃烧的影响是什么?

答：燃油含有水分过多有很多的危害。它不仅要增加输送、运输、储存、燃烧或炼制过程的动力和热量消耗，使管道和设备产生严重的腐蚀，而且还要影响锅炉炉膛内的正常燃烧，甚至会引起锅炉的灭火。

此外，温度较高的燃油进入含水分较多的储油罐内，会产生燃油乳化作用，从而引起溢油等不良后果。

但是，有一种油水混烧的办法可以提高锅炉的燃烧效率，降低油耗。方法是：利用少量的连续排污水，经调节阀通入油水混合器和燃油相混合，然后由油枪送到炉内燃烧。试验证实，在渗水5%～6%时效果最好，这时燃烧强烈，光焰白亮；不完全燃烧损失下降。炉膛出口烟气中甲烷（CH_4）和一氧化碳（CO）下降，炉内空气过剩系数减少，排烟温度也下降。但是，由于水汽化时吸热，使炉膛温度也下降5～15℃，而且还会使烟气中的水蒸气含量增多。

4-66　燃油胶状物质对燃烧的影响是什么?

答：油的颜色深浅不一，这是由于其中含有不同程度的胶状物质。胶状物质中，除碳和氢外，通常还有氧、硫和氮的化合物。胶状物质不易挥发，除少数部分分子量较小的胶质在石油分馏时被馏分物带出，绝大部分都集中在石油的残渣中。

作为锅炉的燃油，油中含胶状物质过多会带来不良的影响。如在热油输送过程中易于裂化分解，产生焦炭，以致沉淀堵塞滤网（或较细的油管）。例如燃油加热器的细管道壁沉淀胶状物质首先影响加热传热，并且不易清除，影响燃油的流通被迫经常更新或清除。增加检修维护工作量。

4-67 燃油硫分对燃烧的影响是什么？

答：硫在石油中大部分以有机硫化物的形态存在，可以燃烧，生成二氧化硫（SO_2）和三氧化硫（SO_3）。氧化硫气体有毒，排至空气中对人体健康有影响，遇水则会生成亚硫酸（H_2SO_3）和硫酸（H_2SO_4），对金属有腐蚀作用。

油中硫化物大部分具有毒性和腐蚀性，在储存、输送和燃烧过程中，对人体的健康和设备的使用寿命都有不良的影响。所以，油中硫的含量愈少愈好。

燃烧高硫分油时，为了减少三氧化硫，可以采用低氧燃烧。即用尽可能少的过剩空气量进行燃烧。

锅炉实行低氧燃烧，可以使三氧化硫的生成率大大降低，从而使烟气的露点也相应降低，能有效地防止硫腐蚀的发生，提高锅炉运行的可靠性。同时，风量减少后，炉膛温度提高，炉内传热加强，烟气带走的热损失降低，送、吸风机的耗电量也减少，而且锅炉的排烟温度也可以降低。

但是，低氧燃烧必须具备一些条件。如必须保证油雾化良好，以及空气和油雾的混合非常均匀等。否则将会因空气不足而造成锅炉大量冒黑烟，有些锅炉还可能发生温度过低等问题。一般说来，过剩空气量如能维持2%～3%及以下时，就能达到较好的防止硫腐蚀的效果。

4-68 管道焊接时焊口位置要求有哪些？

答：(1) 管子接口距离弯管起弧点不得小于管子外径，且不小于100mm；管子两接口间距不得小于管子外径，且不少于150mm；管子接口不应布置在支、吊架上，至少应离开支吊架边缘50mm；对接焊后需热处理的焊口，该距离不得小于焊缝宽度的5倍，且应不小于100mm。

(2) 管子接口应避开疏水、放水及仪表管等的开孔位置，一般距开孔的边缘不得小于50mm，且不得小于孔径。

(3) 管子在穿过隔墙、楼板时，不得有接口。

4-69 管排式加热器的作用和主要检修事项有哪些？

答：管排式加热器用于储油罐、污油池或污油箱中，均设置在底部。

管排式加热器由简单的几组碳钢金属管组成。当油液需要加热时，加热器管内流过蒸汽，便加热管外的油液。

管排式加热器的检修工作只有在其所在容器无油液的情况下才能进行。主要检查：

(1) 其补偿方式应符合图纸规定，疏水坡度应与母管疏水坡度协调。

(2) 管排无锈蚀泄漏，管内无结垢。

(3) 加热器固定装置完好。

(4) 检修完后，进行1.25倍工作压力试验合格。

第五章

燃机电站天然气调压站安装与检修

5-1 天然气降压调压站由哪些部分组成?

答:天然气降压调压站,每个调压站都可分为以下几个模块:绝缘与火警模块;旋风分离模块;计量模块;过滤分离模块;加热模块;调压模块;集污系统;放散系统;氮气系统;压缩空气系统;前置模块;电气与控制系统。

5-2 天然气电厂和常规火电厂的区别是什么?

答:与燃煤电厂相比,它不使用锅炉,而是用燃气轮机代替了锅炉,同时燃料也由煤粉换成了天然气或者石油等等。燃料在燃气轮机内燃烧后,放出热能加热给水,使燃料化学能转化为蒸汽内能,蒸汽推动汽轮机做功,完成热能向动能的转化。最后利用发电机,再将机械能转化成电能,这就完成了燃气电厂的全部生产过程。

5-3 天然气管道为什么要进行氮气置换?

答:天然气为可燃气体,如果与助燃物(或者简单点说氧气)混合,一旦点燃就会发生爆炸,而氮气在空气中占78%左右,所以分离得到氮气非常便宜,而且氮气不活泼。通常情况下和可燃物一起不燃烧,并且可以抑制燃烧,这样保证管道内无氧气等可燃物所需的助燃物,防止爆炸。天然气管道施工完毕,并经过通球扫线、试压扫水和干燥后,管道内已十分干净,干燥,这时可进行通气前的氮气置换。

5-4 燃气管道安装前外观检查应符合哪些要求?

答:(1) 无裂纹、缩孔、夹渣、折叠、重皮等缺陷;

(2) 不超过壁厚负偏差的锈蚀和凹陷;

(3) 螺纹密封良好,精度及光洁度达到设计要求或制造标准;

(4) 钢管的外壁及壁厚、尺寸偏差,应符合部颁的钢管制造标准;

(5) 管件上应有出厂标记,并打上检验标记;

（6）法兰上应有材料钢印代号、标记及检验标记。实物外观检查记录，由保管员予以保存。对金属材料还要登录《金属材料质量证明书登记表》。

5-5 燃气管道吹扫试压前的准备工作有哪些?

答：（1）管道系统安装完毕后，在投入使用前，必须进行吹扫和试验，清除管道内部的杂物和检查管道及焊缝的质量。

（2）检查、核对已安装的管道、设备、管件、阀门等，并必须符合施工图纸的要求。

（3）地埋管道在试压前不宜回填土，地面上的管道在试压前不宜进行刷漆和保温。

（4）试压用的压力表必须经过检验合格，并且有铅封。其精度等级不得低于1.5级，量程范围为最大试验压力的1.5倍至2倍。

（5）吹扫施压时，应采取有效的安全措施，并应经业主和监理审批后实施。

（6）水压试验时，应安装高点排空、低点放净阀门。

（7）吹扫前，系统中节流装置孔板必须取出，调节阀、节流阀必须拆除，用短管、弯头代替联通。

（8）试压前，应将压力等级不同的管道、不宜与管道一齐试压的系统、设备、管件、阀门及仪器等隔开，按不同的试验压力进行试压。

（9）每个试压系统至少安装两块压力表，分别置于试压段高点和低点。

5-6 燃气管道吹扫要求有哪些?

答：（1）吹扫气体在管道中的流速应大于20m/s。

（2）管道吹扫出的脏物不得进入设备，设备吹扫出的脏物也不得进入管道。

（3）系统试压前后应进行吹扫。当吹出的气体无铁锈、尘土、石块、水等脏物时为吹扫合格。吹扫合格后应及时封堵。

5-7 燃气管道试压要求有哪些?

答：（1）试验压力以前列参数为准。

（2）采用近中性洁净水进行水压试验，升压应缓慢，达到强度试验压力后，稳压10min，检查无漏无压降为合格。然后将压力降到设计压力，进行严密性试验，稳压30min，经检查无渗漏无压降为合格。

（3）试压中有渗漏时，不得带压修理。缺陷修补后应重新进行试压直至合格。

（4）试压合格后，用0.6～0.8MPa压力进行吹扫，以使管道内干燥无杂物。

5-8 燃气管道试压结束后系统如何恢复?

答：（1）试压完成后，拆除压力表等附属件，将临时短节拆下，装上调压阀、流量计等。

（2）做好管路、系统的保护工作。防止杂物进入系统。

（3）在监理部门的监督检查下，完成管道的防腐及回填工作，并做好隐蔽工程记录。

5-9 燃气管道吹扫、试压注意事项及安全措施有哪些?

答：（1）整个“吹、拆、试”过程要严格按照国家标准规范及图纸要求进行。

（2）要严格按照操作规程进行操作，严禁违章指挥，违章作业。

（3）管道吹除前，一定要考虑支架的牢固程度，必要时必须加以固定。

（4）管道吹扫时，设置禁区，管道出口设专人监护，操作施工现场非施工人员禁止入内。

（5）放气口与进气口要统一指挥，统一调度。

（6）吹除完毕后，紧固所有易动部件，统一调度。

（7）“吹、拆、试”工作要认真执行自检、甲方监理验收认可签证的制度。

5-10 燃气输配系统设备包括哪些内容？

答：燃气输配系统设备一般包括入口单元、燃气预处理单元、压力调节和控制（增压或减压）单元、流量计量单元、温度调节和控制（加热或冷却）单元、电气与控制单元以及放散、排污和安全监控的辅助系统。但不是每一个站都包括所有模块。

5-11 燃气输配系统入口单元包括哪些设备？

答：燃气输配系统入口单元通常由紧急切断阀（ESD）和绝缘接头等组成。紧急切断阀用于紧急情况下切断气源，确保系统运行安全。绝缘接头用于实现系统电位隔离。

5-12 燃气输配系统预处理单元的作用和组成。

答：燃气输配系统预处理单元用于清除燃气中的固体及液体杂质（水和碳氢化合物的冷凝物），需要根据气质及系统的具体要求作出不同的设计和配置。一般包括尘土过滤器、挡板凝聚式分离器、旋风式分离器、旋风凝聚式分离器和旋风聚酯纤维分离器等。

5-13 燃气输配系统压力调节和控制单元的作用是什么？

答：燃气输配系统压力调节和控制单元，根据燃气来气和用气压力需求工况进行压力调节和控制设计，选择配置增压单元或减压单元，使出口燃气压力值及其波动工况满足客户用气设备的需求。减压单元用于进气压力高于用气压力的场站，可以选择配置调压器或调节阀，燃气在本单元降压并稳压，满足客户对压力的需求；增压单元用于进气压力低于用气压力的场站，根据不同工况选型配置压缩机并进行单元方案设计，燃气在本单元增压并稳压，使压力参数满足客户的工况需求。

5-14 燃气输配系统流量计量单元由哪些设备组成？

答：燃气输配系统流量计量单元一般配置有体积（或质量）流量计、气质分析仪及流量计算机等。常用流量计有差压式仪表（孔板、文丘里管）、涡轮、超声波等几种形式；气质分析仪包括气相色谱仪、多参数测量仪、热值仪、硫分析仪、水和碳氢化合物露点分析仪等；流量计算机接收流量（体积或质量）、气质压力和温度等参数，进行相关的分析与计算，并将结果就地显示或传送。

5-15 燃气输配系统温度调节和控制单元的作用和组成有哪些？

答：燃气输配系统温度调节和控制单元是根据燃气的温度工况及客户对燃气温度的需求，对燃气进行加热或冷却，调节并控制温度，满足客户需求。一般分为加热单元和冷却单元。

5-16 燃气加热单元一般有哪几种形式？

答：燃气加热单元一般用于减压站，克服 Joule Thomson 效应或满足客户对燃气温度的特殊需求。根据热媒的不同，可以分为电加热、热水加热、蒸汽加热、水浴炉加热等多种形式。

5-17 燃气输配系统电气及控制单元由哪些设备组成?

答：燃气输配系统电气及控制单元可就地设置也可远程设置，该单元一般由上位机、显示屏、流量计算机、程序逻辑控制器（PLC）、其他计算分析模块以及配电柜、UPS等配电系统等组成。

5-18 燃气轮机前置模块由哪些设备组成?

答：燃气轮机前置模块布置于电厂燃气输配系统与燃气轮机燃料模块之间，通常由过滤模块、性能加热模块、气动加热模块、旋风分离模块、计量模块及切断-放散联锁阀组等组成。

5-19 燃气轮机燃料模块由哪些设备组成?

答：燃气轮机燃料模块布置于前置模块和燃气轮机之间，通常由燃气过滤器、燃料控制阀、燃料切断阀、清吹阀及消防、照明、可燃气体检测等辅助系统组成。该模块布置在燃机前，是燃机负荷调节和燃烧控制的关键模块。

5-20 燃气水洗模块的作用是什么?

答：水洗模块用于压气机叶片及内件的清洗，这是保证压气机效率、防止压比降低、延缓叶片腐蚀、增加叶片寿命、恢复压气机性能的重要维修、维护设备。一般根据现场环境条件、设备运行工况等对压气机进行有效的、定期的清洗，使压气机保持稳定的性能，进而保证甚至提高电厂整体出力和效率。通常由控制系统、高压水泵、添加剂系统等组成。

5-21 水浴炉的组成有哪些?

答：水浴炉用于天然气加热和温度控制，主要由炉本体、燃烧器、烟火管、加热盘管、烟囱、控制系统及燃料供应系统等组成，燃料供应系统由常入口切断阀、调压器和稳压器等组成，根据天然气条件不同可能还需要配置过滤、加热等设备。

5-22 水浴炉的工作原理是什么?

答：其工作原理：水浴炉采用燃气为燃料燃烧加热炉内热水，热水通过加热盘管与天然气换热，达到燃气加热的目的。

5-23 水浴炉的优点有哪些?

答：水浴炉加热具备效率高、结构紧凑、系统简单（没有强制循环系统）、性能可靠等优点。

5-24 天然气、人工煤气、液化石油气中主要含有哪些杂质?天然气质量标准主要有哪些?

答：天然气以甲烷为主，并含少量的乙烷、丙烷、丁烷等烷烃以及二氧化碳、氮、硫化氢、水分，还含有微量的氦、氖、氩等气体。人工煤气含一氧化碳、氧、二氧化碳、氮、烃等。

液化石油气含丙烷、丙烯、丁烷、丁烯。

天然气的质量标准是：

（1）应符合国家规定，其技术指标是：①高位发热量大于31.4MJ/m^3；②总硫小于270mg/m^3；③硫化氢小于等于20mg/m^3；④二氧化碳小于等于3%；⑤无游离水。

（2）天然气中不应有固态、液态或胶状物质。

5-25　调压器失控原因有哪些？

答：（1）指挥器薄膜破裂。

（2）阀口关闭不严。

（3）弹簧故障。

（4）阀杆等动作失灵，信号管及控制管堵塞等。

5-26　TMJ-312型调压器的工作原理是什么？

答：调压器安装检查完毕后，开始运行时，通过调压器上壳体顶部内的弹簧作用力使出口压力达到给定值，进口压力的降低或负荷增加，使作用在下壳体内的压力降低，此时皮膜阻件带动拉杆在弹簧作用下移动加大阀口的开启度，使出口压力恢复到给定值，反之，进口压力的增高和负荷减小时，作用在壳体内的压力加大，此时，皮膜组件带动拉杆在克服弹簧作用力向上移动，减小阀口的开启度，使出口压力恢复到给定值，如此循环，使调压器正常工作。

5-27　调压站的作用有哪些？

答：燃气调压站是一种气体降压稳定设施，是用于稳定燃气管网压力工况的专用燃气设施。当进入调压站的压力变化，或其出口侧用气量变化时它能自动地控制出口压力，使符合给定压力值，并在规定的允许精度范围内变化。

5-28　调压器前安装过滤器的作用是什么？

答：当燃气净化不彻底时，在管道输送过程中，就会分离出某些固体和液体杂质，也可能携带一定数量管道中存在的灰尘、铁锈等杂物，这些杂质和污物容易堵塞调压器、阀门、管线、仪表等。为了清除这些杂质，保证调压系统正常运行，应在调压器前安装过滤器。

5-29　启动调压器的步骤是什么？

答：（1）首先使调压器进口燃气压力逐渐达到正常供气压力。

（2）放松每个调压器或每个指挥器的弹簧。

（3）打开调压器的进口阀门。

（4）慢慢地给调压器或指挥器的弹簧加压使调压器出口压力略高于给定值。

（5）慢慢打开调压器出口阀门，根据管网要求的压力对弹簧进行调整，并观察出口压力使其稳定。

（6）最后进行关闭压力试验。

（7）试验合格打开出口阀门，正式启动调压器。

5-30　自立式调压器的特点有哪些？

答：（1）调压装置属于带指挥器的间接式调压器，结构简单，体积较小，安装维修较方便。

（2）启动和调节压力较方便。

（3）供气压力稳定，关闭性能好。

（4）适应的供气压力范围较广。

5-31 燃气水化物的危害及其防治方法有哪些？

答：水化物的生成会缩小管道的流通断面，甚至堵塞管线、阀件和设备。为防止水化物的形成或分解已形成的水化物有两种方法：

（1）采用降低压力、升高温度、加入可以使水化物分解的反应剂。

（2）脱水，使气体中水分含量降低到不致形成水化物的程度。

5-32 煤气管道焊接的条件是什么？

答：（1）钢管壁厚在4mm以下时，可采用气焊焊接；管壁厚大于4mm或管径大于等于80mm时，用电弧焊焊接；管壁厚大于5mm时，焊接接口应按规定开V形坡口并应焊接三道；小于5mm焊两道，可不开坡口。

（2）管径小于等于700mm时，采用在外壁焊三道的工艺，管径大于700mm时，采用先在外壁点焊，固定后从内壁焊接第一道，再在外壁焊第二、第三道的工艺。

5-33 管道连接主要要求有哪些？

答：（1）法兰密封面应与管道中心线垂直。垂直度允许差为：$DN \leqslant 300$mm时为1mm；$DN > 300$mm时为2mm。

（2）安装时法兰螺孔应能保证螺栓自由插入，螺栓拧紧后应有2～3扣外露。

（3）法兰间必须加密封垫。输送焦炉煤气时用石棉橡胶垫，输送天然气时宜用耐油橡胶垫。

（4）螺纹连接应采用锥管螺纹，丝扣应整齐光洁，中心线角度偏差不得大于1°。

（5）螺纹连接后应在适当位置设置活接头。

（6）丝扣连接处应缠绕聚四氟乙烯密封胶带。

5-34 焊接外观应符合的质量要求是什么？

答：宽度：坡口每边压2mm，根部焊透。高度：平立焊部位为2～3mm；仰焊部位$\leqslant$5mm。咬边：深度$\leqslant$0.5mm，总长度$<$1/10周长；焊缝表面无裂纹、夹渣、气孔等。清除焊渣后的实体厚度不能小于管道厚。

5-35 燃气管道的捡漏方法有哪些？

答：（1）钻孔查漏；（2）挖深坑；（3）井室检查；（4）检漏工具；（5）使用检漏仪器查漏；（6）观察植物生长；（7）利用集水井判断漏气。

5-36 选择调压器应考虑的因素有哪些？

答：燃气流量，燃气的种类，燃气进出口压力，调节精度和阀座的形式。

5-37 超声波流量计的作用和原理是什么？

答：作用：超声波流量计是通过检测流体流动对超声束（或超声脉冲）的作用以测量流量的仪表。

原理：燃气用超声波流量计，主要适用于燃气、氮气、氩气及城市混合气体。采用重复性能优越的“传播时间差”方式，在测量管内安装一组超声波传感器；同时测量彼此之间的声波达到时间差来计算出气体流速。

5-38 燃气调压站的巡检内容有哪些?

答：(1) 进入调压站应遵守调压站出入规定；

(2) 阀门状态是否正常；

(3) 燃气是否有外漏；

(4) 过滤器是否有积液；

(5) 过滤器差压是否正常；

(6) 压缩空气系统工作是否正常，无泄漏；

(7) 调压站内控制包内状态正常，无报警。

5-39 燃气调压站的压力试验有哪些?

答：调压站内的管道、设备和仪表安装完毕再进行强度试验和气密性试验。试验介质为压缩空气，试验压力值根据调压器前后的管道压力级制分别确定。试验时，将调压器和仪表与系统断开。

强度试验时，分别在进出口管道的试验压力下用肥皂水检查所有接口，直至不漏为合格。

强度试验合格后进行气密性试验，达到气密性试验压力值后应稳压 6h，然后观测 12h，在 11h 内实际压力降不超过初压的 1%一般认为合格，实际压力降可按式 (5-1) 计算。

$$\Delta P=100[1-(B_2+H_2)(273+t_1)/(B_1+H_1)(273+t_3)] \quad (5\text{-}1)$$

式中　ΔP——实际压力降,%；

B_1，B_2——试验开始和结束时的大气压力；

H_1，H_2——试验开始和结束时的压力计读数；

t_1，t_2——试验开始和结束时的环境温度,℃。

在上述严密性试验合格后，将调压器和仪表与系统接通，在工作压力下，用肥皂水检查调压器和仪表的全部接口，若未发现漏气可认为合格。

5-40 燃气调压站的安全装置有哪些?

答：调压站内的安全装置，是用来保护下游的承压设备和仪表能在规定的压力范围内正常运行。由燃气的易燃、易爆等特性决定，安全装置对燃气管线和设备是至关重要的。安全装置要有安全切断装置和安全排放装置。另外，监控器（调压器的串联）、调压器的并联也可以作为调压站内的安全装置，但它不是安全放散阀和安全切断阀的替代品，而是与它们一起使用，这样可以尽量避免由于放散阀和切断阀的启动给系统带来的不利的情形发生，即：前者排放大量可燃气体至大气中，后者阻断气流使配气系统暂时停运。

5-41 燃气调压站的主要安全设备有哪些?

答：(1) 安全放散阀

安全放散阀通常置于调压站的出口管线上。当调压器正常工作时，安全放散阀处于关闭状态。当调压器出现故障，造成出口压力升高，当升高至安全放散阀开启的设定压力时，安全放散阀自动开启将管线中多余燃气排入大气，当压力下降到动作压力以下时，安全放散阀自动关闭。

(2) 安全切断阀

安全切断阀置于调压器上游管线上。调压器正常工作时，紧急切断阀常开，当调压器下游管线压力升高至其设定值时，紧急切断阀立即关闭，截断气流，从而可靠地避免超压。有些安全切断阀还应同时带有超低压保护的功能，即在超低压时切断，以避免由于管道断裂或脱落时造成燃气大量泄漏。安全切断阀一旦关闭后，一般需采取人工复位，不能自动打开。

5-42 燃气调压站连续供气的可靠性是什么？

答：调压站连续供气的可靠性主要指调压流程，调压站的设计规范是否满足工况要求。确定调压站的设计规模首先要了解供气管网下游近期和远期的用气负荷，其次需了解上游和下游近期和远期观望的设计压力和运行压力，以及上游和下游管网建设情况。通过对用气负荷、设计压力和运行压力、管网建设情况的确定，才能合理地确定调压站的规模，以提供可靠的供气连续性。

5-43 燃气调压站天然气泄漏应急预案是什么？

答：站场天然气泄漏根据泄漏的严重程度进行处理，若发生天然气泄漏事故，致使作业环境浓度超过自动报警装置设定值时，报警装置会发出报警信号，中控室监控电脑显示报警，同时现场负责人应及时汇报值长，应采取措施防止可燃性气云产生或积聚，严格控制火源。当操作人员发现泄漏已无法控制时，应立即用现场通信设备向电厂值班领导汇报，并报告当时风向。值班室接警后，即向指挥部报警。指挥部接通上游电话，通报本厂事故情况，并要求暂时停止输送天然气到天然气调压站。应采取的工艺处理措施：

（1）站场天然气泄漏时，现场负责人应立即组织抢险，撤离无关人员，抢救有需要救护的人员，抢修救护人员必须穿着不产生静电的工作服和氧气呼吸器，抢修人员必须使用防爆维修工具。

（2）少量泄漏事故发生后应采取积极措施，通过抢修和工艺应急手段（例如投用备用设备，将泄漏部分切换出来处理），使生产正常。

（3）如泄漏非常严重应及时切断天然气泄漏点的前后截断阀，并将两截断阀之间管道天然气排空。

第六章

大型火电机组除灰渣系统设备安装与检修

6-1 试举例湿式水封排渣系统常出现的问题有哪些，这些问题相关的解决方案是什么？

答：(1) 炉底水封槽补水管道及渣斗观察窗冲洗管道较细，结垢后易堵塞，一是造成水量不足，在渣斗上部四周内壁上，形不成水膜，失去对渣斗内衬的保护，烧损渣斗内衬，渣斗内衬烧坏后经常脱落，导致卡涩碎渣机，另外导致渣斗补水量小，溢流水水温太高，不利于渣焦粒化，易形成大的焦块，造成除渣困难；二是运行人员无法通过渣斗观察窗查看渣位情况，导致渣位高，除渣时红渣滑落遇水产生大量蒸汽，蒸汽和灰的混合物强烈上升，影响炉温并对燃烧造成较大扰动，造成锅炉灭火。

(2) 渣斗排渣门门杆处密封损坏，不停炉无法更换，造成排渣门大罩壳处经常漏水。

(3) 因渣斗上部内衬烧损，渣水直接腐蚀渣斗外壁钢板，导致泄漏，运行中无法焊补，只能靠临时从外部堵塞，因无法堵塞严密，造成经常漏水。

上述问题解决方案：

(1) 有停炉机会就将炉底水封槽补水管道及渣斗观察窗冲洗管道改为较大管径的无缝钢管，水封槽补水和观察孔喷淋水采用水封泵来的除渣水，一是达到节约循环水的目的；二是水封槽溢水在渣斗上部四周内壁上，形成水膜，防止炉膛高温辐射热对渣斗内衬的烧损，保护渣斗内衬，且调节渣斗内水温小于 60℃，有利于渣焦粒化，防止形成大的焦块，造成除渣困难；三是便于运行人员通过渣斗观察窗查看渣位情况，防止渣位高造成红焦突然落入水中，确保不因除渣系统问题造成锅炉灭火。

(2) 停炉时将渣斗排渣门密封换为盘根式，正常运行就能更换盘根，或在大罩壳上部接一水管，将漏水排入溢流池。

(3) 停炉时，更换锈蚀透的渣斗外壁，对渣斗内衬采用焊钢钉的方法修补和浇注内衬。

6-2 为了保证运行阶段的稳定可靠，负压除灰系统安装过程中应当注意哪些事项?

答：负压除灰系统安装过程中的控制点：

(1) 负压除灰系统安装过程中需着重检查安装前管道内部的清洁度，以保证将来试运过程中真空泵入口滤网不被管道内部杂物破坏，进而导致真空泵出力受影响的情况发生。

(2) 与负压除灰系统息息相关的缓冲仓布袋的安装过程同样需要做到监督到位，若布袋安装不合理，极大可能导致负压系统运行过程中布袋破坏，真空泵吸入飞灰，影响真空泵的寿命及系统的正常运行。

6-3 除渣系统中耐磨稀土合金管道安装的合理方案是什么?

答：除灰渣管道采用的40CrMoMnSiRe的稀土耐磨高强度钢管，碳当量高，焊接性能差，焊接刚性强，延伸率大于6%即为合格，管道脆性大。焊接要求高，对线能量的输入、层间温度、缓冷等都有严格的要求，对现场施工难以满足全部要求，另外由于每根管道长度长、重量大，焊接过程中焊缝收缩造成的应力大，极大增加了焊缝裂纹的倾向。若采用壁厚为合适的Q235套管连接的方式，管线膨胀收缩大部分由套筒承担，因为Q235钢材的延伸率≥26%，远远大于耐磨管6%的延伸率，套管两侧采用45°内破口，增加了焊缝与管道的结合面，增强了焊缝强度，保证焊缝强度大于套筒的强度。套筒在焊接过程中属于自由状态，加之使用分段冷焊方法，焊接应力小，减小了焊缝开裂倾向。采用管道对口预留5～10mm间隙，给管道的热胀冷缩预留空间。在运行期间，管道间隙会充满灰渣介质，不会直接与套筒发生摩擦，如此便可以很好地解决耐磨稀土合金管道在除渣系统应用的难题。

6-4 高浓缩除灰系统安装过程中需要把握的几个关键点是什么?

答：(1) 高浓缩除灰系统，顾名思义，就是把灰分与水充分混合，达到系统要求的浓度情况下，借助高浓缩输送泵将飞灰以灰浆的形式处理的系统。

(2) 要达到系统要求的灰浆浓度，必须要有相应可靠的搅拌系统，若搅拌系统不能正常运作，则高浓缩除灰只能是一句空话，所以在安装过程中需要严格控制搅拌系统动力设备(如搅拌电机、搅拌器)的安装质量，对各项设备安装的验收项目严格把关，安装质量过硬才能保证后期运行稳定正常。

(3) 在保证搅拌系统的正常运行前提下，后期高浓缩泥浆输送系统的安装需要着重注意以下几点：

① 泵体及驱动装置的安装找正需严格按照作业指导书步骤进行，找正完毕后的验收需严格按照设备厂家要求的技术参数进行验收。

② 泵的附属设备影响到泵的正常运行，附属设备的安装需遵照设备厂家安装说明书，只有这样才能保证为主体设备的运作提供良好保障。

③ 高浓缩泥浆输送泵大部分是属于柱塞泵，而柱塞泵靠的是活塞的推动工作，活塞传动部分用的介质为液压传动油，切不可用普通润滑油代替。

6-5 灰库系统设备安装注意事项有哪些?

答：灰库系统设备的安装掌控不当，可能会造成运行过程中灰库漏灰严重，影响电厂周围环境，这与可持续发展的国策背道而驰，因此灰库系统安装过程中需要注意以下方面：

(1) 灰库可根据用户要求，采用混凝土结构或钢结构，混凝土结构的灰库在筑建过程中在断层接缝处要用水泥砂浆多次抹平处理，防止运行过程中接缝漏灰情况的发生。

（2）气化风机的安装较为简单，但是需要注意安装完成后的设备检查及设备加油型号，保证运行的稳定。

（3）空气电加热器安装前需检查设备的完整度，检测加热器内部电阻元件是否可以正常工作，安装过程中需注意要轻起缓落，防止野蛮施工造成内部电热元件的损坏。

（4）气化槽壳体采用模压成型技术，一次成形，气化板透气性好，强度高安装时以排灰口为中心呈放射状布置在灰库底部，安装斜度15°，气化总面积大于灰库底截面积的15%。

（5）双轴搅拌机。灰库下部干灰加湿搅拌设备，湿度可调，安装前检查在进料口挡灰板是否安装正确，防止水雾反串，达到良好密封性，搅拌均匀，另外需要对搅拌机与驱动电机之间找正严格验收，防止运行过程中发生大的震动损坏设备。

（6）电脉冲袋式除尘器安装前检查滤袋的安装是否合理，滤袋是否可以与多孔板严密贴合，以保证除尘器达到良好的净化效果。

（7）压力和真空释放阀的安装严格按照厂家图纸进行以确保当灰库背压过高或负压过高时能及时动作，调整干灰库的工作压力在正常范围之内，使灰库不承受过高的正压或负压，从而保证灰库安全。

6-6 机械除渣的方式及相关的主要设备有哪些？

答：机械除渣方式是由炉膛底部除渣，配有渣斗和刮板式捞渣机等除渣设备，而且主要是以液压刮板式捞渣机作为其主要的除渣设备。

6-7 刮板式捞渣机一般的结构组成有哪些？

答：刮板捞渣机主要由机体、刮板链条、上导轮、下导轮、驱动装置、传动系统、张紧装置、行走轮、电气系统、供水管总成、报警装置等组成。

6-8 刮板式捞渣机的用途有哪些？

答：捞渣机是锅炉除渣设备中的主要设备，它与渣井（含支架）、关断门、碎渣机、自行式活动渣斗等设备组成一套完整的锅炉除渣系统。

6-9 刮板式捞渣机的特点是什么？

答：刮板式捞渣机与关断门配合使用，关断门全部打开后插入上槽体水中，组成炉底的密封系统，实现炉底不漏风，使锅炉运行稳定。当捞渣机出现故障时，可关闭关断门，使炉渣积存在渣井中，可达到检修捞渣机不停炉的目的。

6-10 刮板式捞渣机液力驱动装置运行过程中有什么保护措施？

答：液力驱动装置带有过载保护。当出现过载时，液力驱动装置的输送速度自动减为零，液力驱动装置自动设置相应的输送速度以克服过载。

6-11 刮板式捞渣机的张紧装置结构是什么？

答：刮板式捞渣机采用的是液压张紧装置：每条输送链由安装在捞渣机尾部的双向作用的液压缸张紧，液压缸垂直安装并由钢条连接在惰轮导向块上。尾部链条张紧装置施加连续张紧力作用在由于磨损伸长的链条上，并减轻冲击。两个液压缸与附近的液压站连接。

6-12 链条张紧装置液压站的组成有哪些？

答：液压站设计有一个油泵和一大一小两个储能器。一般有四个压力开关，其中高压蓄能器用来控制油泵启停。当压力低于设计压力时油泵自动起来，当压力过了设计上限时停油泵，储能器用来维持压力。

6-13 液压油站齿轮油泵不起压的原因是什么？

答：(1) 输油管或者接口的法兰漏气。

(2) 油泵选型不对。

(3) 油泵电机功率过小。

(4) 齿轮油泵的齿轮损坏，无法与泵壳体之间形成有效密封导致无法正常工作。

(5) 油箱油位过低，导致油泵吸入口吸不上油，油泵不起压。

(6) 电机转向反，导致油泵不做功不起压。

(7) 油泵出口卸油阀开度过大，导致出口不起压。

6-14 刮板式捞渣机采用的输送链要求是什么？

答：炉渣由双股圆环输送链组成，输送链条直径的选择能满足槽内满灰（渣）启动和连续输送的要求。由于特殊的热处理工艺要求，一般采用硬度为800HV，淬火深度约为3.96mm。本圆环链具有高耐磨性，适于放在捞渣机内部。

6-15 刮板式捞渣机链条输送速度的要求是什么？

答：捞渣机由无级变速驱动装置驱动。速度的变化将影响出力、部件磨损和渣脱水。一般情况下，速度越低，出力越小，磨损越少，脱水效果越好。但是，考虑到在2min后，倾斜段驻留时间不会对脱水率有很大影响。如果连续运行，作为指导原则，选择的最低速度能输送正常的渣量并不会发生故障报警。此速度仍可以通过观察上升段两个刮板间的渣量决定。两个刮板间的渣量堆积高度应正好达到刮板的高度。

6-16 渣井设计水封槽的作用是什么？

答：渣井的水封槽沿渣井四周布置，由连续溢流的密封水维持槽内的水位和渣井密封，配置喷淋冷却的观察窗和通渣孔。

渣井水封槽能有效地配合锅炉水冷壁垂直和水平方向的膨胀量，且水封槽中设有冲洗排污措施。

6-17 怎样可以做到刮板式捞渣机的检修设计要求？

答：渣井上部与锅炉下联箱水封板连接，下部装有液压关断门，关断门打开插入捞渣机上槽体。液压关断门关闭后，捞渣机可移到炉后检修。

6-18 刮板式捞渣机的安装步骤是什么？

答：(1) 将捞渣机就位，以渣井中心线、轨道上平面、捞渣机标高为基准，用千斤顶顶起，将捞渣机调平（平面度≤1/1000）。

(2) 行走轮放到导轨上，并与机体立板焊牢。

焊接平台，保证平台水平，允许平台稍向机体倾斜（≤5℃），但不允许向外倾斜。

(3) 水管安装：水管、接头等安装前应冲洗干净，安装后不得漏水，要保证水系统规定的水压。

6-19 刮板式捞渣机安装完成后的调试步骤是什么？

答：设备安装就位后，应详细彻底地清理上下槽体内的杂物，将排渣孔关闭，进行空载运行，此时应重点检查调试：

（1）每块刮板与链条连接是否完好；

（2）整机运行是否平稳、有无异常响声；

（3）启动电动机，转换是否正常；

（4）报警装置是否灵敏、动作是否可靠。包括：①掉链报警；②过载时，减速器高速轴上的安全离合器是否动作，过电流保护是否动作；

（5）各导向轮的水流密封水道是否通畅。

6-20 刮板式捞渣机一般有什么技术上的安全要求？

答：（1）除渣设备运行中严禁加油、清洁和维修。

（2）捞渣机运行时，两侧 2m 范围内为非安全区域。

（3）捞渣机机修时，关断门下及周围 2m 内为危险区严禁站人。

（4）捞渣机机修时，关断门如需间断排渣要特别注意安全，操作人员应戴防毒面具，穿劳保鞋和工作服（尤其是在炎热季节）。

（5）捞渣机与液压操作台之间应设置防护屏板，以免排渣时炉膛正压喷火伤人。

（6）关断门间断排渣时，应避免造成炉膛正压，应缓解快关，以免喷火和锅炉熄火。

（7）经常保持除渣设备周围环境的整洁，做到文明生产、文明操作。

（8）电厂可根据现场具体情况制订更完善的技术安全规则。

6-21 刮板式捞渣机常见的故障及分析解决方法有哪些？

答：（1）掉链

原因分析：①张紧装置两边张力不均；②链条太松；③链条磨损拉长；④刮板变形。

消除方法：①调整张紧装置两边拉力均衡，且刮板长度方向垂直于侧壁；②调整张紧装置使链条松紧适度，且刮板长度方向垂直于侧壁；③当张紧轮调到最大位置时链条仍然很松，则应同时缩短链条长度；④更换刮板。

（2）断链

原因分析：①槽体内有金属杂物使链条刮板变形卡死；②过载时安全离合器失灵；③推杆不动作；④限位开关触头与推杆间隙过大，推杆顶不到限位开关触头；⑤安全离合器虽有报警，但没有及时停止捞渣机运行（过电流保护失灵）。

消除方法：①更换刮板，全面检查上、下槽体内有无金属杂物，并清理干净；②检查并修复安全离合器；③调节弹簧压力；④调节触头与推杆间隙在 1.5～2mm 之间；⑤加强监控，发现报警信号立即采取措施，切断电动机电源，按故障停机进行应急处理。检查修复过电流保护装置。

（3）刮板接头松动

原因分析：接头螺栓松动。

消除方法：上紧接头螺栓。

（4）安全离合器不工作

原因分析：①弹簧压力过大；②安全离合器锈蚀。

消除方法：①调节弹簧压力，使最大扭矩不超过允许扭矩值；②修复安全离合器。

（5）安全离合频繁动作

原因分析：①弹簧压力过小；②限位开关支架松动。

消除方法：①按要求调节弹簧压力；②紧固支架且保证推杆与触头间隙（1.5～2mm）。

（6）报警装置失灵

原因分析：间隙过大或限位开关损坏。

消除方法：调节间隙或更换限位开关。

6-22 水力除渣系统的主要组成部分有哪些？

答：水力除渣系统一般情况下由以下的系统组成：

（1）底部渣斗系统：底部渣斗系统主要由渣斗、水封槽、排渣门、汽水分离罐、碎渣机及驱动装置、溢流水箱、水力喷射器等组成。

（2）除渣高压水系统：高压水系统为水力喷射器提供动力，主要设备为提供高压水的高压离心水泵组成，并配备相应的轴封水泵。

（3）灰渣一次储存系统：一次储存系统由渣浆池、搅拌器、渣浆泵组成。

（4）灰渣二次输送系统：厂区的除渣管网。

（5）最终的储渣系统：大型的储渣场。

（6）底渣冷却水系统：底渣冷却水系统由厂区低压冷却水管网、低压水泵组成。

（7）浓缩机系统：浓缩机系统由高效浓缩机、缓冲水箱、排污水泵、冲洗水泵等组成。

（8）灰水回收系统：灰水回收水池、灰水回收泵、厂区灰水回收管网、高压水池。

（9）底渣溢流水系统：溢流水系统由溢流水箱、溢流水泵、厂区溢流水管网、溢流水储存水箱组成。

6-23 布袋除尘器为什么要设计预涂灰系统，预涂灰的作用是什么？

答：由于进袋式除尘器的烟气仍含有部分水汽，为了防止水吸附烟尘黏结在布袋滤袋上而腐蚀滤料，新布袋在启动前应采用200目左右的消石灰粉进行预喷涂，喷涂后布袋外粉饼层按2mm估算，按2/3的消石灰被吸附估算，1台布袋除尘器预喷涂需要9t消石灰，已经使用过的布袋，可用粉煤灰对布袋进行预喷涂。预喷涂时应将所有脉冲阀、脉冲控制器关闭，不能对布袋喷吹。消石灰供料系统，将风机调至足够风量，靠风的吸力均匀洒入，预喷涂时除尘器压差升高250～500Pa时为标准，喷涂结束。

6-24 布袋除尘器荧光粉检漏是在预涂灰之前还是之后？

答：布袋除尘器荧光粉检漏是在预涂灰之前。

6-25 布袋破损泄漏的后果是什么？

答：（1）泄漏会导致排放超标，招致环保机构的处罚。

（2）泄漏出的粉尘会磨蚀引风机叶片，导致运行出现问题及昂贵的维修费用。

（3）破袋的泄漏会污染好的布袋，致使布袋失效，除尘器阻力升高，缩短布袋使用寿命，增加企业运行成本。

因此，要避免以上可能出现的糟糕的情况，最重要的是及时将破损的布袋找到并更换。

6-26 布袋漏点的产生原因有哪些？

答：（1）布袋在安装使用过程中，可能会出现布袋安装不到位、安装尺寸不合适、花板加工精度不够和布袋破损等情况。

（2）此外，除尘器在建造和运行过程中，可能会出现除尘器本体漏焊、开焊、密封不严和锈穿等情况（如花板出现漏点、旁通密封不严、烟道出现漏点等）。

（3）随着除尘器不断的运行，机械磨损使得破袋在所难免。

6-27 正压除灰系统仓泵由哪些设备组成?

答：仓泵一般由进料阀、加压阀、吹堵阀、输送阀及泵体和管路等组成，其控制气源采用输送用气源（也可以单独设置）。

6-28 仓泵的控制方式有哪几种?

答：在仓泵的控制方式中，共分为手动和自动两种工作方式。

（1）手动：此方式为仓泵在调试时应用，在这种工作方式中（在程控柜上，该仓泵的工作方式必须在“退出”），仓泵上各阀门可以自由动作，这样可以方便调试，也可以在仓泵发生了故障后进行操作。

（2）自动：在一般正常情况下，都是以自动工作方式进行工作的。在投入后，都是以自动循环的工作方式进行的。

6-29 灰库系统的主要组成部分有哪些?

答：灰库系统主要由库顶卸料、排气、料位指示、灰库气化风系统、库底卸料系统组成。

6-30 灰库库顶卸料、排气、料位指示的作用有哪些?

答：（1）灰库顶部设一台排气过滤器，排气过滤器采用脉冲布袋除尘器，用于过滤灰库乏气。

（2）灰库顶部设一台压力真空释放阀，作为灰库内超压安全释放用，使灰库长期稳定、安全运行。

（3）在灰库上设置2台料位计，可显示高位、高高位料位信号。报警信号均送往除灰系统控制室，方便运行人员正确掌握灰库灰位情况。

6-31 水力除渣渣斗壁板内部的耐火浇注料的作用?

答：炉膛内掉落的高温炉渣会加热渣斗内的冷却水导致水温上升，如果不在渣斗内部增加耐火层，对系统的运行会造成安全隐患。

6-32 分析渣斗内部耐火浇注料脱落的原因?

答：渣斗内部的浇筑料在机组运行过程中出现了不同程度的脱落现象，造成渣斗壁板局部出现高温，这种浇筑料脱落现象出现的原因主要有以下几个方面：

（1）渣斗内部冷却水量不足，导致浇筑料得不到有效冷却，持续高温发生涨裂。

（2）大型结焦现象出现，对浇筑料造成大的冲击发生开裂。

（3）浇筑料内部的冷却水管出现堵塞，无法对浇筑料进行实时冷却。

6-33 水力除渣排渣门汽缸内部锈蚀的原因是什么?

答：水力除渣排渣门采用的是汽水驱动的方式，汽缸内部放生锈蚀的原因主要有三个方面：

（1）由于汽缸阀杆密封处发生漏水，导致灰渣通过密封进入汽缸内，具有腐蚀性的灰渣将汽缸内壁腐蚀；

(2) 汽缸驱动用的水长期不进行更换，导致汽水混合物污浊腐蚀汽缸内部；

(3) 汽缸本身选材上存在疏忽，由于是用汽水驱动，应该充分考虑到可能会出现的腐蚀情况，在选材上应有所注意，应选择不锈钢材料的汽缸。

6-34 防止水力除渣排渣门汽缸腐蚀的措施是什么？

答：(1) 选择耐腐蚀材料制作的不锈钢汽缸；(2) 安装前应仔细检查汽缸阀杆密封是否严密贴合并没有损坏的现象发生；(3) 运行过程中加强对汽缸驱动水源的定期检测，防止用污染的水驱动汽缸；(4) 可以考虑将驱动介质更换为油，这样不仅可以有效地避免腐蚀情况的发生，而且有助于汽缸的保养和延长汽缸的使用寿命。

6-35 碎渣机运行过程中驱动链条为何会掉落？

答：碎渣机运行过程中，连接碎渣机与驱动减速器的链条由于找正不合格，导致碎渣机齿轮与减速器齿轮不同心，运行过程中链条两端受力不平衡导正掉落。

6-36 如何有效防止碎渣机的驱动电机过载？

答：在驱动电机与减速器之间增加液力耦合器，通过液力耦合器调节电机出力，在负荷过大的情况下，耦合器空转，降低电机负载，起到保护电机的作用。

6-37 液力耦合器保护措施有哪些？

答：液力耦合器上有一易熔塞，在耦合器内液压油温过高时易熔塞内低温填料会熔化从而达到泄油保护的作用。

6-38 耐磨稀土合金管焊接过程中的焊条使用注意事项有哪些？

答：(1) 电焊条选用结507焊条，焊条规定根据焊件厚度，一般采用 $\phi2.5\sim4.0$mm 直径为宜，厚度14mm以上采用 $\phi4.0$ 焊条，厚度14mm以下采用 $\phi2.5\sim3.2$ 焊条为宜。

(2) 焊条在焊接前均应按焊条说明书进行烘干，随烘随焊，不能反复多次烘干焊条，否则药皮易开裂脱落。

(3) 焊前应检查焊条药皮是否完整，有无局部脱落现象，焊条药皮脱落不能进行焊接。

(4) 焊条必须保持干燥，在施工现场，焊条必须装在保温桶中。

6-39 喷吹短管端面距离滤袋口（花板）高度的确定原则有哪些？

答：喷吹短管端面距离滤袋口（花板）的高度受气流沿喷吹轴线成20°角度和二次诱导风量的影响。理论上来说，二次诱导气量越多越好，也就是加大喷吹短管距离滤袋口的高度。但高度不能无限制抬高，气流沿喷吹轴线成20°角度扩散的现象注定其只能是一个确定的值。该值恰好能保证扩散的原始气流连同诱导的气流同时超音速进入滤袋口。进入滤袋的气流瞬间吹到滤袋底部，在滤袋底部形成一定的压力。然后，气流反冲向上，在滤袋内急剧膨胀，抖落覆着在滤袋外表面的积灰。根据澳大利亚高原公司的试验，脉冲气流在袋底的冲击力为1500～2500Pa。

实际上，喷吹压力越大，气流沿喷吹轴线的扩散角度就越小，喷吹短管端面距离滤袋口（花板）的高度就可以加大（诱导更多气流，能喷吹更多的滤袋）；反之，喷吹压力越小，气流沿喷吹轴线的扩散角度就越大，喷吹短管端面距离滤袋口（花板）的高度就需要减小（诱导气流相对减少，喷吹滤袋的数量减少）。

6-40 水力喷射器入口建立不起压力有哪几方面的原因?

答：水力喷射器入口无法建立起压力主要有以下几个方面的原因：

(1) 水泵的设计压力不足，导致喷射器入口不起压。

(2) 水力喷射器入口前沿程管线过长、管路弯头过多造成压降过大，导致不起压。

(3) 水力喷射器喷嘴设计不合理自身原因导致的喷射器入口不起压。

6-41 湿式水封排渣系统检修过程中存在哪些问题，这些问题相关的解决方案是什么?

答：(1) 炉底水封槽补水管道及渣斗观察窗冲洗管道较细，结垢后易堵塞，一是造成水量不足，在渣斗上部四周内壁上，形不成水膜，失去对渣斗内衬的保护，烧损渣斗内衬，渣斗内衬烧坏后经常脱落，导致卡涩碎渣机，另外导致渣斗补水量小，溢流水水温太高，不利于渣焦粒化，易形成大的焦块，造成除渣困难；二是运行人员无法通过渣斗观察窗查看渣位情况，导致渣位高，除渣时红渣滑落遇水产生大量蒸汽，蒸汽和灰的混合物强烈上升，影响炉温并对燃烧造成较大扰动，造成锅炉灭火。

(2) 渣斗排渣门门杆处密封损坏，不停炉无法更换，造成排渣门大罩壳处天天漏水。

(3) 因渣斗上部内衬烧损，渣水直接腐蚀渣斗外壁钢板，导致泄漏，运行中无法焊补，只能靠临时从外部堵塞，因无法堵塞严密，造成经常漏水。

上述问题解决方案：

(1) 有停炉机会就将炉底水封槽补水管道及渣斗观察窗冲洗管道改为较大管径的无缝钢管，水封槽补水和观察孔喷淋水采用水封泵来的除渣水，一是达到节约循环水的目的；二是水封槽溢水在渣斗上部四周内壁上，形成水膜，防止炉膛高温辐射热对渣斗内衬的烧损，保护渣斗内衬，且调节渣斗内水温小于60℃，有利于渣焦粒化，防止形成大的焦块，造成除渣困难；三是便于运行人员通过渣斗观察窗查看渣位情况，防止渣位高造成红焦突然落入水中，确保不因除渣系统问题造成锅炉灭火。

(2) 停炉时将渣斗排渣门密封换为盘根式，正常运行就能更换盘根，或在大罩壳上部接一水管，将漏水排入溢流池。

(3) 停炉时，更换锈蚀透的渣斗外壁，对渣斗内衬采用焊钢钉的方法修补和浇注内衬。

6-42 锅炉运行前为什么要先将水封槽内补满水?

答：水封槽靠水将外界与炉膛内部形成有效密封，在水封槽内没有水的状态下点炉，外界冷风通过水封槽进入炉膛内部会对炉膛负压及炉膛温度造成影响，所以点炉前要确保水封槽内的水没过水封插板并且在锅炉运行过程中要实时观察水封槽内的水量，确保不会出现水层低于水封插板的现象发生，保证锅炉的正常稳定运行。

6-43 湿式除渣渣斗内部的高压喷嘴的作用是什么?

答：在底部渣斗的四个方向上、中、下一共分布有三层高压喷嘴，这些喷嘴的作用主要是将渣斗内壁上的积灰冲干净，并在除渣过程中起到一个搅拌的作用，可以更高效地将渣斗内的灰冲走，另外喷嘴还起到了一个冲渣以后的快速对渣斗内进行补水的作用。

6-44 湿式除渣的排渣门顶部为什么要增加一段排气管?

答：在水力喷射器初步建立起真空的状态下，打开排渣门，此时大量灰渣会瞬间涌入喷射器上部排渣门区域，大量的灰渣会对喷射器入口高压水造成很大的阻力，为克服这个阻力，高压水会对灰渣施以一个很大的反作用力，如果不在排渣门顶部增加一个排气管作为泄压用，强大的反作用力会对排渣门区域的密封产生巨大的破坏作用，导致更为严重的泄漏情况的发生，所以加装排气管是很有必要的。

6-45 水封插板为什么要设计成波形板样式？

答：由于锅炉运行过程中会向前后左右四个方向发生较大的膨胀量，水封插板是直接焊接在锅炉底部水冷壁集箱管排上的，所以必须将插板做成波浪形，以保证锅炉运行过程中的膨胀量不会对插板造成太大的应力影响。

6-46 除渣管道为什么要选择带陶瓷内衬的无缝钢管？

答：碳钢无缝钢管的抗磨性一般，由于灰渣中含有对钢管摩擦比较严重的颗粒，所以为了增加除渣管道的抗磨性，在管道内壁增加一层耐磨的陶瓷内衬，使管道具有更强的抗磨性，延长除渣管道的使用寿命。

6-47 陶瓷内衬的管道安装过程中需要注意的事项有哪些？

答：管道运输过程中要轻装、轻卸，保证管道内壁的内衬不会因为磕碰而破损。

管道对口过程中如果尺寸不合适，只可以用切割机切割，杜绝利用火焊切割，如果用火焊进行切割，高温火焊会对陶瓷内衬产生很大的损害。

管道与弯头接口处对口前应检查管口处的内衬是否发生脱落或损坏，如果有脱落或损坏的现象发生，应及时用耐磨砂浆进行填补，防止将来运行过程中发生管道磨穿的现象。

组合好的管道在吊装过程中不可发生剧烈碰撞损坏耐磨内衬。

6-48 渣浆池内为防止灰渣沉积堵塞渣浆泵入口管道应采取什么措施？

答：渣浆池作为一个临时储存灰渣的措施，不可避免地会出现密度较大的灰渣底部沉积的情况，继而堵塞渣浆泵入口管道，为了防范这种情况的发生可以采取以下的几个具体措施：

渣浆池内增加一定数量的搅拌器，除渣过程中需要一直运转，对进入渣浆池的灰渣进行不断的搅拌，使灰渣一直处于一个运动的状态，从而大大减少灰渣沉积的情况发生。

在渣浆泵进口管道增加一路高压反冲洗管道，这样即使是已经发生灰渣沉积堵塞渣浆泵入口管道的情况，也可以利用高压水对入口管道进行反冲洗，这样即可起到疏通进口管道的作用。

设计渣浆池补水管道，在除渣完成后对渣浆池进行补水，不断稀释渣浆池中灰渣并排走，尽量减少渣浆池内灰渣的沉积。

6-49 耐磨稀土合金管的切割工艺要求是什么？

答：(1) 切割前准备：根据实际需要长度量好尺寸，做好标记，将需切割的部位去除表面防腐油漆。

(2) 用等离子切割机直接进行切割时，根据钢管壁厚选择适当的型号切割机直接进行切割，注意切割面平整。

(3) 用砂轮切割机进行切割时，砂轮片应选用适合钢管管径的型号，切割应缓慢进行，防止砂轮片破碎飞溅。

(4) 用乙炔氧气火焰切割时，注意切割表面有锯型口，需用打磨机打磨。切割完检查一下钢管口面里外有无裂纹现象，如发现裂纹，应按焊接工艺要求进行补焊打平。

6-50 耐磨稀土合金管焊接操作要求有哪些?

答：(1) 为防止药皮发红及母材过热，焊接时电流不宜过大。

(2) 工件先点焊连接固定。再分段进行焊接，最后形成整体焊缝。

(3) 采用小电流，短弧快速施焊。

(4) 较厚工件应分3～4层施焊，注意层间温度不得过高，一般要求冷至100℃以下再焊二层。

6-51 湿式除渣系统高效浓缩机作用及特点有哪些?

答：高效浓缩机是根据流体浅层理论设计的一种新型灰水浓缩处理设备，具有体积小、占地面积少、浓缩效率高、节能、节水、减少环境污染、工程造价低、安装使用维护方便等优点，适用于火力发电厂除渣系统灰水处理，也可用于矿山、煤炭、化工、建材和水源、污水处理等工业中一切含有固料浆的浓缩和净化分离，是混凝土结构浓缩沉淀池的最佳替代产品，高效浓缩机作为脱水仓的后续配套设备、或刮板捞渣机的后续配套设备等，进行上一级设备的溢流水的浓缩回收利用，更具显著效果。

6-52 高效浓缩机主体钢结构安装技术要求有哪些?

答：(1) 钢结构安装应按施工组织设计进行。安装程序必须保证结构的稳定性和不导致永久性变形。

(2) 安装前，应按构件明细表核对进场的构件，查验《工地施工图册》；工厂预拼装过的构件在现场组装时，应根据预拼装记录或构件上的组对标志进行。

(3) 钢结构安装过程中，组装、焊接和涂装等工序的施工均应符合有关规定。

(4) 钢构件在运输、存放和安装过程中损坏的涂层以及安装连接部位应补涂。结构面漆涂装应在安装完成后进行。

(5) 设计要求对钢结构进行结构试验时，试验应符合相应的设计文件要求。

(6) 钢构件吊装前应清除其表面上的油污、冰雪、泥沙和灰尘等物。

6-53 高效浓缩机钢结构安装前基础和支持面检查要求有哪些?

答：钢结构于安装前应对高效浓缩机的定位轴线、基础轴线和标高等进行检查。并应符合下列规定：

(1) 基础混凝土强度达到设计要求。

(2) 基础周围回填夯实完毕。

(3) 基础的轴线标志和标高基准点准确、齐全。

(4) 基础顶面直接作为柱的支承面和基础顶面预埋钢板或支座作为柱的支承面时，其支承面的允许偏差应符合相关规定。

6-54 如何进行高效浓缩机钢结构的安装和校正?

答：(1) 钢结构安装前，应对钢构件的质量进行检查。钢构件的变形、缺陷超出允许偏差时，应进行处理。

(2) 钢结构安装的测量和校正，应根据工程特点编制相应的工艺。厚钢板和异种钢板的焊接、高强度螺栓安装和负温度下施工等主要工艺，应在安装前进行工艺试验，编制相应的施工工艺。

(3) 钢结构采用扩大拼装单元进行安装时，对容易变形的钢构件应进行强度和稳定性验算，必要时应采取加固措施。钢结构采用综合安装时，应划分成若干独立单元。每一单元的全部钢构件安装完毕后，应形成稳定的空间刚度单元。

(4) 高效浓缩机钢结构的柱、梁、平台、支撑等主要构件安装就位后，应立即进行校正、固定。当天安装的钢构件应形成稳定的空间体系、保证安全。

(5) 钢结构安装、校正时，应根据风力、温差、日照等外界环境和焊接变形等因素的影响，采取相应的调整措施。

(6) 利用安装好的钢结构吊装其他构件和设备时，应征得技术部门同意，并应进行验算，采取相应措施。

(7) 设计要求顶紧的节点，接触面应有70%的面紧贴。用0.3mm厚塞尺检查，可插入的面积之和不得大于接触顶紧总面积的30%。

6-55 高效浓缩机设备的一般安装次序有哪些？

答：设备安装前，应仔细阅读有关材料，其中包括《工地施工图册》和《安装使用说明书》等。一般情况下，按如下次序安装：立柱→拉撑→仓体（及斜板托环板）→平台支架→仓顶平台→围栏扶梯→减速器驱动装置→刮灰转耙装置→稳流装置→（按样本件组装）浓缩斜板组件→溢流堰→附件（接管等）→整体修整（含补涂油漆）→盛水试漏及基础沉降检验→最后修整→检查、调试待运行。

6-56 高效浓缩机常见运行故障分析及解决方法有哪些？

答：(1) 由于排浆管路堵塞或长时间停用，而使耙被浓厚灰浆掩埋，出现“压耙”故障。处理方法：由排浆口处冲洗，用压力为0.9MPa的冲洗水反冲洗进行清理。

(2) 由于时间长，斜板可能出现老化损坏等。处理方法：更换损坏或老化的斜板。

(3) 溢流水质变差。处理方法：锯齿形溢流堰水平度进行调整清除浓缩斜板的积灰。

(4) 由于灰的黏性，可能粘于斜板上。处理方法：定期冲洗浓缩斜板。

(5) 提耙电机频繁工作。处理方法：检查清理排浆口有无堵塞。加大底浆排放量，排除仓底厚灰浆，恢复设备正提耙电机频繁工作常运行工况。根据实际调高转矩仪表报警值，减少误动作。

(6) 提耙装置不动作。处理方法：检查提耙电机完好。检查转矩仪表工作可靠。

6-57 高效浓缩机配套的缓冲水池的主要用途是什么？

答：储水池（缓冲水仓）是TSC型灰渣脱水仓闭式循环系统中对来自脱水仓等的溢流水收储后进行再处理、再净化的重要设备，具有体积小、占地面积少、处理效率高、节能、节水、减少环境污染、工程造价低、安装使用维护简便等优点，适用于火力发电厂除灰系统灰水处理，也可用于矿山、煤炭、化工、建材和水源、污水处理等工业灰水排放前净化处理，是混凝土结构储水池（缓冲水仓）的最佳换代产品。

6-58 高效浓缩机配套的缓冲水池的主要结构和工作原理是什么？

答：(1) 钢支架由型钢构成，现场将各部件组焊成整体，是储水池（缓冲水仓）的支撑。

(2) 扶梯、仓顶平台由型钢焊接，按要求不同铺设花纹钢板或钢格栅板，用作通行及操作平台。

(3) 仓体由上部圆柱段和下部圆锥体段组成。

仓体圆柱段圆柱壁板和兼作壁板与支柱的壁柱，其上部设有锯齿形溢流堰，便于澄清水汇集流出。仓体圆锥体段由数片利用数控火焰切割机切割下料、尺寸精度高、成形准确的锥板现场拼焊成整体。

（4）稳流装置设置于仓体中心，焊固于仓顶平台，主要起改变灰水流动方向，稳定扩散水流作用。

（5）按处理系统要求，在仓体上部设溢流口排水或在仓体底锥设吸水口排水回用。

（6）仓体锥体上部设有环流喷嘴，喷出高压水推动仓内水体旋转，利用离心沉降原理加速灰水澄清；仓体锥体下部设有旋流喷嘴，喷出高压水将沉积的灰浆旋积到排浆口排出。

6-59　除渣系统渣浆泵的选用标准及形式是什么？

答：针对除灰、除渣等工况特点，火电机组除渣用渣浆泵具有结构合理、效率高、可靠性高、寿命长、维修方便、运行费用低等显著优点，广泛用于电力、矿山、煤炭、建材和化工等工业部门输送含有磨蚀或腐蚀性的渣浆，特别适用于电厂灰渣输送。综合以上对泵的选取要求，应选用 ZGB 型卧式、单级、悬臂双泵壳式离心泵

6-60　ZGB 型卧式、单级、悬臂双泵壳式离心泵结构是怎样的？

答：ZGB（P）系列渣浆泵为双泵壳结构，即泵体、泵盖和可更换的金属内衬（包括护套、护板等）。泵体和泵盖，根据工作压力采用灰铸铁或球墨铸铁制造。该系列泵均垂直中开式，泵出口方向可按 45°间隔的八个角度旋转安装。叶轮前后盖板设有背叶片以减小泄漏提高泵的性能及使用寿命。该系列泵进口均为水平方向，从传动端看为顺时针旋转。其结构如图 6-1 所示。

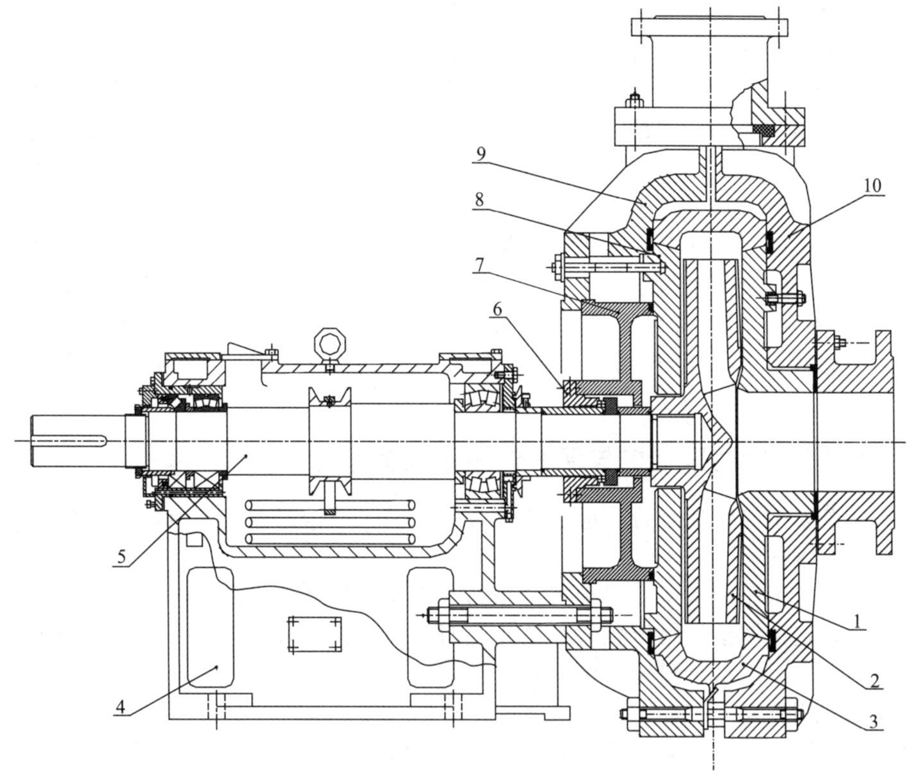

图 6-1　ZGB 型离心泵结构

1—前护板；2—叶轮；3—护套；4—托架体；5—轴；6—机械密封；7—密封箱；8—后护板；9—泵体；10—泵盖

注意：启动及运转时，严禁水泵反方向旋转。否则，将使泵叶轮脱落造成事故。

6-61 ZGB 型渣浆泵轴封有哪三种形式？

答：（1）填料密封：填料密封结构简单，维修方便，但需加轴封水。

（2）副叶轮加填料组合式密封：该种密封形式是采用可靠性设计方法研制的高性能密封，它使轴封的泄漏减少到了最小。针对某些不允许加轴封水的特殊工况（单级）也能正常工作，并达到无任何泄漏的效果。副叶轮、减压盖和轴套均采用耐磨材料制造，维修量小、使用寿命长，使整机平均无故障工作时间 MTBF 大大提高。

（3）机械密封：该形式的密封特别适用于多级串联渣浆泵的密封，完全无泄漏；机械密封分为注水和不注水式两种形式。

6-62 ZGB 型渣浆泵启动调试前检查事项有哪些？

答：启动前按下列步骤检查整个机组：

（1）水泵机组应安放在牢固的基础上，以承受机组的全部重量，以及拧紧全部地脚螺栓，以防振动。管路和阀门应加支撑，不得把管路及阀门重量压在泵上。

（2）对于填料密封，检查填料处泄漏量，启动前，先打开轴封水，如果泄漏量过大，应紧一下填料压盖螺母，直至泄漏呈点滴状为止。开泵后，如果泄漏量不大，且填料发热。可松一下压盖螺母，如果填料仍继续发热，应停泵，使之冷却，调整压盖螺母，放松填料，使泄漏大些，重新开泵，待填料与轴套跑合后，再调整压盖螺母，减小泄漏量。

（3）对于填料加副叶轮组合式密封或填料密封式渣浆泵，用手按泵转动方向转动轴，轴应能带动叶轮转动，不应有摩擦，否则应调整叶轮间隙（对于机械密封式渣浆泵，在机械密封安装正确的情况下，叶轮间隙一般不再做调整）。

（4）对于副叶轮加填料组合式密封，应检查填料处泄漏量：启动前，先打开轴封水，如果泄漏量过大，应拧紧填料压盖螺母，直至泄漏呈点滴状为止。开泵后，如果泄漏量不大，且填料发热，可适当松开压盖螺母；如果填料仍继续发热，则停泵，使之冷却，调整压盖螺母，放松填料，使泄漏量稍增大，重新开泵，待填料与轴套跑合后，再调整压盖螺母，减少泄漏量。

（5）对于机械密封，在泵启动前，应检查机械密封是否安装正确；将机械密封的接口连通轴封水管路（新安装的轴封水管路应事先将残存在管路内的焊渣、泥沙等杂物清理或清洗干净），启动轴封泵，打开轴封水管路阀门，人工转动泵轴，如有滴漏现象说明密封端面有脏物存在，应将压盖螺栓松开用清洁水冲洗后，再将压盖压紧。检查无泄漏，表明安装正确。

6-63 ZGB 型渣浆泵维护与保养注意事项有哪些？

答：为使泵安全经济地运行，应注意日常的维护。维护保养应注意以下几个方面：

（1）轴封的维护

定期检查轴封水压和水量。对于填料和副叶轮加填料组合式密封，要求始终保持少量清洁水沿轴流过，定期调整填料压盖的松紧并定期更换填料；对于机械密封，要确保高压轴封水的供给。轴封水压、水量要符合要求。

（2）叶轮的调整

为使泵合理运行，对于副叶轮加填料组合式密封的渣浆泵，应及时调整叶轮的轴向间隙。一般地，对副叶轮加填料密封形式的泵，叶轮向前调整有利于泵性能，向后调整可增强轴封效果，故用户可根据实际需要调整。调整叶轮间隙时应首先停泵，然后按前述叶轮调整方法进行即可。

(3) 轴承润滑

定期检查托架中轴承和润滑油的情况，一般采用 20 号、30 号或 40 号机械润滑油。在首次运转 300h 后换油。正常运转后，轴承温度小于 50℃时，建议每运转 3000h 换一次油；轴承温度大于 50℃时，建议每运转 2000h 换一次油。用户可以根据实际情况确定换油周期。

6-64 渣浆泵需要配置配套的液力耦合器的原因是什么？

答：液力耦合器又称液力联轴器。它是利用液体传递扭矩的，是电动机轴与泵或风机之间的联轴器，是在电动机轴的转速不变的情况下，改变泵与风机的转速，同时亦改变了原动机的输出功率。

其特点为：(1) 可实现无级变速；(2) 可有满足低负荷工况要求；(3) 可以空载启动，离合方便；(4) 可有隔离振动；(5) 对动力过载起保护作用；(6) 液力耦合器运转时有一定的功率损失；(7) 为了使液力耦合器安全经济运行，还需要一套辅助设备（如增速齿轮，冷油器，伺服机等)，所以要增加一些设备费用。

因此，为了使渣浆泵运行时具备以上多项可调节型，液力耦合器的使用是必要的。

6-65 液力耦合器的安装步骤及要求有哪些？

答：(1) 首先安装工作机，再以工作机为基准，依次找正耦合器和电机。在确定各机的轴向位置时，必须考虑电机与工作机启动时所造成的轴向窜动量，联轴器间留够间隙，防止因轴向窜动造成耦合器损坏。

(2) 安装弹性联轴器耦合器与电机。工作机的连接要使用弹性联轴器，安装时不准采用锤击，要用热装法。在加热安装联轴器时，要用湿布将耦合器输入，输出端油封保护好，以免橡胶油封受热老化失效。

(3) 在水平面内找正各轴为精确找正。在安装前要检查联轴器法兰外径与孔的同轴度以及联轴器端面与孔中心线的垂直度，然后找正各轴。要求侧母线偏移量≤0.05，联轴器端面跳动≤0.05。

(4) 在垂直面内找正各轴（调整中心高安装留量）。由于电机、耦合器、工作机在工作状态下会因温升而引起中心高的变化，因而在安装时中心高应当预留安装留量。

(5) 冷却器及管路连接。冷却器应安装在耦合器附近的地基上。要求耦合器在非工作状态下冷却器中的油不会倒灌到耦合器箱体中，即冷却器的出油口必须低于耦合器进油口高度。

连接耦合器与冷却器的管路内部必须清洁。安装前应认真检查并做保洁处理。

冷却器一般在现场配管安装，加热弯管时易使管子内壁生锈并起氧化皮。弯管后应酸洗除锈并用碱性苏打水中和，再用清水冲洗，待管子干燥后用工作油过流保护。切记，安装冷却器时，应拆除管路端部和冷却器的临时密封塞盖。

6-66 液力耦合器启动前检查项有哪些？

答：(1) 检查油位标确认油位是否合适。

(2) 检查耦合器、冷却器管路是否安装合格。

(3) 检查各仪表电气线路是否连接正确。

(4) 检查联轴器及防护罩是否安装正确。

(5) 检查耦合器油箱油温是否合适，当油温低于 5℃时，应用电加热器将工作油加热。

(6) 检查耦合器勺管是否调整至最低转速位置。

6-67 液力耦合器运行注意事项有哪些?

答:(1) 耦合器配有电动执行器。通过手动、手操电动或自动控制电动执行器,即可调节勺管的位置,改变耦合器腔内的充液度,从而改变耦合器的输出转速与输出扭矩。

(2) 耦合器的勺管全插入(零位)转速最低,勺管全拔出(100%位),转速最高(可达额定转速与额定功率)。勺管开度从零位向100%位置调整时,速度不宜过快,通常在25s以上为好。也就是说耦合器输出转速由最低向最高调整时速度不要过快,否则会造成耦合器零件损坏。

(3) 耦合器调速范围,随工作机不同而不同。与离心式机械匹配,调速范围1/5~1,与恒扭矩机械匹配,调速范围1/3~1。

(4) 调速型液力耦合器与离心式机械匹配,其最大发热工况在转速比$i=0.66$点,最大发热功率损耗约为0.15%。因此在使用中应尽量避免在最大发热点附近长期工作。

(5) 恒扭矩机械配用调速型液力耦合器,转速比i等于效率,即调速比越大损失功率越大,发热也越大。因而,恒扭矩机械配用调速型液力耦合器调速比不宜过大,尤其不能长期在大转速差下工作。

(6) 当耦合器输出转速很低时,即勺管位置接近零位时,可能会出现与正常工作范围内运转没有出现过的噪声。这是由于勺管口与泵轮外缘泄油孔相遇产生的“汽笛效应”所致。若遇此情况,只要将勺管位置稍稍提高即可解除,不属于耦合器故障。

(7) 运行中应随时检查耦合器油温油压是否正常。发现异常应查找原因并及时排除。

6-68 液力耦合器的维护与保养有哪些?

答:(1) 定期检查油箱油位并及时补充加油。

(2) 新机首次运转500h后应将吸油管滤油器拆下清洗。

(3) 结合工作机停机进行检修,定期清洗供油泵和滤油器。

(4) 定期检查油质,及时更换合格工作油。

(5) 如需把耦合器箱体内的油排空,可拧下箱体下部的排油孔丝堵,也可在排油孔处加截止阀。

6-69 除渣系统正常运行期间需要检查什么方面?

答:(1) 检查并记录冲灰水泵、灰浆泵的运行参数,包括电流、轴承温度、出口压力、轴封水压力、冷却水压力等。检查并记录电动机的温度、振动,并注意检查其声音。

(2) 检查并确认各灰斗电动锁气器或给料机正常工作。

(3) 注意灰浆池等液位的调整和控制。

(4) 检查并确认各阀门动作正确。

6-70 除渣系统运行过程中常出现的故障有哪些?

答:严重故障有强烈振动、轴承超温、设备着火、储气罐压力超限、堵管等。

常见故障有设备启动失败、设备跳闸、阀门动作不到位、液位过高或过低、料位过高或过低、压力过高或过低。

6-71 试举例除渣系统造成紧急停运的严重故障有哪些?

答:(1) 发生强烈的振动、撞击和摩擦时。

(2) 轴承温度不正常升高,超过限值或冒烟时。

（3）电动机温度急剧升高，并超过允许值或冒烟、着火时。

（4）泵等重要设备发现有其他严重缺陷，危及设备或人身安全时。

（5）储气罐压力超限，而安全阀动作失灵时。

（6）发生威胁设备或人身安全的其他故障时。

6-72 气力除灰系统的主要组成有哪些?

答：一整套的气力除灰系统一般包括负压吸灰系统、缓冲仓系统、正压除灰系统和灰库储存系统。

6-73 正负压除灰系统的运行流程是什么?

答：真空泵吸灰（空气预热器、电除尘来灰）→中转仓→过滤分离器（布袋除尘器）→缓冲仓（带压力释放阀）→仓泵→正压除灰（除灰空压机提供动力）→灰库（配备布袋除尘器）→电动给料机→螺旋输送机→双轴搅拌机→高浓缩系统。

6-74 负压吸灰系统主要组成部分有哪些?

答：（1）真空泵，提供负压吸灰的动力。

（2）供水泵，为真空泵抽取真空提供水源。

（3）真空管道。

6-75 真空泵的机械安装注意事项有哪些?

答：（1）真空泵应安装在地面结实坚固的场所，周围应留有充分的余地，便于检查、维护、保养。

（2）真空泵底座下应保持地基水平，底座四角处建议垫减震橡胶或用螺栓浇制安装，确保真空泵运转平稳，振动小。

（3）真空泵与系统的连接管道应密封可靠，对小真空泵可采用金属管路连接，密封垫采用耐油橡胶，对大真空泵可采用真空胶管连接，管道管径不得小于真空泵吸气口径，且要求管路短而少弯头（焊接管路时应清除管道中焊渣，严禁焊渣进入真空泵腔）。

（4）在连接管路中，用户可在真空泵进气口上方安装阀门及真空计，随时可检查真空泵的极限压力。

（5）按电动机标牌规定连接电源，并接地线和安装合适规格的熔断器及热继电器。

（6）真空泵通电试运转时，须取下电机皮带，确认真空泵转向符合规定方向方可投入使用，以防真空泵反转喷油（转向按防护罩指示方向）。

（7）对于有冷却水的真空泵，按规定接通冷却水。

（8）如真空泵口安装电磁阀时，阀与真空泵应同时动作。

（9）当真空泵排出气体影响工作环境时，可在排气口装接管道引离或装接油雾过滤器。

6-76 水环泵和其他类型的机械真空泵相比有何优点?

答：（1）结构简单，制造精度要求不高，容易加工。

（2）结构紧凑，泵的转速较高，一般可与电动机直连，无需减速装置。故用小的结构尺寸，可以获得大的排气量，占地面积也小。

（3）压缩气体基本上是等温的，即压缩气体过程温度变化很小。

由于泵腔内没有金属摩擦表面，无需对泵内进行润滑，而且磨损很小。转动件和固定件之间的密封可直接由水封来完成。

（4）吸气均匀，工作平稳可靠，操作简单，维修方便。

6-77 水环泵和其他类型的机械真空泵相比有何缺点?

答：(1) 效率低，一般在30%左右，较好的可达50%。

(2) 真空度低，这不仅是因为受到结构上的限制，更重要的是受工作液饱和蒸气压的限制。用水作工作液，极限压强只能达到2000～4000Pa。用油作工作液，可达130Pa。

总之，由于水环泵中气体压缩是等温的，故可以抽除易燃、易爆的气体。由于没有排气阀及摩擦表面，故可以抽除带尘埃的气体、可凝性气体和气水混合物。有了这些突出的特点，尽管它效率低，仍然得到了广泛的应用。

6-78 水环式真空泵的拆卸步骤有哪些?

答：泵的拆卸分为部分拆卸检查和完全拆卸修理及更换零件，在拆卸前应将泵腔内的水放出，并拆除进气管和排气管。在拆卸过程中，应将所有的垫谨慎取下，如发生损坏应在装配时更换同样厚度的新垫。泵应从后端（无联轴器一端）开始拆卸，其顺序如下：

(1) 取下连通管。

(2) 取下后轴承压盖。

(3) 用勾手扳手将圆螺母松开，取下轴承架及轴承。

(4) 松开填料压盖螺母，取下填料压盖。

(5) 松开泵体和端盖的连接螺栓和泵底脚处的螺栓。

(6) 在泵体下加一支撑，然后从轴上取下端盖。

(7) 取下泵体。

泵的部分拆卸至此为止，此时泵的工作部分及各个零件可进行检查及清洗。完全拆卸，应按以下顺序继续进行：

(8) 松开另一端泵底脚处的螺栓，从底座上取下泵头。

(9) 取下联轴器。

(10) 从轴上取下联轴器的键。

(11) 取下前轴承压盖。

(12) 松开轴承锁紧螺母，取下轴承架和轴承。

(13) 取下填料压盖。

(14) 将轴和叶轮一同从端盖中取出。

(15) 从轴上取下轴套。

(16) 从轴下取下叶轮。

拆卸完毕，应将配合面和螺纹仔细擦净并涂上机油。

6-79 水环式真空泵的维护须知有哪些?

答：(1) 经常检查轴承的工作和润滑状况。

(2) 轴承在正常工作状态下比周围温度高15～20℃，最高不允许超过55～60℃，轴承每年应装油3～4次，并至少清洗一次，更换润滑油。

(3) 如是填料密封，应定期压紧填料，如果填料因磨损而不能保证密封性能时，应更换填料。填料不能压得过紧，正常状态下的填料，允许水呈滴滴出，从而保证冷却和密封效果。

(4) 如果采用机械密封，出现泄漏现象，应检查机械密封的动、静环是否损坏，或是密封圈已老化，否则应更换机械密封。

6-80 水环式真空泵吸入口为何要加装滤网?

答：由于真空泵的吸入管道安装过程中可能会遗留部分的施工物，在施工残留物未清理干净的情况下，如果启动真空泵，残留物被吸入真空泵，可能会对泵体造成严重损坏，所以，在真空泵入口加以滤网，阻挡施工残留物，定期清理滤网可以起到对真空泵很好的保护作用。

6-81 空压机由哪些系统组成?

答：油循环系统、气路循环系统、水路循环系统、配电系统、屏保护系统、直流电源系统、DTC 控制系统。

6-82 螺杆空压机分为哪几类?

答：螺杆空压机有双螺杆与单螺杆两种：双螺杆空压机克服了单螺杆空压机不平衡、轴承易损的缺点；具有寿命长，噪声低，更加节能等优点；单螺杆空压机又称蜗杆空压机，单螺杆空压机的啮合副由一个 6 头螺杆和 2 个 11 齿的星轮构成。蜗杆同时与两个星轮啮合即使蜗杆受力平衡，又使排量增加一倍，空压机的体积小，每分钟只有 $9m^3$（$9m^3/min$）。蜗杆空压机的重量仅为活塞式的 1/6。

6-83 螺杆空压机运转过程中需要定期监护注意的事项有哪些?

答：(1) 经常观察各仪表是否正常。

(2) 经常倾听空压机各部位运转声音是否正常。

(3) 经常检查有无渗漏现象。

(4) 在运转中如发现油位计上看不到油位，应立即停机，10min 后再观察油位，如不足，待系统内无压力时再补充。

(5) 经常保持空压机外表及周围场所干净，严禁在空压机上放置任何物件，如工具、抹布、衣物、手套等。

(6) 遇有特殊情况，按“急停处理”。

6-84 螺杆空压机停机操作要求有哪些?

答：先将手动阀拨至“卸载”位置将空压机卸载，10s 左右后，再按下“停止”按钮，电机停止运转，开关手把打至零位。

6-85 螺杆空压机在什么情况下需要紧急停机?

答：当出现下列情况之一时，应紧急停机：

(1) 出现异常声响或振动时；

(2) 排气压力超过安全阀设定压力而安全阀未打开；

(3) 排气温度超过 100°时未自动停机；

(4) 周围发生紧急情况时；

(5) 紧急停机时，无需先卸载，可直接按下“停止”钮。

6-86 气力除灰系统特点有哪些?

答：(1) 负压系统：系统简单；成本低；不向外泄漏；噪声大、库顶设备复杂、输送距离短、出力引进该技术，由于系统设计及设备不过关，所以系统的电厂磨损较大且能耗较高。

（2）低正压稀相：输送距离比负压大、库顶设备简单、维修工作量大、管道磨损大、功率消耗大。

（3）正压浓相系统：输送压力高、输送距离远、灰气比大、输送损失小，布置不当易堵管。

6-87 布袋除尘器的结构有哪些？

答：布袋除尘器本体结构主要由上部箱体、中部箱体、下部箱体（灰斗）、清灰系统和排灰机构等部分组成。

布袋除尘器性能的好坏，除了正确选择滤袋材料外，清灰系统对袋式除尘器起着决定性的作用。为此，清灰方法是区分袋式除尘器的特性之一，也是袋式除尘器运行中重要的一环。

6-88 布袋除尘器的结构形式及滤料的分类有哪些？

答：按滤袋的形状分为：扁形袋（梯形及平板形）和圆形袋（圆筒形）。

按进出风方式分为：下进风上出风及上进风下出风和直流式（只限于板状扁袋）。

按袋的过滤方式分为：外滤式及内滤式。

滤料用纤维，有棉纤维、毛纤维、合成纤维以及玻璃纤维等，不同纤维织成的滤料具有不同性能。常用的滤料有 208 或 901 涤轮绒布，使用温度一般不超过 120℃，经过硅碉树脂处理的玻璃纤维滤袋，使用温度一般不超过 250℃，棉毛织物一般适用于没有腐蚀性、温度在 80～90℃以下的含尘气体。

6-89 布袋除尘器试运转时应当注意检查哪些方面？

答：在新的袋式除尘器试运行时，应特别注意检查下列各点：

（1）风机的旋转方向、转速、轴承振动和温度。

（2）处理风量和各测试点压力与温度是否与设计相符。

（3）滤袋的安装情况，在使用后是否有掉袋、松口、磨损等情况发生，投运后可目测烟囱的排放情况来判断。

（4）要注意袋室结露情况是否存在，排灰系统是否畅通。防止堵塞和腐蚀发生，积灰严重时会影响主机的生产。

（5）清灰周期及清灰时间的调整，这项工作是左右捕尘性能和运转状况的重要因素。清灰时间过长，将使附着粉尘层被清落掉，成为滤袋泄漏和破损的原因。如果清灰时间过短，滤袋上的粉尘尚未清落掉，就恢复过滤作业，将使阻力很快地恢复并逐渐增高起来，最终影响其使用效果。

（6）两次清灰时间间隔称清灰周期，一般希望清灰周期尽可能地长一些，使除尘器能在经济的阻力条件下运转。因此，必须对粉尘性质、含尘浓度等进行慎重地研究，并根据不同的清灰方法来决定清灰周期和时间，并在试运转中进行调整达到较佳的清灰参数。

（7）在开始运转的时间，常常会出现一些事先预料不到的情况，例如，出现异常的温度、压力、水分等将给新装置造成损害。

（8）气体温度的急剧变化，会引起风机轴的变形，造成不平衡状态，运转就会发生振动。一旦停止运转，温度急剧下降，再重新启动时就又会产生振动。最好根据气体温度来选用不同类型的风机。

（9）设备试运转的好坏，直接影响其是否能投入正常运行，如处理不当，袋式除尘器很可能会很快失去效用，因此，做好设备的试运转必须细心和慎重。

6-90 布袋除尘器产品的优点有哪些?

答：(1) 除尘效率高，一般在99%以上，除尘器出口气体含尘浓度在数十毫克每立方米之内，对亚微米粒径的细尘有较高的分级效率。

(2) 处理风量的范围广，小的仅1min几立方米，大的可达1min数万立方米，既可用于工业炉窑的烟气除尘，也可减少大气污染物的排放。

(3) 结构简单，维护操作方便。

(4) 在保证同样高除尘效率的前提下，造价低于电除尘器。

(5) 采用玻璃纤维、聚四氟乙烯、P84等耐高温滤料时，可在200℃以上的高温条件下运行。

(6) 对粉尘的特性不敏感，不受粉尘及电阻的影响。

6-91 布袋除尘器的分类有哪些?

答：(1) 机械振动类

用机械装置（含手动、电磁或气动装置）使滤袋产生振动而清灰的布袋除尘器，有适合间隙工作的非分室结构和适合连续工作的分室结构两种构造形式的布袋除尘器。

(2) 分室反吹类

采取分室结构，利用阀门逐室切换气流，在反向气流作用下，迫使滤袋形缩瘪或鼓胀而清灰的布袋除尘器。

(3) 喷嘴反吹类

以高压风机或压气机提供反吹气流，通过移动的喷嘴进行反吹，使滤袋变形抖动并穿透滤料而清灰的布袋除尘器（均为非分室结构）。

(4) 振动、反吹并用类

机械振动（含电磁振动或气动振动）和反吹两种清灰方式并用的布袋除尘器（均为分室结构）。

(5) 脉冲喷吹类

以压缩空气为清灰动力，利用脉冲喷吹机构的瞬间内放出压缩空气，诱导数倍的二次空气高速射入滤袋，使滤袋急剧鼓胀，依靠冲击振动和反向气流而清灰的布袋除尘器。

6-92 喷吹系统脉冲阀的选取依据是什么?

答：有的脉冲阀厂家还提供关于喷吹气量、工作压力与喷吹脉宽的曲线图。在看这类曲线图时，要注意喷吹气量是标准状态下的气量，不是工作压力下的气量。可以将标准状态下的气量转换成工作状态下的气量。比如，在0.5MPa的工作压力下，该脉冲阀喷吹气量500L，那么实际上，该脉冲阀所消耗的工作状态下的压缩气量为：$500\times0.1/0.5=100$L (0.1MPa为标准大气压，0.5MPa为工作气压)。

6-93 喷吹管喷嘴的直径及数量确定的原则是什么?

答：喷嘴直径及喷嘴数量是整个喷吹管设计的核心。在脉冲阀型号确定后的情况下，喷嘴数量不能无限制增多，它要受到喷吹气量、喷吹压力及喷吹滤袋长度等各类因素的综合影响。目前，3寸脉冲阀所带的喷嘴数量建议最多不要超过20只（一般来说，16只以下比较合适）。

6-94 空气压缩机的分类有哪些?

答：按工作原理可分为三大类：容积型、动力型（速度型或透平型）、热力型压缩机。

按润滑方式可分为无油空压机和机油润滑空压机。

按性能可分为：低噪声、可变频、防爆等空压机。

按用途可分为：冰箱压缩机、空调压缩机、制冷压缩机、油田用压缩机、天然气加气站用、凿岩机用、风动工具、车辆制动用、门窗启闭用、纺织机械用、轮胎充气用、塑料机械用压缩机、矿用压缩机、船用压缩机、医用压缩机、喷砂喷漆用。

按形式可分为：固定式、移动式、封闭式。

第七章

大型火电机组脱硫脱硝系统设备安装与检修

7-1 喷雾干燥烟气脱硫灰渣的处置方法有几种？

答：喷雾干燥烟气脱硫灰渣的处置方法大体上可分为抛弃法和综合利用法两种。

（1）抛弃法主要有：堆状回填、山边回填、峡谷回填、联合式回填、矿坑回填、V形矿槽回填和覆盖层矿回填等。

（2）灰渣的综合利用其中之一是将副产品用于建筑材料，如混凝土、石灰砂粒砖、合成石子等。另一种是用来替代地下工程的建筑材料以及作为天花板夹层。

7-2 二氧化硫吸收塔检修项目有哪些？

答：二氧化硫吸收塔检修项目有：

（1）检查塔（罐）腐蚀内衬（树脂）的磨损及变形；

（2）检查格栅梁及托架；

（3）检查氧化配气管，做鼓泡试验；

（4）检查各部位冲洗喷嘴及管道、阀门；

（5）检查除雾器。

7-3 石膏脱水能力不足的原因有哪些？

答：（1）石膏浆液浓度太低；

（2）烟气流量过高；

（3）SO_2入口浓度太高；

（4）石膏浆液泵能力不足；

（5）石膏水力旋流器工作的水力旋流器数目太少、入口压力太低、水力旋流器堵塞；

（6）到皮带机的石膏浆液浓度太低。

7-4 转机的联轴器对轮找中心的步骤有哪些?

答：(1) 用钢板尺将对轮初步找正，将对轮轴向间隙调整到5～6mm。

(2) 将两个对轮按记号用两条螺钉连接。

(3) 初步找正后安装找正卡子。

(4) 将卡子的轴向、径向间隙调整到0.5mm左右。

(5) 将找正卡子转至上部作为测量的起点。

(6) 按转子正转方向依次旋转90°、180°、270°，测量径向轴向间隙值 a、b 并记录。

(7) 转动对轮360°至原始位置，与原始位置测量值对比，若相差大，应找出原因。

(8) 移动电机调整轴向、径向间隙，转动对轮两圈，取较正确的值。

7-5 管道及附件的连接方式有哪几种?

答：管道及附件的连接方式有三种：焊接连接、法兰连接、螺纹连接。

7-6 增压风机检修质量要求是什么?

答：增压风机检修质量要求是：

(1) 联轴器校正中心要符合要求：径向圆跳动0.08mm，端面圆跳动0.06mm，两端面间隙10mm，调整垫片，每组不得超过4片。

(2) 联轴器与轴的配合为H7/js6，与弹性圈的配合无间隙，弹性圈外径与孔配合间隙为0.4～0.6mm。

(3) 叶轮无裂纹、变形等缺陷，允许最大不平衡重量为8g。

(4) 叶片厚度磨损量不超过其厚度的1/2，轮盘厚度磨损量不超过其厚度的1/3。

(5) 主轴无裂纹等缺陷，轴颈无沟槽，其粗糙度为0.8μm，直度为0.05mm，与轴承配合时，其直径的圆柱度公差为0.04mm。

(6) 轴承合金表面无裂纹、砂眼、夹层或脱壳等缺陷，合金与轴颈的接触角为60°～90°，其接触斑点不少于2点/cm^2。

(7) 衬背与座孔贴合均匀，上轴承体与上盖的接触面积不少于40%，下轴承体与下座的接触面积不少于50%，顶部间隙为0.34～0.40mm，侧向间隙为1/2顶部间隙，推力间隙为0.20～0.30mm，推力轴承与推力盘、衬背的过盈量为0.02～0.04mm。

7-7 皮带胶接口制作的质量要求有哪些?

答：皮带胶制作的质量要求为：

(1) 皮带各台阶等分的不均匀度不大于1mm。

(2) 裁割外表面平整，不得有裂纹现象，刀割接头时不许误割下一层帆布。每个台阶的误差长度不得超过带宽的1/10。

(3) 钢丝砂轮清理浮胶时，以清干净浮胶为准。

(4) 接口处皮带边缘应为一条直线，其直线度不小于0.03%。

(5) 接头应保证使用一年以上，在此期间不得发生空洞、翘边等现象。

7-8 转子找静平衡的设备一般有几种? 找静平衡过程是什么?

答：一般常用的静平衡设备有平行轨式和滚动轴承式两种。静平衡的方法是把转子架在静平衡架上，盘动转子让其自由滚动，当它停止转动时，转子的重侧总是向下，这时可把校正用的平衡重块试加在转子上方的平衡槽内，再盘动转子试验。这样循环进行，并不断改变平衡重量的大小及位置，直到转子在任何位置都能静止为止，最后将平衡块固定牢固。

7-9 水力旋流器每月应做哪些检查？

答：(1) 目测检查旋流器部件总体磨损情况；
(2) 检查溢流管；
(3) 检查喉管；
(4) 检查吸入管/锥管/锥体管扩展器；
(5) 检查入口管。

7-10 喷淋层的检查内容是什么？

答：(1) 检查喷淋管外顶部堆积的结垢物是否超过喷淋管的设计载荷。
(2) 检查喷淋层的支撑梁及表面防腐是否完好。
(3) 检查喷淋层母管与支管连接及支管与喷嘴连接是否黏结牢靠。
(4) 检查喷淋管内壁是否结垢严重。
(5) 检查喷嘴是否堵塞。

7-11 水力旋流器有何特点？

答：水力旋流器是利用离心沉降作用分离不同粒度、密度、混合物的分离设备，它具有结构简单，体积小，成本低廉，分离效果高，附属设备少，安装、操作、维修方便等特点。

7-12 为什么离心泵在启动时要在关闭出口阀门下进行？

答：离心泵在启动时，为防止启动电流过大而使电动机过载，应在最小功率下启动。从离心泵的基本性能曲线可以看出，离心泵在出口阀门全关时的轴功率为最小，故应在阀门全关下启动。

7-13 除雾器的检修质量标准是什么？

答：除雾器本体连接件完好、牢固；波形板无杂物堵塞，表面光洁，五边形、损坏；冲洗管道通畅无泄漏，喷嘴无堵塞损坏。

7-14 如何检查滚珠轴承？

答：检查滚珠及内外圈无裂纹、起皮和斑点等缺陷，并检查其磨损程度，检查滚珠轴承内圈与外圈的配合紧力，应符合要求。

7-15 氧化风机正常巡检的项目有哪些？

答：(1) 氧化风机和电机的振动；
(2) 氧化风机转动的声音；
(3) 轴承的温度；
(4) 冷却水的流动情况；
(5) 动力传动情况；
(6) 电机的电流；
(7) 出口压力表读数。

7-16 吸收塔搅拌器塔外部分出现异常噪声的可能原因有哪些?

答：(1) 电机异常；

(2) 轴承缺少润滑剂（脂）或油脂不合格；

(3) 转动部件（轴承、轴、机械密封、皮带轮）磨损或损坏；

(4) 皮带打滑；

(5) 防护罩螺钉松动或振动。

7-17 吸收塔搅拌器塔内部分出现异常噪声的可能原因有哪些?

答：(1) 异物碰撞或缠绕；

(2) 叶片损坏。

7-18 滤布出现褶皱的原因有哪些?

答：(1) 滤布跑偏；

(2) 橡胶皮带跑偏；

(3) 纠偏装置工作不正常；

(4) 张紧滤布装置失灵。

7-19 对吸收塔除雾器进行冲洗的目的是什么?

答：对吸收塔除雾器进行冲洗的目的有两个：一个是防止除雾器的堵塞；另一个是保持吸收塔的水位。

7-20 吸收塔搅拌器的作用是什么?

答：吸收塔搅拌器的作用有两个：一个是防止吸收塔浆液池内的固体颗粒物沉淀；另一个是对氧化风机进行均匀的分配。

7-21 吸收塔液位过高及过低的危害是什么?

答：吸收塔水位过高，吸收塔溢流加大，且吸收塔浆液容易倒入烟道，损坏引风机叶片，吸收塔液位过低，则减少氧化反应空间，脱硫效率降低且影响石膏品质，严重时将造成损坏设备。

7-22 滚动轴承烧坏的原因有哪些?

答：(1) 润滑油中断；

(2) 轴承本身有问题：如滚珠架损坏、滚珠损坏、内外套损坏；

(3) 强烈振动；

(4) 轴承长期过热未及时发现。

7-23 联轴器对轮找正误差（轴向，径向）规定是多少?

答：联轴器对轮找正误差依转机的转速而定，当转速为 740r/min 时不超过 0.10mm；1500r/min 时不超过 0.08mm；3000r/min 时不超过 0.06mm。

7-24 脱硫系统大修期间，对工作场地的井、坑、孔、洞、沟道有什么规定?

答：对生产厂房内外工作场所的井、坑、孔、洞或沟道，必须覆盖以与地面齐平的坚固的盖板，在检修中如需将盖板取下，必须设临时围栏。临时打的孔、洞，在施工结束时，必须恢复原状。

7-25 脱硫系统中石膏脱水系统由哪些设备构成？

答：石膏脱水系统中设备包括石膏排水泵、水力旋流站、真空皮带脱水机、水环真空泵、冲洗泵及阀门等。

7-26 火力发电厂常用的脱硫工艺主要有哪几种？

答：(1) 石灰石、石灰-石膏湿法烟气脱硫；
(2) 烟气循环流化床脱硫；
(3) 喷雾干燥法脱硫；
(4) 炉内喷钙尾部烟气增湿活化脱硫；
(5) 海水脱硫；
(6) 电子束脱硫；
(7) 氨法脱硫等。

7-27 引起石膏旋流器堵塞的原因是什么？如何处理？

答：如果系统内存在防腐碎片、胶皮等杂质的情况，有可能会引起石膏旋流器沉沙嘴的堵塞。处理的方法就是将沉沙嘴的卡套松开，取下沉沙嘴清理干净。在石膏旋流器正常运行过程中，需要定期维护，清理旋流子沉沙嘴是其中工作之一。因此，检修人员需要对旋流器沉沙嘴定期进行检查清理。

7-28 除雾器的组成，各部分的作用是什么？

答：除雾器通常由两部分组成：除雾器本体及冲洗系统。

除雾器本体由除雾片、卡具、夹具、支架等按一定的结构形式组装而成，其作用是捕集烟气中的液滴及少量粉尘，减少烟气带水，防止风机振动。

除雾器冲洗水系统主要由冲洗喷嘴、冲洗泵、管道、阀门、压力仪表及电气控制部分组成，其作用是定期冲洗由除雾器叶片捕集的液滴、粉尘，保持叶片表面清洁（有些情况下起保持叶片表面潮湿的作用），防止叶片结垢和堵塞，维持系统正常运行。

7-29 转动机械检修中记录哪些主要项目？

答：(1) 轴承的质量检查情况；
(2) 滚动轴承的装配情况；
(3) 轴承各部分间隙测量数值；
(4) 转动部分检查情况；
(5) 减速部分的检查情况；
(6) 联轴器检查情况及找正中心的数值；
(7) 易磨损部件的检查情况。

7-30 脱硫设备对防腐材料的要求是什么？

答：脱硫设备对防腐材料的要求：

(1) 所有防腐材质应耐温，在烟道气温下长期工作不老化、不龟裂，具有一定的强度和韧性。

(2) 采用的材料必须易于传热，不因温度长期波动而起壳或脱落。

7-31 SO_2的脱除率与新鲜的石灰石浆液的关系是什么？

答：SO_2 的脱除率是由吸收塔中新鲜的石灰石浆液的加入量决定的。而加入吸收塔的新制备石灰石浆液量的大小将取决于预计的 SO_2 脱除率、锅炉负荷、吸收塔浆液的 pH 值及 SO_2 入口浓度。

7-32 吸收塔浆液循环泵的作用有哪些？

答：是将吸收塔下部浆液池内溶解的石灰石浆液和浆液池中已经生成的石膏浆液混合物输送到吸收塔上部喷淋层。浆液在喷淋作用下形成很细的雾状液滴，在塔内与烟气高效充分的气-液接触。

7-33 除雾器的检修项目有哪些？

答：(1) 检查消除冲洗管道系统的螺钉连接处和垫片是否泄漏。

(2) 检查冲洗管及喷嘴组件是否完整。

(3) 检查除雾器排片及其他左键是否损坏，对损坏严重的应进行更换。

(4) 检查并冲洗叶片、喷嘴和冲洗管，消除堵塞。

(5) 对裂纹、破裂及缺失的叶片、喷嘴和冲洗管进行更换。

(6) 对除雾器组件的硬结垢进行清除。

7-34 水力旋流器的结构有哪些？

答：水力旋流器主要由进液分配器、旋流子、上部稀液储存箱及底部石膏浆液分配器组成。旋流子是利用离心力的原理，其分离效果通过进液压力来控制。

7-35 什么是事故检修？

答：事故检修是消除不属于计划之内的突发事故。

7-36 什么是维护检修？

答：维护检修是在维持设备运行状态下（有时也可短时停止运行）进行检查和消除缺陷，处理临时发生的故障或进行一些维护修理工作。

7-37 脱硫效率不高的原因有哪些？

答：(1) 二氧化硫测量值不正确；(2) pH 值测量不正确；(3) 烟气流量增加；(4) 二氧化硫入口浓度加大；(5) pH 值过低（<5.5）而且氧化空气压缩机在运行；(6) 再循环的液体流量降低。

7-38 脱硫搅拌器的故障有哪些？

答：(1) 有异常噪声、容器内有异常噪声、振动/晃动、搅拌器轴松动；(2) 搅拌器轴或轴承轴弯曲或破裂、搅拌不够、过载保护装置将电机关掉、齿轮过分发热、机械密封、缓冲液位下降，或缓冲液内有气泡、齿轮泄漏、传动装置转动，但搅拌器不动。

7-39 脱硫氧化风机的故障有哪些？

答：(1) 不正常的转动噪声；(2) 鼓风机太热；(3) 吸入流量太低；(4) 电动机需用功率超出；(5) 边侧皮带振动；(6) 鼓风机在切断电源后倒转。

7-40 吸收塔重新衬胶采取哪些步骤？

答：吸收塔重新衬胶需进行以下步骤：(1) 将原衬胶剥离；(2) 将金属表面干燥处理；(3) 将金属表面进行首次喷砂处理，必要时进行研磨；(4) 对金属表面进行质量检验；(5) 对金属表面进行再次喷砂处理，必要时进行抛光处理；(6) 重新衬胶。

7-41 湿式脱硫系统排放的废水一般来自何处？

答：湿式脱硫系统排放的废水一般来自：石膏脱水和清洗系统、水力旋流器的流水、皮带过滤机的滤液。

7-42 如何进行石灰浆液泵叶轮的调节？

答：橡胶内衬泵叶轮与前后护套之间的间隙要相等。调节叶轮间隙首先要停泵，松开压紧轴承组件的螺栓，拧调整螺栓上的螺母，使轴承组件向前移动，同时用手转动轴，按泵转动方向旋转，直到叶轮与前护板摩擦为止。再将调整螺栓上前面的螺母拧紧，使轴承组件后移，此时叶轮与后护板间隙在 0.5～1mm 之间，拧调整螺栓上的螺母，使轴承组件先向前移动，使叶轮与前护套接触，再使轴承组件向后移动，使叶轮与后护板接触，测出轴承组件总的移动距离，取此距离的一半为叶轮与前后护套的间隙，再用调节螺栓调节轴承组件位置，保证叶轮与前后护套的正确间隙值。

7-43 增压风机检修的工艺要点是什么？

答：增压风机检修工艺要点为：

(1) 检查调整联轴器的中心；

(2) 调整联轴器与轴和弹性圈的配合间隙；

(3) 检查叶轮表面，测试叶轮不平衡重量；

(4) 检查叶片和轮盘的磨损情况；

(5) 检查主轴及轴颈的表面，调整主轴的直线度和轴颈的圆柱度公差；

(6) 检查处理轴承合金表面，调整轴承各部接触面积及调整各部间隙。

7-44 烟气装置安装顺序是什么？

答：

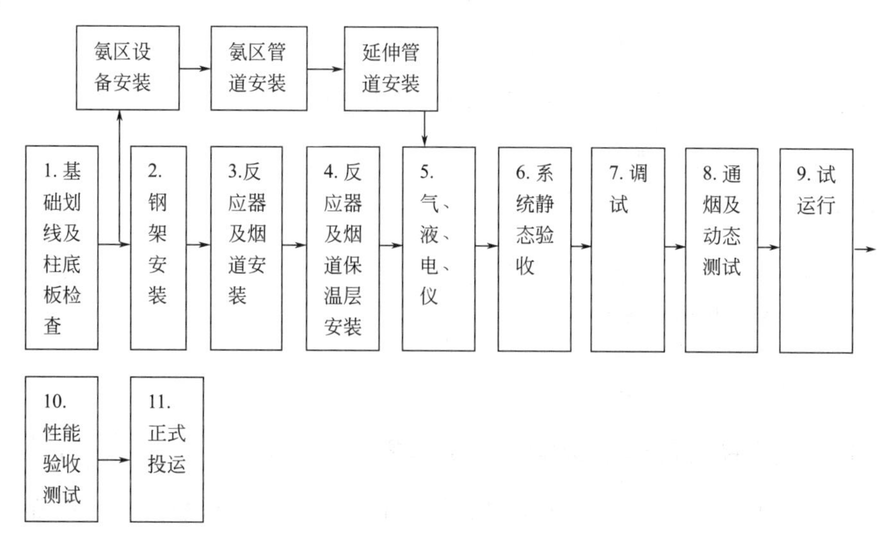

7-45 脱硝安装前要进行哪些准备工作?

答：(1) 前期准备

a. 建立施工测量控制网。测量控制网由业主提供的厂区测控网引测。测量设备使用拓普康全站仪和精密水准仪。

b. 组织有关人员进行内部图纸会检，待内部会检结束后通知设计、甲方进行正式审图，并做好审图记录。

c. 组织工程技术人员编制施工组织设计、做出针对性的施工方案并制订关键工序的施工保证措施。提出材料计划。

d. 按照材料计划组织原材料的进场。

(2) 人员准备

a. 根据施工项目内容以及计划工期要求，确定参加施工的人员。

b. 参与施工作业人员符合用工申请要求。

c. 施工项目负责人在施工前必须充分熟悉有关的施工要求和技术要求，依据现场实际情况合理安排施工项目和步骤。

(3) 材料准备

a. 施工所需的设备、材料已准备到位。

b. 确认本工程所需的各种工器、机具完好到位。

c. 厂家供应的设备、备件产品的合格证书作为质保资料归档。

d. 做好备件材料的入厂检验和检测分析工作，特别是催化剂的验收和管理保存工作，要确认保管、运输、安装方法和形式。

(4) 劳保用品准备

a. 确认所有施工人员的安全帽、工服、劳保手套、鞋等劳保用品已准备齐全完好。

b. 登高作业准备双钩三点式安全带完好备用。

c. 现场施工打磨作业防护镜已充分准备。

d. 施工作业防尘口罩准备充分。

(5) 现场施工条件准备

a. 保温拆除完毕，现场清理干净。

b. 脚手架搭设完成，脚手架合格且悬挂合格证。

c. 现场起吊设备准备到位就绪。

d. 特殊工种作业人员证件齐全，随身携带。

7-46 脱硝 SCR 区系统安装施工顺序有哪些?

答：(1) 脱硝 SCR 反应器组合。

(2) 脱硝 SCR 反应器吊装存放。

(3) 支吊架安装。

(4) SCR 反应器（灰斗）安装。

(5) 整流器装置及导流板安装。

(6) 催化剂模块安装。

(7) 吹扫装置及人孔门安装。

7-47 脱硝 SCR 反应器安装顺序有哪些?

答：SCR 反应底座支撑梁安装→反应器灰斗的存放→壳体墙板安装→内部支撑梁安

装→反应器灰斗提升安装→整流器装置安装→导流板存放→反应器顶部安装→导流板内部安装→催化剂模块（包括其上格栅板）安装→催化剂安装门及吹扫装置安装。

7-48 如何进行脱硝 SCR 反应器的组合？

答：脱硝 SCR 反应器设备材料到货后放在设备堆放场，按图纸部件号对需组合在一起的部件进行组合，每件组合好的设备上要焊好吊装及存放用的吊耳，吊耳焊接部位根据部件的大小及存放点决定。

对可以焊接在脱硝 SCR 反应器壳体上的支吊架部件要尽可能的焊接上去，部件组合时要做好相应的临时加固。

7-49 脱硝 SCR 反应器如何吊装存放？

答：脱硝 SCR 反应器到货后运输到现场，在现场进行拼装，SCR 反应器组件存放按先低后高逐层进行存放。存放时需要用多个 3t 或 5t 的链条葫芦来辅助存放，对可以放在钢架平面上的 SCR 反应器（灰斗）可直接放在平面上，并做好相应的临时加固，对要悬空存放的 SCR 反应器（灰斗）按部件的重量选用相应的钢丝绳挂在钢梁上进行存放，存放时尽量使风道部件的存放高度与安装就位标高相差不超过 200mm，不得用链条葫芦代替钢丝绳存放烟道。

7-50 脱硝反应器支吊架安装原则有哪些？

答：SCR 反应器（灰斗）支吊架有滑动支架、固定支架和限位支架三种。支吊架安装可视现场实际情况及 SCR 反应器组合情况进行安装，导向支架和固定支架必须在 SCR 反应器安装焊接完毕后才可进行安装。支吊架的安装要严格按照图纸上的尺寸进行，不得擅自更改。

7-51 SCR 反应器（灰斗）安装原则有哪些？

答：SCR 反应器（灰斗）安装时原则上按照从出口烟道到进口烟道的顺序，按照图纸要求每一个部件对接时不得进行强力对接，部分接口尺寸偏差较大时可适当增加部分钢板或割除部分钢板来保证风道接口的密封性。

7-52 脱硝装置整流器装置及导流板安装有哪些？

答：整流器模块位于 SCR 反应器顶部，安装整流器时，先安装其内部支撑梁，然后从右往左依次铺设，铺完好一排焊接好一排，最后安装整流器上端四周的遮灰板，整流器安装完成后，才能安装导流板，先安装导流板两边的支撑板，依次铺设导流板，并与其两端的支撑板螺栓连接，导流板铺设完成后，再安装其上端的支撑杆，然后整体找正，最后焊接导流板与其两端支撑板，以及支撑杆与 SCR 反应器壳体焊接。

7-53 SCR 脱硝催化剂模块安装有哪些？

答：反应器内部支撑梁安装找正后，方可安装催化剂模块，催化剂模块由催化剂安装门进入，由里向外依次铺设。

7-54 脱硝烟道的安装方案有哪些？

答：烟气脱硝工程脱硝烟道，分片供货至现场。脱硝烟道包括进口烟道、出口烟道、烟道支吊架、氨喷射装置。脱硝烟道的特点是体积大，重量重，安装位置高。加上场地的限制，运输的限制，大吊车在现场无法站位的种种限制，大件的烟道只能运至现场进行片装，其余小件现场组装。脱硝烟道按SCR反应器为中心分反应器进口烟道和反应器出口烟道两个安装区域，脱硝进口烟道是从锅炉本体主烟道经省煤器出来到SCR反应器；脱硝出口烟道是从SCR反应器出来经空气预热器后进入电除尘烟道后由烟囱排放。脱硝烟道布置在锅炉本体后，电除尘器前。脱硝烟道连接采用焊接连接，再通过支吊架将其悬挂或支撑在钢架下。

7-55 脱硝烟道安装工艺质量控制措施有哪些?

答：(1) 脱硝烟道组合对口时也可临时焊接小角铁用于对口，在拼装和组合完毕后割除临时部件，并将割除处打磨平整。

(2) 为保证安装工艺质量，要焊接的部位必须先将油漆和铁锈除去，在焊接完毕后将焊缝进行除渣并打磨。

(3) 所有烟道进行拼装和组合时影响密封的焊缝都要进行煤油渗透实验，检查焊缝的密封性。

(4) 对有变形的烟道散件要先进行加温校正处理后方可用于拼装，对因焊接而变形的部件或组件也应进行加温校正处理。

7-56 脱硝氨区安装前的设备检查包括哪些内容?

答：氨区罐、储仓、管子、管件、阀门及管道附件在安装前按设计核对其规格、材质及技术参数，应符合设计要求。

(1) 表面质量检查。管材表面无裂纹、缩孔、夹渣、折叠、重皮等缺陷，不得有超过壁厚负公差的锈蚀或凹坑，表面光滑无尖锐划痕；管道附件表面不得有粘砂、裂纹、夹渣、漏焊等缺陷，法兰密封面应平整光洁，不得有毛刺及径向沟槽。

(2) 管子、管件、管道附件及阀门必须有出厂合格证、材质单、化学成分分析结果。材料的化学成分、力学性能及冲击韧性必须符合国家技术标准。管件采用热压管件。

(3) 管道支吊架的形式、材质、加工尺寸及精度应符合设计图纸的规定。各焊缝外观检查无漏焊、欠焊、裂纹或严重咬边等缺陷。

7-57 氨区斗式提升机如何安装?

答：(1) 斗式提升机必须牢固地安装在坚固的混凝土基础上。混凝土基础的表面应平整，并呈水平状态，保证斗式提升机安装后达到垂直要求。

(2) 机壳安装好后，安装链条及料斗。料斗连接用的U形螺栓，既是链条接头，又是料斗的固定件。U形螺栓的螺母一定要扭紧并可靠防松。

(3) 链条及料斗安装好以后，进行适当张紧。

(4) 给减速器及轴承座分别添加适当数量的机油和黄油。减速器用工业齿轮油润滑。轴承座内用钙基或钠基黄油均可以。

(5) 试运转，安装完成后即应进行空车试运转。空运转应注意：不能倒转，不能有磕碰现象。空运转不小于2h，不应有过热现象，轴承温升不超过25℃，减速器温升不超过30℃。空运转2h后，一切正常即可进行负荷试车。带负荷试车时喂料应均匀，防止喂料过多，堵塞下部造成“闷车”。

7-58 氨区螺旋给料机如何安装?

答：(1) 螺旋给料机把经过的物料通过称重桥架进行检测重量，以确定胶带上的物料重量，装在尾部的数字式测速传感器，连续测量给料机的运行速度，该速度传感器的脉冲输出正比于给料机的速度，速度信号和重量信号一起送入给料机控制器，控制器中的微处理器进行处理，产生并显示累计量/瞬时流量。

（2）螺旋输送机安装后的给料机应留有20mm的游动间隙，横向应水平，悬挂装置采用柔性连接。

（3）给料机如用于配料、定量给料时，为保证给料的均匀稳定，防止物料自流应水平安装，如进行一般物料连续给料，可下倾10°安装。对于黏性物料及含水量较大的物料可以下倾15°安装。

（4）空试前，应将全部螺栓坚固一次，尤其是振动电磁的地脚螺栓，连续运转3～5h，应重新紧固一次。

（5）试车时，两台振动电机必须反向旋转。

（6）电磁轴承每2个月加注一次润滑油，高温季节应每月加注一次润滑油。

（7）给料时在运行过程中应经常检查振幅，电流及噪声的稳定性，发现异常应及时停车处理。

7-59 氨区储罐安装步骤有哪些?

答：（1）罐体强度试验

a. 根据现场情况，所用水源就近取用，运输到现场的罐体在安装前应进行灌水承压试验，在罐上部排气口接阀门和压力表，同一规格型号的储气罐可以连接成一体进行试验。

b. 强度试验压力 $P_{试}=1.5P$。试验用介质：清洁水。

c. 试验：在罐注满清洁水排空罐内空气后，关闭排气口阀门，装上压力表，打开泵出口阀门，启动电动液压泵，缓慢升压至 $1/2P$ 试压，停机检查有否渗漏，如有则泄压至0MPa后进行处理，没有泄漏则继续升压至试验压力，停机，关闭阀门，稳压10～30min，彻底检查所有接口，以不发生渗漏，压力表显示不变为合格。

d. 试验完毕，将气罐内的水就近排入排水沟，拆除管道和阀门，清理干净罐内的水以防生锈；准备进行储气罐安装。

（2）罐体安装

在基础检查完毕，具备安装条件后，用载重汽车拉到安装地点汽车起重机将气罐吊到基础上，注意管道方向，根据图纸和管道布置图确定进出口。

（3）设备就位后，用垫铁调整其铅垂度，用水准仪进行测量，要求铅垂度小于 $H/1000$（H 为罐高度）；达到要求即可进行预埋板焊接。

7-60 泵类安装顺序有哪些?

答：基础几何尺寸检查→基础划线、凿毛及布置垫铁→设备开箱检查→设备检修→框架制作→设备就位→对轮找中→管路、附件安装。

7-61 泵类检修内容有哪些?

答：（1）解体后铸件无残留的铸砂、重皮、气孔、裂纹等缺陷，各部件组合面无毛刺、伤痕和锈污。

（2）叶轮、导叶、轴套、轴承等部件无锈斑和损伤。

（3）检查轴颈的椭圆度、圆柱度和径向晃度，以及轴的弯曲度。

（4）密封环光洁，无变形和裂纹。

（5）冷却水室经过1.25倍工作压力，保持5min的水压试验，油室经24h的渗油试验，均无渗漏，水路和油路正确，内部无杂物，油室与水室不得互相串通。

（6）滚动轴承清洁无损伤，工作面光滑无裂纹，蚀坑和锈污。

（7）轴承座上的油位计或油位检查装置安装正确，不渗油。

（8）检修深井泵所使用的夹具，必须加衬垫紧固好，严防设备坠入井中。

（9）检查联轴器及传动轴的端面，平整并与轴心垂直，传动轴螺纹光洁无损坏。

（10）叶轮在轴上紧固无松动。

（11）盘根接口严密搭接角度为45°相邻两层接口错开120°，水封环对准进水孔，压盖无偏斜，受力均匀。

7-62 脱硝氨区管道安装应注意哪些事项?

答：（1）管道安装始点的选择。氨气管道安装以主要设备为始点向各个接口安装。管道在安装中应尽量避免突然向上或向下的连续弯曲现象，以免造成气封、液封、油封。

（2）管子接口距离弯管的弯曲起点不得小于管子外径且不小于100mm，两焊口间距离不得小于管子外径且不小于150mm，管道在穿墙、楼板内不得有接口。管道连接不得强力对口，管子与设备连接在设备安装定位后进行。

（3）管道安装中要严防灰尘、杂物落入管道内，严禁与保温作业同时进行，管道安装中如有间断，应及时用塑料布及不干胶带封闭管口，严防灰尘落入。

（4）阀门及法兰安装：阀门安装前复核其合格证和试验记录及型号，按介质流向确定其安装方向。阀门检修后安装前要将阀腔、阀柄、阀盖内部打磨干净，并用白面团粘后确保阀门内部清理干净并及时用塑料布封闭。安装和搬运时不得以手轮作为起吊点并随意转动手轮。阀门连接自然不得强力对接或承受外加力量；法兰连接保持法兰间的平行，法兰密封面平整光洁无影响密封性能的缺陷。法兰连接紧力均匀。

（5）支吊架安装：支吊架安装与主管道安装同步进行。将支吊架根部按设计位置安装牢固，再将拉杆、连接件按安装图设计顺序连接起来与根部接好。将管部放在安装位置，紧固好螺栓，并检查抱箍与管子之间接触密实均匀。导向支架和滑动支架的滑动面洁净平整，确保管道能自由膨胀。管道安装时，应及时进行支吊架的固定和调整工作。支吊架位置安装正确，安装平整、牢固并与管子接触良好。支吊架不得布置在焊口上，焊口距吊架边的不得小于50mm。

（6）主管道形成后进行排污、排空等小管线的安装工作。其开孔已在主管安装前开完，小管线安装的工艺质量和检验标准与主管相同，且布线要短捷，且不影响运行通道和其他设备的操作，管路阀门布置在明显、便于检修操作的位置，管道布置应沿横梁、柱子、大径管、墙壁排列走向，以求整齐、美观，并易于设置支吊架。支吊架采用U型卡子固定时，型钢上的孔应用电钻钻孔，不得用气焊割孔。

（7）所有气氨的管道及所附属管附件等必须做静电接地。

（8）必须做全系统风压试验，1.15倍16kgf风压试验，保证24h不出现大于2%的压降（温度影响除外）。

7-63 脱硝氨区技术质量要求及质量保证有哪些?

答：（1）储存罐、槽、管子、管件、管道附件及阀门选用新出厂的材料，且具有制造厂的合格证明书，在使用前，应进行外观检查，按照设计要求核对其规格、材质及技术参数。

（2）各种罐体、槽体待土建结构形成并强度达到100%时方可安装就位。各压力容器在封入孔之前，先用压缩空气吹，再用面粘净。

（3）管道组合前，管子管件必须经检查合格后方可使用。管端用塑料布封闭严实，以防砂土、杂物、雨水侵蚀。

(4) 管子的坡口尺寸和形式满足图纸及规范要求，管道焊接全部采用氩弧焊。20%以上进行无损检测，氨系统管道的焊缝漏点修补次数不得超过两次，否则须割去，换管重焊。管道连接法兰或焊缝不得设于墙内。

(5) 管道开孔全部采用机械钻孔，并在管道安装前做好。

(6) 直管段两个焊缝的间距应大于管子的直径，且大于100mm，焊缝与弯头的间距应大于管子的直径且大于100mm，支吊架距焊缝的间距大于管子直径，且大于100mm。

(7) 管道吊装、对口调整时吊挂点尽可能利用支吊架生根，特殊安装位置方可在混凝土平台上钻孔，拴挂吊索。且必须固定牢固。

(8) 阀门布置合理美观便于操作。所有法兰垫片均采用耐油垫片或聚四氟乙烯垫片，阀门盘根为耐油聚四氟乙烯盘料。

(9) 阀门安装时，内部清洁，方向、位置正确，连接牢固，紧密，并应与管道中心线垂直。

(10) 所有管道施工方法及工艺严格执行本方案，管道安装符合《电力建设施工及验收技术规范》(锅炉机组篇) 和《电力建设施工及验收技术规范》(焊接篇) 的有关要求。

(11) 无设计走向小口径管布线应短捷，且不影响运行通道和其他设备的操作。并保证管道施工的工艺性。

(12) 安装阀门与法兰的连接螺栓时，螺栓应露出螺母2～3个螺距，螺母宜位于法兰的同一侧。管子和管件的对口质量要求，应符合《电力建设施工及验收技术规范》(火力发电厂焊接篇) 的规定。

(13) 法兰安装时，检查结合面良好，对接紧密、平行、同轴，与管道中心线垂直，螺栓受力均匀。

(14) 配制的三通应认真清除焊渣、焊瘤、药皮等杂物，不得使用火煨弯管。

(15) 除管道与设备连接采用法兰或活接头外，尽量不采用或减少活接头法兰连接形式。

(16) 管子用压缩空气吹扫干净，并将管口密封保管，管内不得涂油。

(17) 阀门应有明确的开关方标志，采用明杆阀门，阀门手柄严禁朝下，阀门门杆应平放或向上。螺纹连接的密封处可采用聚四氟乙烯密封带，使用方法是面对管口，按顺时针方向将密封带缠紧在螺纹上 (注意不要缠到管外，以免减少管子断面)。当管道与设备阀门采用法兰连接时，在法兰凹口内可以放厚度2～3mm。

(18) 特殊阀门应按制造厂规定检查其严密性、各部间隙、行程和调整尺寸应符合图纸要求。

(19) 无设计走向的小口径管道布置应沿横梁、柱子、大径管、墙壁排列走向。

(20) 力求整齐、美观，并易于设置支吊架。支吊架采用U形卡子固定时，型钢上的孔应用电钻钻孔，不得用气焊割孔。

(21) 除制造厂有规定外，对于阀门应进行解体检查、研磨，密封填料全部更新，选用聚四氟乙烯，并进行严密性水压试验。查外漏时用肥皂水，只要有阀门及焊接、仪表管接口、法兰螺丝连接的地方就要用肥皂水测漏。一、二道门、压力表门要先查内漏，再查外漏。查后换填料。

(22) 厂供自动阀门与执行机构都是一体的，现场不可拆卸、打压，阀门盘根不可更换。

(23) 输送氨过程中容易产生液体，管道布置要避免高高低低，要注意坡向，在管架位置变动而产生最低点处加设导淋门；避免产生液体，不能带液过去；否则测量不准，容易堵塞喷嘴。

(24) 氨供应系统的仪表阀门在系统整体吹扫过程中，解开门再吹扫；反应区可在解列喷嘴后向锅炉里面吹。系统的氮气吹扫口参照图纸预留口。

第八章

大型火电机组制氢设备安装与检修

8-1 水电解制氢系统的主要设备有哪些？具体的安装工艺要求是什么？

答：水电解制氢系统的主要设备有制氢处理单元（包括电解槽、氢分离器、氧分离器、碱液过滤器、氢气干燥器等，框架一）、供氢单元（框架二）、水配碱单元（框架三）、氢气储罐、压缩空气储罐、氢气检漏测定仪及冷却系统设备等。

设备安装主要分为垫铁安装、框架安装、碱液储罐安装和储气罐安装。

垫铁安装要求：（1）平垫铁与预埋件接触密实无翘动，几何尺寸应比底座宽出10～20mm；（2）平垫铁与底座脚接触密实，各处受力均匀；（3）垫铁与垫铁间距离应符合规范要求。

框架安装要求：中心线偏差≤±5，标高偏差≤±5，水平度为基本水平。

碱液储罐安装要求：中心线偏差≤±5，标高偏差≤±5，水平度为基本水平。

储气罐安装要求：垂直度≤$H/1000$（H为设备高度），中心线偏差≤±5，标高偏差≤±5。

8-2 制氢站管道安装要求有哪些？

答：制氢站管道安装要求主要有：氢气管道宜采用架空敷设，支架为非燃烧体，并且管道不能与电缆、导电线敷设在同一支架上；室内管道不应敷设在地沟中或者直埋，室外地沟管道应有防止氢气泄漏、积聚或窜入其他管道的措施，地埋管道深度不宜小于0.7m；管道不得穿过办公室、配电间、仪表室及其他不使用氢气的房间。

8-3 制氢设备的检修周期是多长？检修前应准备什么？

答：制氢设备的检修周期为每2～3年大修一次，每年小修一次。

大修前的准备工作主要有以下几点：

（1）了解制氢设备的运行状况以及设备的缺陷情况。

（2）制订出检修技术措施及安全措施。

（3）准备好必要的备品配件。

（4）准备好起重工具及专用工具。

（5）对氢系统泄压后，进行氢系统及用氢设备的置换工作，并用测爆仪检测氢含量小于3%。

（6）测量拉紧螺杆的紧力，并做好记录，以便复位时使用。

8-4 制氢装置停运的故障原因是什么？

答：可能发生故障的原因如下：供电系统发生故障；整流电源发生故障；槽压过高使整流柜跳闸；碱液循环量过低使整流柜跳闸；槽温过高使整流柜跳闸。

8-5 大型火电机组制氢原理是什么？

答：大型火电机组制氢原理是通过电解纯水而获得的，由于纯水的导电性能较差，则需加入电解质溶液，以促进水的电解，常用的电解质一般为NaOH。

将直流电通入加入NaOH水溶液的电解槽中，使水电解成为氢气和氧气。其反应式为：

（1）阴极反应：电解液中的H^+（水电解后产生的）受阴极的吸引而移向阴极，最后接受电子而析出氢气，其放电反应如下：

$$2H^+ + 2e \longrightarrow H_2\uparrow \tag{8-1}$$

（2）阳极反应：电解液中的OH^-受阳极的吸引而向阳极移动，最后放出电子生成水和氧气，其放电反应如下：

$$2OH^- - 2e \longrightarrow H_2O + 0.5O_2\uparrow \tag{8-2}$$

（3）阴、阳极合起来的总反应式如下：

$$2H_2O \longrightarrow 2H_2\uparrow + O_2\uparrow \tag{8-3}$$

8-6 制氢设备生产工艺流程是什么？

答：主要设备是电解槽。它由多个电解隔间组成，每个电解隔间包括阴电极和阳电极各一片，中间以石棉布隔开为两区，在阴极区电解时产生氢气，而阳极区产生氧气。两种气体由于石棉布的阻隔作用不会混合。电解槽在电解时所产生的氢气和氧气夹带大量的电解液通过管路分别进入氢、氧分离器。在分离器内，乳状混合的气体与电解液进行分离作用。此时两种气体同蒸汽状电解液通过管路继续进入各自的洗涤器再进行分离和清洗。电解液在分离器内被冷却分离后，经管路返回电解槽内。因此大部分电解液是在电解槽及分离器之间循环流动。电解槽在长时间运行中亦有少量电解液随着氢、氧气体进入压力调整器及其他管路部分而流失，亦将会降低电解液浓度，故须在一定时间内对电解槽进行补充电解液。氢气由氢洗涤器出来，经过氢气压力调整器后进入平衡箱，经过清洗后再进入冷却器沉积所含水分，经干燥器、冷凝除湿机再干燥，最后进入氢气储存气罐。氧气由洗涤器出来，经过氧气压力调整器后，经水封排入空中。

8-7 电解槽的结构组成有哪些？

答：电解槽是电解水制取氢、氧的主要设备，其主要结构如下：

（1）极板组　由中间支持板及其两侧各焊上一块多孔钢板做为阴电极和阳电极而组成。阳电极及支持板阳极侧均有镀镍保护层，阳电极距支持板8mm，阴电极距支持板15mm。

（2）端极板　端极板分阳极端极板和阴极端极板，其内侧各焊一块镀镍阳电极和不镀镍阴电极，电极同端板之间有支持柱连接。端极板由略成矩形的厚钢板制成，上面有四个装配拉紧螺杆用的孔，它位居电解槽的两端。

（3）隔膜框　这是构成电解槽30个隔间的空心环状厚钢板，整个框表面镀镍。在里圈有压环将石棉布固定在上面，框两侧结合面上有三道密封线，在电解槽组装时用以压紧绝缘垫圈、隔膜框上部有两个气道环，以供通过氢气和氧气，下部有一个液道环，用以通过电解液。气体出口及碱液进口均设在电解槽的中部，为中心隔膜框，它比其他隔膜框厚一些，这样可以改善电解液的均匀性，并使温差均匀。

（4）压环　压环是镀镍件，将石棉布固定在框的内环上。

（5）石棉布　用以隔绝电解小室内氢、氧气体。

（6）绝缘材料　绝缘材料中有聚四氟乙烯密封垫圈主要作为隔膜框与电极间的绝缘，并起密封作用。要求耐碱、耐温、耐压力。环氧玻璃布板作为电解槽对地绝缘。

（7）紧固电解槽零件：a）拉紧螺杆；b）碟形弹簧：用作补偿电解槽之热胀冷缩变形，以保证电解槽之气密性。

8-8 分离器的主要结构有哪些？

答：分离器系圆筒形立式容器，内装有冷却用蛇形管。系统中有氢、氧分离器各一个。

8-9 分离器的主要作用是什么？

答：（1）分离由电解槽出来的气体中夹带的大量电解液。

（2）冷却分离出来的电解液，不断地在电解槽和分离器之间流动，从而使电解液的温度达到均匀。

8-10 洗涤器的主要作用是什么？

答：洗涤器的结构与分离器基本相同，其作用主要是用纯水进一步洗涤从分离器来的气体，把气体中夹带的碱雾洗掉，并使气体的温度降低，因此洗涤器亦有干燥气体的作用。

8-11 压力调整器的结构及作用是什么？

答：压力调整器为圆筒形结构，内部有浮子针形阀，外部有水位表及弹簧安全阀和压力表，它的主要作用是调整电解槽内氢、氧侧压力的平衡，从而保护石棉布不受过大的压力差的作用而破坏。

8-12 压力调整器自动调整过程有哪些？

答：由于氢气和氧气压力调整器中的气体是互不连通的，而液体却是连通的，若氧气侧压力高了，则压力调整器内部水位下降，即浮子下降，这时针型阀开启，氧气外排，此时气压下降，水位回升，与此同时，由于氧气侧水位下降，氢气侧水位就上升，因而氢气侧的针型阀就开始关闭，氢气排出减少或完全停止，于是氢气侧压力迅速上升，一直到两者之间压力平衡，水位恢复到原状，使之处于正常，反之，如果氢气侧压力比氧气侧高，也会发生类似的调整作用。

8-13 平衡箱的作用是什么？

答：平衡箱是一个用于中压系统，生产中向洗涤器补充纯水的圆箱型容器，故称“给水箱”。从压力调整器出来的氢气经管路进入平衡箱，气体入口管伸入水中100mm左右，氢气通过水层出来，这样可以达到如下目的：使氢气再经过一次洗涤，去除残余碱雾杂质，并使气体压力得到降低，设备在运行中电解槽每制1m^3氢和0.5m^3氧耗费凝结水约0.9kg，所以设备在运行时需要不断向电解槽内补水，因为系统中各设备内部压力是相同的，同时平衡箱在系统设备中的安装标高均大于其他设备，所以主要依靠平衡箱内凝结水的压差、自重来完成向洗涤器的自动补水，因此平衡箱安装标高的合理性，是决定系统是否能实现自动补水的关键问题。

8-14 冷却器的结构和作用有哪些？

答：冷却器的结构同分离器相似，容器内有蛇形管，冷却水在容器内由下至上进行循环冷却，而氢气通过蛇形管。冷却器的作用在于分离和除掉气体中所带的少量水，使氢气的湿度降低到 $5g/m^3$ 以下。

8-15 氢气储气罐的作用是什么？

答：氢气储气罐是存储氢气的装置，其外部有弹簧安全阀、砾石挡火器，以备储气罐超负荷时气体可以安全排出。砾石挡火器、水封此二设备均为系统运行时确保安全而设置的，如果气体出口处发生火灾时，此二设备可以阻止火焰燃烧到系统内部而造成重大事故。挡火器内部充填砾石（即一般砂石，粒度应均匀），挡火器设置于氢气放空出口处，氢气储气罐排空管在弹簧安全阀后串联起来使用一个挡火器。水封内有水层，使系统内外隔绝，它安装在氧气放空出口处。

8-16 碱箱的作用是什么？

答：碱箱是配制及储备电解液用。碱箱内装有碱液过滤器。碱液过滤器主要作用是消除电解液中的残渣污物，使电解槽运行正常。大修时，滤网要定期清洗，并将碱液箱内的杂质及沉淀物清扫干净。

8-17 氢气干燥器有哪些种类？

答：氢气干燥器有再生吸附式氢气干燥器、冷凝式氢气干燥器、电子致冷式氢气干燥器。

8-18 阻火器的作用是什么？

答：一般设在氢气系统的设备放散管及用氢设备的氢气支气管上，以防止回火，阻止火焰蔓延，保证氢氧站及其储送系统的安全生产及正常供气。

8-19 电解水制氢系统的产品氢气要求达到的品质指标有哪些？

答：纯度：≥99.9%；温度：≤40℃；露点≤−50℃；绝对湿度：≤$0.0949g/m^3$。

8-20 氢气检漏测定仪的作用有哪些？

答：当检测出氢气浓度达到某一定值时，能自动送出信号到控制系统，通过控制系统自动启动排风装置工作。当检测出的浓度已超过该定值，达到另一高值时，能送出报警信号，在控制系统中进行声光报警。该设备的测点响应时间不大于10s，巡回周期不大于2min；凡有氢气设备的房间或容易集聚氢气的地方都设置测点。

8-21 制氢设备系统检修运行的技术保安要求是什么？

答：(1) 在运行的设备上，禁止进行任何修理工作。如需检修，必须办理工作票方可检修。

(2) 在设备启动运行之前，必须对所有绝缘部分及系统管路进行全面检查，达到设备运行技术要求后方可启动。

(3) 在拆开设备以前，必须先检查设备是否已确无压力，并将化学液体放完。

(4) 在制氢设备检修前必须先将设备停下，用氮气吹过，经化验合格，确认设备及管路内无可燃气体时，方可进行检修工作。

(5) 在电解室、氢罐室内及氢管路上进行焊接等明火作业，除按上述化验合格外，还要办理动火许可证，方能工作。

(6) 不准用系统管路作焊接地线，更不得使电焊线通过运行中的制氢设备、储气罐等。

(7) 为防止碱液烧伤皮肤及物品，在设备解体前应先放净电解液并用水冲洗干净。

(8) 制氢室内不准安装有能产生火花或电弧的电气设备。

(9) 配制电解液或电解液取样时，必须戴护目眼镜、胶皮手套。

(10) 电解室内必须准备充足的氮气和二氧化碳气，不得使用二氧化碳置换制氢设备中的氢气。

8-22 制氢系统检修前的准备工作是什么？

答：(1) 检查漏水、漏气、漏电解液部位及情况，并做记录。

(2) 了解电解液循环是否正常。

(3) 检查电解液纯度及密度。

(4) 检查氢气、氧气的纯度、湿度。

(5) 检查所有管路是否通畅。

(6) 检查冷却水系统流通情况。

(7) 检查电解槽正常电流运行工况下各间隔之电压。

(8) 检查各阀门开关是否正确，安全阀门动作值是否正常。

(9) 作好工具、材料、备品备件的准备。

8-23 制氢系统检修工作的内容有哪些？

答：(1) 电解槽的检修。

(2) 分离器、洗涤器、冷却器的检修。

(3) 压力调整器的检修。

(4) 各阀门检修和安全门的检查调整。

(5) 氢气干燥器的检修。

(6) 碱液箱的检修。

(7) 制氢室所有制氢设备全部组装后，应进行周密检查后进行水压试验。

8-24 如何检修电解槽？

答：(1) 拆下与电解槽连接的管路及附件。

(2) 拆下与端电极板连接的电缆。

(3) 测量两端电极板之间的距离，做好记录，将各螺栓与螺母做好定位标记。

(4) 对角缓缓松开各夹紧螺母，以免极板变形，全部松开后，先取下上部一夹紧螺栓。

(5) 取下中间隔框、各双极性的极板组及各隔框，用垫木垫好，注意保护密封线及隔膜布。

(6) 取下另外三个夹紧螺栓，将两块端电极板放于指定位置。

(7) 检查清扫各元件。

① 极板：用复水冲洗后用干净的布擦干净，仔细检查有无结垢、腐蚀等情况，特别应注意镀镍层是否有脱落现象。阴极表面不清洁可用砂布、钢丝刷等清扫，使其全部为有光泽

的金属表面，在检修过程中应注意阳极镀镍层不被磨伤，表面不清洁一般采用汽油及棉纱清理，电极与支撑板均应平整，极板修后应擦干净，存放于干燥的房间。

② 隔框注意不得碰伤镍层。用水冲洗，仔细检查框内、外缘及液孔道，并清除油污及其脏物，隔膜石棉布应均匀地紧固在框上，不应向一侧凸起10mm，隔框的三道圆周密封线应完好，隔膜布应在下边垫好后用软毛刷子清扫，石棉布松弛，石棉脱落严重者应更换，更换石棉布时可用M4×16的沉头镀镍螺钉固定，石棉布应拉紧、平整，不应有皱纹。

③ 检查各夹紧螺杆、螺母应无变形、裂纹等情况。

④ 聚四氟乙烯密封垫全部更换。

⑤ 清理半圆绝缘垫。

（8）组装电解槽。

8-25　如何组装电解槽？

答：（1）在电解槽总装配前，应先将电解槽的零件、部件及组装工具准备妥善，并对零、部件全面的技术检查。

（2）组装端极板。在组装端极板之前，应检查基础的水平度，放置好绝缘板，将端极板垂直地装在绝缘板上，在端极板的孔中穿过两根下部拉紧螺杆和一根上部拉紧螺杆，下部拉紧螺杆的中心线应在同一水平线上，在螺杆两端各套上一套碟形弹簧并拧上螺母，组装时应注意不得弄脏设备，特别不允许将金属物件和金属的粉屑弄进设备里。

（3）电解隔间的组装。先在端极板的气道孔和液道孔中穿入三根圆钢导杆，直径为31mm和19mm，然后将隔膜框、绝缘垫圈和极板组依次组装好。组装时要注意隔膜框的孔道方向要正确，氢气与氧气气道孔不能装反，并应注意电极板不能装反，阳极板均有镀镍层，阴极板到石棉布隔板之阴极间隙较阳极间隙大一倍。对组装好的电解隔间应进行检查，电极和隔膜框之间不应短路，应特别注意双极板不应弯曲，特别是不应向外弯曲，电解隔间组合好后，装上上部拉紧螺杆、绝缘零件、碟形弹簧和螺母。

（4）冷状态下预紧，待把三根圆钢导杆抽出而不至使极板组及隔框散落时将导杆抽出。

（5）用蒸汽加热电解槽。用0.2～0.3MPa蒸汽加热电解槽垫72h，蒸汽由电解槽下部吹入，在加热过程中绝缘垫变软收缩，开始每隔1～2h夹紧一次，最后每隔2～3h夹紧一次，测量两端极板之间的距离，应以修前量值为参考。

8-26　分离器、洗涤器、冷却器的检修步骤有哪些？

答：（1）拆下附件及管路，管口应包扎好。

（2）解体。用0.5t的链式起重机将端盖吊出放好。

（3）清扫蛇形管。用手锤沿蛇形管敲打，后用压缩空气将锈垢吹出，如锈垢附在管内不易清理时，可用木炭火加热蛇形管后用锤敲打，再用压缩空气吹净。

（4）用水冲洗缸体，检查应无腐蚀现象。

（5）组装前对蛇形管作1.25倍工作压力下的水压试验。

（6）组装时应更换全部垫料，材质应符合要求。

（7）冷却水路应畅通，流量应满足运行要求。

8-27　压力调整器的检修步骤有哪些？

答：（1）将压力调整器的附件、管路拆下，管口包好。

（2）解体，拆卸上盖螺钉，用0.5t链式起重机吊起芯子，做好记号，拆下浮子。

（3）用水冲洗浮子、缸体及上盖，检查腐蚀情况，拆下浮子针型阀、阀座及针塞，要求光滑并结合严密。

（4）检查浮子应严密不漏，对浮子应作 1.0MPa 的水压试验，应不漏水。

（5）安装浮子针型阀，调整浮子杆并固定好，氢侧浮子杆长为 75mm，氧侧浮子杆长为 130mm，检修中勿使浮子杆弯曲。

（6）组装后应作调压试验。

（7）最后进行 1.25 倍工作压力下的水压试验。

8-28 阀门检修和安全门的检查调整步骤有哪些？

答：（1）各阀门解体检查清扫，更换垫料，阀门应严密不漏气。

（2）安全门检查清扫，依照安全门压力设计要求做调整试验。

8-29 碱液箱的检修步骤有哪些？

答：（1）箱体、外壳、管路应清扫干净。

（2）拆开箱盖上的螺钉。暂把箱内电解液倒换到别的容器内。视电解液的干净程度，决定保存留用量。

（3）取出过滤网，用热水冲洗干净，如有破损，应予以更换。

（4）消除箱底沉积物，最后用白布擦干净。

（5）组装过滤网后，即可倒回碱液或重新配制碱液。

8-30 隔膜石棉布的技术要求有哪些？

答：（1）隔膜石棉布必须用整幅的，不能拼接用。

（2）隔膜石棉布纹最好织成斜纹。

（3）石棉布的重量不超过 3.8kg/m^2。

（4）每 10cm 布块的线数：经线不少于 140 根，纬线不少于 76 根。

（5）石棉布的厚度为 3.2mm±0.2mm。

（6）抗拉强度：以 25cm×150cm 的布块漂洗后的拉力，经向不少于 220kg，纬向不少于 170kg。

（7）在 750～800℃的温度烧灼 0.5h 后，石棉布的烧失量不应大于 19%。

（8）用 25%NaOH 煮沸 5h，石棉布的损失量应不大于 4%。

（9）石棉布上不得有外露的线头、缺经、断纬、机械痕迹等，表面应均匀平整。

（10）石棉布的水压气密性测定，在 3kPa 压力下，不允许有气泡产生。

8-31 对聚四氟乙烯绝缘垫圈的技术要求有哪些？

答：（1）聚四氟乙烯绝缘垫圈表面及周边应平整光滑，无裂纹与机械损伤。

（2）聚四氟乙烯垫圈厚薄应均匀，一般为 4.0mm±0.2mm，表面无皱纹。

（3）聚四氟乙烯垫圈材料应无杂质，否则不得使用。

（4）聚四氟乙烯垫圈应有良好的弹性，用 ϕ30mm 的量杆弯曲 200mm×300mm 的样品成 180°时不应有裂缝、异常现象。

8-32 采用石棉橡胶板制作隔框垫圈时技术要求有哪些？

答：（1）表面平整光滑、无皱纹、疙瘩和裂缝，内部不应夹带木屑、石粒金属等。

（2）具有良好的弹性，用 ϕ40mm 的量杆弯曲 200mm×300mm 的样品成 180°时不应有裂纹和分层。

（3）用60MPa的压力压缩时，样品的变形值不得超过10%，并不得有显著破坏。

（4）在温度为90℃，浓度为30%的KOH溶液中浸泡24h，其重量的增加不得超过20%，浸泡一个星期不得超过25%。

（5）将石棉橡胶板折合成长1m、断面面积为1mm^2，其电阻不得低于10MΩ。加工成形后斜面搭接粘合处的厚度，允许误差为±0.2mm。

（6）石棉垫的厚度为4～5mm。

8-33　制氢站管道安装要求有哪些？

答：制氢站管道安装要求主要有：氢气管道宜采用架空敷设，支架为非燃烧体，并且管道不能与电缆、导电线敷设在同一支架上；室内管道不应敷设在地沟中或者直埋，室外地沟管道应有防止氢气泄漏、积聚或窜入其他管道的措施，地埋管道深度不宜小于0.7m；管道不得穿过办公室、配电间、仪表室及其他不使用氢气的房间。

8-34　制氢设备的检修周期是多长？检修前应准备什么？

答：制氢设备的检修周期为每2～3年大修一次，每年小修一次。大修前的准备工作主要有以下几点：

（1）了解制氢设备的运行状况以及设备的缺陷情况。

（2）制订出检修技术措施及安全措施。

（3）准备好必要的备品配件。

（4）准备好起重工具及专用工具。

（5）对氢系统泄压后，进行氢系统及用氢设备的置换工作，并用测爆仪检测氢含量小于3%。

（6）测量拉紧螺杆的紧力，并做好记录，以便复位时使用。

8-35　制氢装置停运的故障原因是什么？

答：可能发生故障的原因如下：供电系统发生故障；整流电源发生故障；槽压过高使整流柜跳闸；碱液循环量过低使整流柜跳闸；槽温过高使整流柜跳闸。

8-36　制氢设备检修安装的一般要求是什么？

答：（1）设备安装就位前，必须认真复查基础标高及纵、横中心定位尺寸，要求偏差不大于10mm，并核查基础尺寸与设备支座是否相符。

（2）设备解体前必须先阅读图纸资料，熟悉设备结构及工作原理。

（3）解体检修应保证周围环境清洁，组装时各零部件标记必须与拆卸时相符。

（4）设备安装时，纵横中心线和标高，应符合设计图纸要求，允许偏差小于10mm。卧式设备以铁水平尺测量其壳体，以保证水平；直立式设备，应吊线垂测量其铅垂度，允许偏差应不大于5mm。

8-37　氢气储罐、压缩空气储罐检修安装步骤有哪些？

答：（1）检修气罐及出入管内无油污、锈蚀、杂物。

（2）将储存罐吊装就位，并调整纵、横向中心，通过验收后，即可进行地脚螺栓孔的灌浆。

（3）地脚螺栓孔浇灌后，调整标高及垂直度。经验收合格后，再进行基础二次浇灌。

8-38 如何确保工艺及质量?

答：(1) 为防止电解槽上方管道漏碱，电解槽上宜铺设绝缘胶木板。

(2) 氢气储罐应定期从底部排污，以防罐底积聚氧气。

(3) 氢气站内的气体管道焊接，碳钢管应采用氩弧焊打底，不锈钢管采用氩弧焊焊接，管道、阀门、管件等，在安装过程中应防止焊渣、铁锈及可燃物留在管内。

(4) 电解间与分配间之间、电解间与电源控制间之间的管道沟，在安装后应用水泥或黄砂隔断。

(5) 去主厂房的氢气管采用直埋敷设，直埋氢气管道应做适当标识。

(6) 有管道穿过屋顶的屋面，应在管道安装后作防漏处理。

(7) 电解间和分配间内部管沟，有管道穿过盖板处，局部敷设花纹钢板，其上面应铺设胶板或其他摩擦时不发生火花的材料。

8-39 安全、文明施工及环境管理要求和措施有哪些?

答：(1) 进入施工现场，必须严格遵守安全文明施工的各项管理规定，严禁冒险，违章作业。

(2) 设备吊装就位时，汽车吊吊臂及重物的下方严禁有人通过或停留，吊装区域严禁无关人员通过。设备放置稳定后，汽车吊方可松钩。

(3) 施工现场必须整洁，并有充足的照明。

(4) 设备解体后，其零部件必须分类摆放整齐，小型零部件应妥善保管，以防丢失。精密零部件应轻拿轻放并妥善保管，以免损伤。

(5) 管道安装时，其内部必须仔细清理干净，并严格封口包扎。

(6) 转动机械试运前，应手盘转子灵活无卡涩，联轴器保护罩安装牢固，试运时，严禁从转动机械上方跨过。

(7) 电解槽试运时，设备应良好接地，以防止产生静电引起氢气燃烧爆炸。

(8) 制氢系统试运时，电解槽操作地面上应放置一块绝缘橡胶板。且电解间应置防爆灯，室内应有良好的通风，并安装有氢气报警装置。

(9) 制氢系统试运时，不得进行任何检修工作，严禁在试运区域动火焊电焊及切割作业。作业人员严禁吸烟，且制氢间必须配备好适量的防火器材。如砂子、石棉布、灭火器\消防水箱等。

(10) 正式制氢前必须用 CO_2 气体进行置换。

(11) 制氢系统试运时应严加巡视，发现问题要及时停车处理，且应保持制氢间的清洁。

(12) 试运期间检修需动用电火焊时，必须办理动火作业票并制订可靠措施。

8-40 制氢设备开机前为什么要对系统进行充氮?

答：制氢设备停运一段时间或检修后再次投运时要对系统进行充氮。充氮的目的主要是置换出系统内除氮气以外的其他气体，再通过排空门排出氮气。因氮气和氢气在一般条件下很难发生化学反应，故开机前通常采用氮气吹扫。另外对系统进行充氮还可以做系统气密性试验，查找泄漏源。

8-41 如何防止电解槽爆炸现象发生?

答：要保持槽内清洁，避免在送电时发生火花；保持电解槽高度密封，要保证停运的电解槽内空气不能吸入；同时开机前要坚持用氮气吹扫。

8-42 为什么发电机要采用氢气冷却？

答：在电力生产过程中，当发电机运转把机械能转变成电能时，不可避免地会产生能量损耗，这些损耗的能量最后都变成热能，将使发电机的转子、定子等各部件温度升高。为了将这部分热量导出，往往对发电机进行强制冷却。常用的冷却方式有空冷却、水冷却和氢气冷却。由于氢气热传导率是空气的7倍，氢气冷却效率较空冷和水冷都高，所以电厂发电机组采用了水氢冷却方式，即定子绕组水内冷、转子绕组氢内冷，铁芯及端部结构件氢外冷。

8-43 电解槽漏碱的原因是什么？

答：电解槽的密封圈在长时间运行后失去韧性而老化，特别是槽体的突出部分为气道圈、液道圈的垫子，由于温度变化大，垫子失效就更快。有的电解槽由于碱液循环量不均，引起槽体温度变化造成局部过早漏碱。

8-44 电解水制氢，电解液浓度过高和过低分别有什么影响？

答：电解液浓度过高，就会增加电耗对石棉膜产生腐蚀，太浓时可能会析出晶体，堵塞液道管道和气路管道，造成电解槽不能正常运行。电解液浓度过低时如KOH浓度低于20%时，会增加电耗，而且使金属的钝性减弱，降低气体纯度，增加设备腐蚀。

8-45 电解水制氢，电解液的温度过高或过低有何影响？

答：电解液温度高，会使排出的气体带走大量的碱液和水汽，对设备的腐蚀会大大增加；电解液温度过低，影响电解液的循环速度，电流不易提高，产气量降低，消耗电能增加。

8-46 制氢系统需动火时应怎么办？

答：在制氢站和氢气系统附近动火时，必须按规定执行动火工作票，动火前，做好各项措施，保证系统内部和动火区氢气的含量不得超过1%。

8-47 汽轮机发电机用氢气冷却有什么优点？

答：用氢气冷却的优点：

（1）通风损耗低，机械（指发电机转子上的风扇）效率高。这是因为在标准状态下，氢气的密度是0.08987kg/m^3，空气的密度是1.293kg/m^3，CO_2的密度是1.977kg/m^3，N_2的密度是1.25kg/m^3。由于空气的密度是氢气的14.3倍，二氧化碳是氢气的21.8倍，氮气是氢气的13.8倍，所以，使用氢气作为冷却介质时，可使发电机的通风损耗减到最小程度。

（2）散热快、冷却效率高。因为氢气的热导率是空气的1.51倍，且氢气扩散性好，能将热量迅速导出。因此能将发电机的温升降低10～15℃。

（3）危险性小。由于氢气不能助燃，而发电机内充入的氢气中含氧又小于2%，所以一旦发电机绕组被击穿时，着火的危险性很小。

（4）清洁。经过严格处理的冷却用的氢气可以保证发电机内部清洁，通风散热效果稳定，而且不会产生由于脏污引起的事故。

（5）在用氢气冷却的发电机，噪声较小，而且绝缘材料不易受氧化和电晕的损坏。

8-48 汽轮机发电机用氢气冷却有什么缺点？

答：用氢气冷却的缺点：

(1) 氢气的渗透性很强，易于扩散泄漏，所以发电机的外壳必须很好的密封。

(2) 氢气与空气混合物能形成爆炸性气体，一旦泄漏，遇火即能引起爆炸。因此，在用氢冷却的发电机四周严禁明火。

(3) 采用氢气冷却必须设置一套制氢的电解设备和控制系统，这就增加了基建投资及维修费用。氢气冷却虽有以上一些缺点，但只要严格执行有关的安全规章制度和采取有效的措施还是可靠的，而其高效率冷却则是其他冷却介质无可比拟的，所以大多数发电机还是采用氢冷方式。

8-49 汽轮机发电机冷却方式有哪些?

答：(1) 空冷，仅限早期小量的发电机上采用，现已淘汰。

(2) 氢外冷，即定、转子绕组和定子铰芯都采用氢表面冷却。

(3) 氢内冷，即定子绕组和定子铁芯采用氢表面冷却，转子绕组采用氢气内部冷却。

(4) 水氢冷却即定子绕组水内冷、转子绕组氢内冷。定子铁芯氢外冷。

8-50 如何计算漏氢量?

答：如式 (8-4)：

$$\Delta V=V[(P_1+PB_1)/(273+t_1)-(P_2+PB_2)/(273+t_2)]\times Q_0/P_0\times 24/\Delta h \quad (8-4)$$

式中 ΔV——在给定状态下的每昼夜平均漏气量，m^3/d；

V——发电机充气容积（未插入转子按 $120m^3$，插入转子按 $110m^3$）；

P_0——给定状态下大气压力，$P_0=0.1MPa$；

Q_0——给定状态下大气温度，$Q_0=273+15=288K$；

P_1——试验开始时机内的气体压力（表压），MPa；

PB_1——试验开始时大气压力，MPa；

t_1——试验开始时机内的气体平均温度,℃；

P_2——试验结束时机内的气体压力（表压），MPa；

PB_2——试验结束时大气压力，MPa；

t_2——试验结束时机内的气体平均温度,℃；

Δh——正式试验进行连续记录的时间小时数，h。

根据规范和厂家说明要求 24h $\Delta V\leqslant 11.3m^3/d$。

8-51 纯度不够的氢氧化钠，在电解过程中有什么危害?

答：电解质 NaOH 的纯度，直接影响电解后产生气体的品质和对设备的腐蚀。当电解液中含有碳酸盐和氯化物时，会在阳极上发生下列有害反应，如式 (8-5) 和式 (8-6)：

$$2CO_3^{2-}+4e=\!=\!=2CO_2\uparrow+O_2 \quad (8-5)$$

$$2Cl^-+2e=\!=\!=Cl_2\uparrow \quad (8-6)$$

这种反应不但消耗了电能，而且因氧气中混入了氯气，而降低其纯度。同时生成的二氧化碳立刻又被碱液吸收，而又复原成碳酸钠，致使 $CO_3{}^{2-}$ 的放电反应反复进行下去，白白地消耗了大量电能。另外，反应生成的氯气，也可被碱液吸收变成次氯酸钠和氯化钠，它们又有被阴极还原的可能，也要消耗电能。

8-52 制氢过程中，补充水的质量标准是什么?

答：电解液中的杂质除来源于药品外，若补充水不纯净也会带入杂质。常用的补给水是汽轮机的凝结水，其质量要求如下：

外状：　　　透明清洁
电阻率：　　>105Ω·cm
氯离子：　　<2mg/L
铁离子：　　<1mg/L
悬浮物：　　<1mg/L

8-53 制氢过程中，电解液的质量标准是什么?

答：电解液的主要质量指标是 NaOH 的浓度。其具体标准如下：
NaOH 电解液浓度：　　　20%～26%
含铁量：　　　　　　　<3mg/L
氯离子：　　　　　　　<800mg/L

8-54 如何减轻电解槽的腐蚀?

答：为减轻电解槽的腐蚀，在电解液中应加入 0.2%～0.3%的重铬酸钾或千分之二浓度五氧化二钒。重铬酸钾能在阴极表面生成三氧化铬保护膜，从而保护了阴极，并可防止阳极生成的次氯酸盐和氯酸盐在阴极上还原而消耗电能；五氧化二钒的加入，可对电极的活化起催化作用，能改变电极表面状态，增加电极的电导率，有利于除去电极表面的气泡，降低电解液的含气度，在铁、镍金属表面产生保护膜，从而起到缓蚀作用。

8-55 制氢系统中的气体纯度指标是什么?

答：制氢系统中的气体纯度指标，氢气纯度不低于 99.5%，含氧量不应超过 0.5%。如果达不到标准，应立即进行处理，直至合格。另外，氢气绝对湿度不大于 $5g/m^3$。

8-56 氢冷发电机内的气体纯度指标是什么?

答：氢冷发电机内的气体纯度指标是，发电机氢冷系统中氢气纯度应不低于 96%，含氧量不大于 2%。

8-57 置换用中间气体的纯度是什么?

答：(1) 氮气纯度不低于 95%，水分的含量不大于 0.1%。

(2) 二氧化碳气体纯度不低于 95%，水分的含量不大于 0.1%，并且不得含有腐蚀性的杂质。

8-58 电解槽的运行控制标准是什么?

答：(1) 氢气和氧气侧导气管内的温度不得超过 80℃±5℃，一般控制在 60℃±5℃，正常运行中不得低于 45℃。

(2) 电解槽的电流只允许在厂家规定范围内变化。

(3) 电解槽的电压范围应控制在厂家规定的范围内，不得超过其最高值，相邻两极电压应控制在 1.8～2.4V，其差值不得超过 0.3V。

(4) 两个压力调节器的水位差不得超过 100mm。

(5) 电解系统的压力和储氢罐的压力是相等的，其压力允许在 $1\sim10kgf/cm^2$ 的范围内变化。

8-59 气体置换的目的和方法是什么?

答：氢气与空气混合气是一种危险性的气体，在混合气体中，氢气含量达 4%～76%范围内，就有发生爆炸的危险，严重时可能造成人身伤亡或设备损坏的恶性事故，因此，严禁氢气中混入空气。但在氢冷发电机由运行转入检修，或检修后启动投入运行的过程中，以及在某些故障下，必然存在着由氢气转为空气或由空气转为氢气的过程。这时，如不采取措施，势必造成氢气和空气的混合气体而威胁安全生产。

为防止发电机发生着火和爆炸事故，必须借助于中间气体，使空气与氢气互不接触。这种中间气通常使用既不自燃也不助燃的二氧化碳气体或氮气。这种利用中间气体来排除氢气或空气，或最后用氢气再排除中间气体的作业，叫做“置换”。

另一种方法是采用抽真空的办法，将发电机内的气体抽出，以减少互相混杂。

为了便于进行置换和抽真空的操作，在发电机外部装了一套系统，即所谓的氢冷系统。

8-60 发电机运行时必须补氢的原因是什么？

答：氢冷发电机在正常运行期间，当氢侧密封泵运行时，氢气纯度通常保持在96%或以上，当氢侧密封油泵关闭时，氢气纯度通常保持在90%或以上，必须补氢的原因是：

(1) 氢气的泄漏。由于发电机运行中氢气的泄漏，这就需要补氢以维持氢气压力（称漏补）。

(2) 空气的渗入。由于空气的漏入，因此要求补氢以维持氢气纯度（称纯补）。对于双流密封瓦密封系统，氢侧密封油压跟踪空侧密封油压基本保持相等。理论上，氢侧密封油和空侧密封油之间不能互相交换，但是由于两个油源之间压力上的变化，在双流密封瓦处将发生一些油量交换。进入空侧回油中的氢气，在空侧回油箱内由排烟机排除；进入氢侧回流的空气逸出汇入机内氢气中，时间长将导致氢压和纯度下降，为了保持氢压和纯度便必须漏补和纯补。

8-61 发电机内如何排氢？

答：发电机的排氢，是通过在机座底部汇流管充入二氧化碳，使氢气从机座顶部汇流管排出去。为了使机内混合气体中的氢气含量降到5%，应充入足够的二氧化碳。排氢应在发电机静止或盘车时进行，需要两倍发电机容积的二氧化碳。充二氧化碳时，纯度风机从发电机机座顶部汇流管采样，充入的二氧化碳应使二氧化碳纯度读数达到95%。

8-62 发电机如何排二氧化碳？

答：发电机排氢后，二氧化碳也不宜长时间封闭在机内，如机内需要进行检修，为确保人身安全，必须通入空气把二氧化碳排出。由于空气比二氧化碳轻，可以通过临时橡胶管，二氧化碳排除后即拆除，把经过滤的压缩空气引入机内上方的汇流管，把二氧化碳从底部排出。

也可以打开机座顶部的人孔，用压缩空气或风扇把空气打入机内驱出二氧化碳。

如果须立即通过人孔观察或进入机内检查，应采取预防措施防止吸入二氧化碳，不允许用固定的压缩空气连接管来清除二氧化碳气体和氢气，因为如果不小心空气漏入氢气内，就会带来危害，造成产生爆炸性混合气体的可能性。

第九章

大型火电机组水处理设备的安装与检修

9-1 澄清池斜板填料的安装程序有哪些?

答:(1)沉淀池底部排泥管安装。斜管沉淀池安装顺序一般从底部开始,先完成最底部的排泥管道系统的安装,确保排泥管道开孔符合设计要求、固定牢靠,检查无误后,才允许进入下一道安装工序。

(2)完成填料支架安装。根据斜管沉淀池填料支架安装施工图,先将填料支架安装到位,检查所有焊接结点牢靠、支架强度足以承受填料重量,并在支架表面完成防腐处理。

(3)完成斜管填料烫接。按斜管填料的烫接方法将每一个斜管填料包装作为一个单独的烫接单元,一个单元完成烫接后为1m^2,烫接完成后在场地上整齐堆放(保留少量的散片备用)。

(4)斜管填料池内组装。将烫接后的填料单元在填料支架上部自左向右进行组装。始终保持60°角不变,每一单元顺序组装时要适当压紧,组装到最右侧时若尺寸不是正合适,需要根据尺寸用散片斜管填料烫接后进行组装直至全部到位。

(5)斜管填料上部固定。由于斜管填料相对密度为0.92略小于水,斜管填料在池内组装到位后需要在填料上方自左向右方向拉上10mm的圆钢进行加固(每个单元填料上部要求有两根圆钢通过),圆钢两端在沉淀池池壁上可靠固定,安装圆钢后可以很好地防止斜管填料在初期使用时有可能发生的松动上浮现象,圆钢采用环氧煤沥青防腐。

9-2 曝气池内设备的安装指标有哪些?

答:曝气池内的主要设备为搅拌器和罗茨风机。

(1)搅拌器的安装指标为:①设备平面位置的允许偏差为20mm;②设备标高的允许偏差为20mm;③导轨垂直度的允许偏差为1/1000;④设备安装角度的允许偏差≤1°;⑤搅拌机轴中心的允许偏差≤10mm;⑥搅拌机叶片与导流筒间隙量的允许偏差≤20mm;⑦搅拌机叶片下摆量≤2mm。

(2)罗茨风机的安装指标为:①设备平面位置的允许偏差为20mm;②设备标高的允许偏差为20mm;③设备垂直度的允许偏差为1/1000。

9-3 曝气池的检修步骤主要有哪些?

答：曝气池的检修过程涉及到曝气池的放水、清淤、管路拆除和二次安装等，主要步骤有池内放水，池壁冲洗；池内清淤，处置外运；清理微孔曝气器；管路检查、冲洗和更换、恢复生产。

9-4 刮泥机上的减速器解体检修步骤有哪些?

答：(1) 放出润滑油，除装配为专用电机外，可先拆下电机。

(2) 旋下连接螺母和螺栓，在针齿壳与机座的贴合面处分开两部分。

(3) 取下轴用弹性挡圈和轴承，按轴向取出上面的摆线齿轮，同时应记下齿轮端面字号，相对于另一摆线齿轮端面字号的对应位置，端面字号相对于另一摆线齿轮端面字号的对应位置。端面字号朝同一方向，并呈180°角组装时仍应按原要求字号对应，方能组装。

(4) 取出间隔环（因是铸件材料，注意碰碎）。

(5) 取出偏心套和转臂轴承，取出另一块摆线齿轮，取出针齿壳内其他零件（针齿、针齿套）等。

(6) 拆下端盖卸下孔用挡圈，取出轮入轴。卸下油封盖用橡胶作垫敲击输出的端面，把它从机座中取出。

(7) 组装时应按上述拆卸的相反顺序进行。必须清洗零件，注意摆线齿轮的端面字号标记。输出轴装入机座时，允许用木锤敲击凹入部位，切不可敲击销轴。

(8) 减速器装配好后，可用手动或借助于辅助工具使输入轴旋转，了解其传动情况。若装配中确无故障、注入润滑油，即可整机空载试车运转，运转中应保持油泵管路的畅通。

9-5 澄清池斜板填料的种类有哪些?

答：(1) 依照材质划分为：聚丙烯（PP）斜板填料，聚氯乙烯（PVC）斜板填料、玻璃钢（FRP）斜板填料。

(2) 依照组装形式划分有斜管和直管两种形式。①斜管主要用于各种沉淀和除砂作用。它具有适用范围广、处理效果高、占地面积小等优点。适用于进水口除砂，一般工业和生活给水沉淀、污水沉淀、隔油以及尾张浓缩等处理。②直管主要用于生物滤池的高负荷生物滤池、塔式生物滤池、淹没式生物滤池（又称接触氧化池）以及生物转盘的微生物载体，对工业有机废水和城市污水进行生化处理。

9-6 KY007新型斜板有哪些优点?

答：(1) 技术方面。首先，独特的V形截面设计，优化的沉淀单元结构，形成更好的悬浮泥渣层，在兼具沉淀和吸附能力的基础上，进一步提高了沉淀效果。其次，采用受控静电吸附力的PET材料，增加矾花在沉淀区停留时间，进一步加强了接触絮凝作用，提升了沉淀效果。

(2) 材质方面。①独有的改性无毒PET材质大幅提高了沉淀板的抗蠕变、耐疲劳、耐摩擦等力学性能，PET材料具有耐酸碱、抗日晒、防老化、耐高低温等优点。②无毒ABS肋条物理性能优于钢才，牢固耐用。③夹心结构的沉淀板更加坚固、抗延展。独有的面层抗紫外线、抗菌配方可有效防老化、防止藻类滋生。特殊配方的面层也使斜板表面更光滑，更有利于排泥。

(3) 连接、安装方式。摈弃传统的热熔焊接方式，采用全新的卡扣式连接，首次实现斜板的工业化。各单元斜板及组件之间通过卡口楔、眼的合开，完成牢固的连接。实际工程中，单体和总装简单、方便、快捷。

9-7 如何做好加药装置的维护?

答：加药装置的管路应随时保持畅通，定时不定时地对装置各连接部位、过滤器、进料口、出料口等进行检查，观察这些部位是否有沉积物质，如发现这些症状，应及时加以清理。

要定期检查计量泵进料口是否堵塞，对管线、过滤器定期清洗，以防堵塞。

定期检查搅拌装置，查看搅拌轴是否转动灵活，叶轮是否扭曲变形，联轴套是否松动，以免轴扭力过大，消耗搅拌功率，如有损坏应及时更换。

要定期对安全阀、压力表及各管线阀门进行检查，以免发生泄漏事件。备用泵与使用泵应交替使用，避免长期启用或停用同一台泵。

9-8 加药装置的结构特点是什么?

答：主要由计量箱（药剂储罐）、计量泵（加药泵）、控制系统、连接管阀件等组成。这些设备一般都集中安装在一个加药间内，装置将计量箱、计量泵、控制系统一体化，即安装在一个底座上。制造厂完成设备购置、制造、组装、调试、试运行，用户只需将组合式加药装置安放在加药间后，将计量泵出口与加药管路、计量箱进出口与进水管等连接好，即待投入运行。

9-9 加药装置的主要组成部分是什么? 各自的作用是什么?

答：加药装置由三大部分组成：电动搅拌器、溶液槽、计量装置及投加设备及连接管阀件等。

（1）搅拌机：由搅槽机和搅拌装置组成，其作用是使需投加的溶质与水（溶剂）按一定比例配制后使其充分混合。

（2）溶液槽：用于存放已搅拌好的溶液，供投加设备用。

（3）计量装置与投加设备：采用计量泵投加溶液计量。

9-10 螺旋输送机安装及调试过程中有哪些要求?

答：（1）螺旋输送机一般吊装在料仓出口，其进料口与料仓出口采用法兰连接。在连接法兰中间应加阀门，当料仓内有物料时，仍能将该机卸下。出料端用吊杆与梁下预埋钢板相连（具体视现场情况而定）以保证在改机运转时有足够的稳定性。

（2）机壳的组装应符合下列规定：

① 直线度为长度的 1/1000，全长不超过 3mm；

② 横向水平度允差为宽度的 1/500；

③ 各外壳法兰连接处不得有间隙；

④ 机壳内壁与螺旋叶片间的两侧间隙应相等，偏差±2mm。

（3）轴或轴承中心线与机壳中心线的重合度允差为 0.5mm。

（4）悬挂轴承应保证转动灵活。

（5）减速器可在现场安装，亦可安装在机体上，应调正两链轮在同一平面内。

（6）空载试车时的轴承温度不应超过 20℃，负载试车时各轴承温度不得超过 30℃，试车时间均不小于 2h。

9-11 混凝处理在补给水处理中的作用是什么?

答：混凝处理的作用是使水中小颗粒的悬浮物和胶态杂质聚集成大颗粒，沉降下来去除掉。

9-12 澄清池出水浑浊的原因及处理方法有哪些?

答:(1)原水水质变化,悬浮物含量增大。应适当降低澄清池出力。

(2)澄清池进水流量、温度变化大。应按规定要求稳定进水流量和进水温度。

(3)加药量不足或过大。应进行澄清池调试,重新确定澄清池运行工况,调整凝聚剂和助凝剂的加药量。

(4)搅拌机转速不合适。应调整转速。

(5)澄清池排污量不合适。应调整排污量,稳定渣层高度。

(6)凝聚剂质量不符合标准。应检查混凝剂质量,若不符合要求,予以更换。

(7)澄清池斜管未冲洗或冲洗质量差。应按规定冲洗斜管,保证冲洗效果。

(8)澄清池设备有缺陷。应检查并消除设备缺陷。

9-13 澄清池翻池的原因有哪些?

答:(1)进水流量太大。

(2)搅拌机搅拌速度太快或者太慢。

(3)刮泥机故障。

(4)加药量过大或者过小。

(5)没有及时地中排或者底排。

(6)没有及时冲洗,澄清池内斜管利用率低。

(7)澄清池内无泥渣。

9-14 海水淡化系统内的主要设备有哪些?

答:主要设备有:蒸发设备,反渗透海水淡化设备,过滤设备,换热设备,加药设备,转动机械(包括有海水提升泵、冷凝水泵、海水升压泵、浓盐水输送泵、蒸馏水泵、闪蒸海水循环泵、真空泵、超滤进水泵、能量回收装置增压泵、罗茨风机、膜鼓风机、超滤反洗水泵、反渗透冲洗水泵、一级反渗透提升泵、一级反渗透高压泵、二级反渗透高压泵、淡水泵、预脱盐水泵、超滤废水排放泵、超滤出水泵、超滤排放泵),阀门,控制系统,静态混合器,检修起吊设备。

9-15 反渗透膜法海水淡化的基本工艺流程是什么?

答:海水淡化的基本工艺流程为:海水由供水泵进入石英砂(多介质过滤器)和活性炭过滤系统过滤。滤后水经过水质还原、pH 调整以及阻垢剂添加后进入精密和保安过滤系统,过滤后的低压海水一路进入高压泵加压,另一路进入压力交换式能量回收装置,升压后的海水经过增压泵加压后与高压泵出水混合进入反渗透膜堆系统。高压海水在膜堆的处理下一部分透过膜形成淡水,经过水质调整后进入淡水水箱储存。其余的高压浓缩水进入压力交换能量回收装置回收能量后排放。

9-16 海水淡化的方法有哪些?

答:现在所用的海水淡化方法有海水冻结法、电渗析法、蒸馏法、反渗透法。目前应用反渗透膜的反渗透法以其设备简单、易于维护和设备模块化的优点迅速占领市场,逐步成为应用最广泛的方法。

9-17　解释蒸馏、扩容蒸发以及电渗析和反渗透几种水处理方法?

答：(1) 蒸馏法：含盐类的水加热到沸腾状态时水变成蒸汽，而盐分被浓缩留在水中被排除，蒸汽被冷凝后即成较纯净的蒸馏水。蒸汽会因机械携带和选择性溶解而含盐分，可高达1mg/L。

(2) 扩容蒸发：预先将水加热到一定压力下的一定温度，然后将其注入到一个压力较低的容器中。这时，由于减压，注入水的温度就高于此容器压力下的饱和温度，于是一部分水急速扩容汽化而形成蒸汽，并使温度降低，直到水和蒸汽都达到该压力下的饱和温度为止。扩容蒸发法多采用多级蒸发，各级凝结水汇集后作为锅炉补给水。

(3) 电渗析法：利用离子交换膜在外电场作用下，只允许溶液中阳（或阴）离子单向通过，即选择性透过的性质，使水得到初步净化。它常用作离子含盐水除盐纯化前的预处理（单位脱盐率50%左右）。

(4) 反渗透法：如果在浓溶液一侧加上一个比渗透压更高的压力，则与自然渗透的方向相反，就会把浓溶液中的溶剂（水）压向稀溶液。因为这一渗透与自然渗透的方向相反，利用此原理净化水的方法称为反渗透法。

9-18　除盐系统内的主要设备有哪些?

答：主要设备有：澄清水泵、过滤器、过滤水箱、过滤器反洗水泵、过滤器反洗风机、超滤给水泵、自清洗过滤器、超滤装置、超滤水箱、超滤清洗水泵、超滤水泵、高压保安过滤器、反渗透高压水泵、反渗透装置、反渗透水箱、反渗透清洗水泵、反渗透水泵、加药装置、阳离子交换器、树脂捕捉器、阴离子交换器、混床、除盐水箱、除盐水泵、阳树脂清洗罐、阴树脂清洗罐、盐酸储存罐、碱液储存罐、固体碱溶解箱、盐酸计量箱、盐酸喷射器、碱液计量箱、碱液喷射器、酸雾吸收器、安全淋浴器、压缩空气储罐、回收水泵、卸酸泵、卸碱泵、废水泵、酸计量泵、碱计量泵、过滤器反洗风机、罗茨风机、酸碱中和池。

9-19　如何安装机械过滤器?

答：(1) 安装前检查土建基础是否按设计要求施工。

(2) 设备按设计图纸进行就位，调整支腿垫铁并检查进出口法兰的水平度和垂直度。

(3) 将设备和基础预埋铁板焊接固定，固定后再次校验进出口法兰的水平度和垂直度。

(4) 将设备本体配管按编号区分后依设计图纸进行组装，每段管道组装前应用干净抹布对内壁进行清洁工作，组装后应保持配管轴线横平竖直，阀门朝向合理（手动阀手柄朝前，气动阀启动头朝上）。

(5) 检查本体阀门开关灵活，有不灵活的情况及时整改。

(6) 设备本体配管完成后应对阀组进行必要的支撑工作等。

(7) 安装设备上配带的进出水压力表、取样阀等；进出水管道上如有流量探头座应用堵头堵住。

(8) 罐体内部检查。打开设备的人孔法兰将设备内的零件重新紧固，并确认罐内部件（如水帽等）不缺少。检查内部内衬是否完好，用电火花检漏仪检测，如发现有损坏的部位，需要对其进行修补，然后再使用电火花检漏仪检测，直到没有问题方可使用。

(9) 装填滤料。打开人孔，按所设计的填料高度，依次装入各种规格的填料，每填完一种均要人工扒平方可填上一层；石英砂填装完毕，反洗至排水清澈；再装填无烟煤。滤料装填完毕后封闭人孔。

9-20 反渗透安装前注意事项有哪些？

答：(1) 设备应尽量安装于干燥地方，因为长期处于潮湿的环境会造成电器设备和组件的损坏。

(2) 系统应置于方便操作者进入和维修的场地，四周应留有较充足的空间。

(3) 选择安装地点时应尽量考虑前处理装置（机械过滤器、活性炭过滤器等）有较合适的位置，并符合这些工艺流程的摆放顺序。

(4) 设备不需要专门的固定方式，只要认真调节支脚高度即可。

(5) 前处理和RO机按要求就位后，用PVC、不锈钢管道进行连接。

(6) 安装地点应保证环境温度不高于45℃和低于4℃。否则会对设备造成不可恢复的损坏。

(7) 纯水收集地点（如纯水箱入口处）高度不应高于设备纯水出口处1.5m，否则会对反渗透膜产生背压，造成膜的不可恢复的损坏。

(8) 任何一级纯水出口连接管中均不可安装阀门和任何阻碍纯水流出的装置。

(9) 安装纯水连接管和浓水排放管的管径不小于纯水出口的管径。

(10) 应该注意房间尺寸是否小于反渗透主机和各种水罐的尺寸。

9-21 超滤装置膜清洗有哪些方法？

答：清洗膜的方法可分物理方法和化学方法两大类。

(1) 物理清洗法

该方法是利用机械的力量来去除膜表面污染物。整个清洗过程不发生任何化学反应。

① 等压水力冲洗法：对于中空纤维超滤膜等压冲洗法是行之有效的方法之一。具体做法是关闭超滤液出口阀门，全开浓缩水出口阀门，此时中空纤维内外两侧压力逐渐趋于相等，因压力差黏附于膜表面的污垢松动，借助增大的流量冲洗表面，这对去除膜表面上大量松软杂质有效。

② 水-气混合清洗法：将净化过的压缩空气与水流一道进入超滤膜内，水-气混液会在膜表面剧烈的搅运作用而去除比较坚实的杂质。效果比较好，但应注意压缩空气的压力与流量。

③ 热水及纯水冲洗法：热水（30～40℃）冲洗膜表面，对那些黏稠而又有热溶性的杂质去除效果明显。纯水溶解能力强。纯水循环冲洗效果比较好。

④ 负压反向冲洗法：是一种从膜的负面向正面进行冲洗的方法，对内外有致密层的中空纤维或毛细管超滤膜是比较适宜的。这是一种行之有效但常与风险共存的方法，一旦操作失误，很容易把膜冲裂或者破坏中空纤维或毛细管与黏结剂的黏结面而形成泄漏。

(2) 化学清洗法

利用某种化学药品与膜面有害物质进行化学或溶解作用来达到清洗的目的。选择化学药品的原则，一是不能与膜及其他组件材质发生任何化学反应或溶解作用，二是不能因为使用化学药品而引起二次污染。

① 酸洗法：常用的酸有盐酸、草酸、柠檬酸等。配制后溶液的pH值因材质类型而定。例如CA膜清洗液pH=3～4，其他PS、SPS、PAN、PVDF等膜pH=1～2。利用水泵循环操作或者浸泡0.5～1h，对去除无机杂质效果好。

②碱洗法：常用的碱主要有氢氧化钠、氢氧化钾和碳酸钠等。配制碱溶液的pH值也因膜材质类型而定，除CA膜要求pH=8左右以外，其他耐腐蚀pH=12，同样利用水泵循环操作或者浸泡0.5～1h，对去除有机杂质及油脂有效。

③ 氧化性清洗剂：利用1%～3% H_2O_2，500～1000mg/LNaClO等水溶液清洗超滤膜，既去除了污垢，又杀灭了细菌。H_2O_2和NaClO是目前常用的杀菌剂。

④ 加酶洗涤剂清洗：加酶洗涤如0.5%～1.5%胃蛋白酶、胰蛋白酶。对去除蛋白质、多糖、油脂污染物质有效。

9-22 如何做好超滤膜组件的保护工作？

答：(1) 安装在室外时必须注意防冻、防日晒和震动。

(2) 膜组件安装到机架上时进水口和出水口上的硅胶垫片不得取下，等到通水调试时再取下，以防在安装期间因保护液流失后膜丝变干。

(3) 初次使用时应将所有阀门打开冲洗20min左右，冲去膜中的保护液，直到产水清晰、没有泡沫为止。

(4) 长时间不使用时（超过7天），应在超滤膜组件内注满保护液保存，防止超滤膜失水引起产水量下降。

9-23 影响超滤膜产水量的因素有哪些？

答：(1) 温度对产水量的影响

温度对超滤系统的产水量的影响是比较明显的，温度升高水分子的活性增强，黏滞性减小，故产水量增加。反之则产水量减少，因此即使是同一超滤系统在冬天和夏天的产水量的差异也是很大的。一般在允许的温度条件下，温度系数约为0.0215/1℃，即温度每上升1摄氏度，则相应的产水量增加2.15%，因此可以使用调节水温的方法来实现超滤系统的产水量的稳定一致。

(2) 操作压力对产水量的影响

在低压段时超滤膜的产水量与压力成正比关系，即产水量随着压力升高而增加，但当压力值超过0.3MPa时，即使压力再升高，其产水量的增加也很小，主要是由于在高压下超滤膜被压密而增大透水阻力所致，因此在超滤系统设计时要注意这点。

(3) 进水浊度对产水量的影响

进水浊度越大时，超滤膜的产水量越小，而且进水浊度大更易引起超滤膜的堵塞，在确定超滤膜产水量时也应考虑进水浊度的影响。一般可采用：①增加前级预处理降低原水浊度；②使用错流过滤方式，并降低系统回收率。

(4) 流速对产水量的影响

流速的变化对产水量的影响虽不像温度和压力那样明显，流速过大时反而会导致膜组件的产水量下降，这主要是由于流速加快增加了组件压力损失而造成的，因此在设计超滤系统流速时，一定要控制在给定的流速范围内，流速太慢影响超滤分离质量，容易形成浓差极化，太快则影响产水量。

9-24 反渗透膜组件的清洗方法有哪些？

答：它包括化学清洗和物理清洗，化学清洗是用化学药品对膜上的一些污垢、沉淀物进行溶解、冲洗的过程；物理清洗是利用产品水对膜进行清洗的过程，这样可以使膜的污染降到最低的限度。一般根据水质的情况化学清洗为1～3个月清洗一次，物理清洗为3个小时一次（具体由水质决定）。

9-25 浮动床阳离子交换器结构形式是什么？

答：设备由本体、布水装置、集水装置、外配管及仪表取样装置等组成。进水装置为下进水，多孔板滤水帽布水。集水装置为多孔板滤水帽集水结构；设备的本体外部配管配带阀门并留有压力取样接口，便于用户现场安装和实现装置正常运行。

9-26 如何安装浮动床阳离子交换器？

答：(1) 安装前检查土建基础是否按设计要求施工。

(2) 设备按设计图纸进行就位，调整支腿垫铁并检查进出口法兰的水平度和垂直度。

(3) 将设备和基础预埋铁板焊接固定，固定后再次校验进出口法兰的水平度和垂直度。

(4) 将设备本体配管依设计图纸进行组装，每段管道组装前应用干净抹布对内壁进行清洁工作，组装后应保持配管轴线横平竖直，阀门朝向合理（手动阀手柄朝前，气动阀启动头朝上）。

(5) 检查本体阀门开关灵活，有不灵活的情况及时整改。

(6) 设备本体配管完成后应对阀组进行必要的支撑工作等。

(7) 安装设备上配带的进出水压力表、取样阀等；进出水管道上如有流量探头座应用堵头堵住。

9-27 初次使用浮动床阳离子交换器，应该注意些什么？

答：(1) 冲洗。考虑到设备和管道连接时的电焊残渣、管道初次投用时的表面污物，设备初次投入运行时应进行冲洗。

① 打开设备的人孔法兰将设备内的零件重新紧固，并确认罐内部件（如水帽等）不缺少；封闭人孔法兰。

② 检查设备的阀门，确认阀门的开关正常。

(2) 装填滤料。打开人孔，先将白球按设计的填料高度装填，封闭人孔。连接树脂装卸小车至设备本体的树脂进口，计算好设备的树脂装填量，利用树脂装卸小车将树脂输入设备内。装填的同时打开上部排水阀。

(3) 开启反洗排水阀，同时开启反洗进水阀，对树脂进行反洗。待水清澈后关闭设备反洗进水阀。待树脂完全静止后对树脂进行再生。

9-28 如何安装浮动床阴离子交换器？

答：(1) 安装前检查土建基础是否按设计要求施工。

(2) 设备按设计图纸进行就位，调整支腿垫铁并检查进出口法兰的水平度和垂直度。

(3) 将设备和基础预埋铁板焊接固定，固定后再次校验进出口法兰的水平度和垂直度。

(4) 将设备本体配管依设计图纸进行组装，每段管道组装前应用干净抹布对内壁进行清洁工作，组装后应保持配管轴线横平竖直，阀门朝向合理（手动阀手柄朝前，气动阀启动头朝上）。

(5) 检查本体阀门开关灵活，有不灵活的情况及时整改。

(6) 设备本体配管完成后应对阀组进行必要的支撑工作等。

(7) 安装设备上配带的进出水压力表、取样阀等；进出水管道上如有流量探头座应用堵头堵住。

9-29 混合离子交换器结构形式是什么？

答：设备由本体、布水装置、集水装置、进碱装置、中间排水装置、外配管及仪表取样装置等组成。集水装置为多孔板滤水帽集水结构。进碱装置及中间排水装置均为母支管结构，支管均为T形绕丝管。设备的本体外部配管配带阀门并留有压力取样接口，便于用户现场安装和实现装置正常运行。

9-30 树脂清洗罐的结构形式是什么?

答：设备本体为立式锥底形式，设备内部设有布水装置、正洗集水装置、压缩空气进气装置。设备的本体外部配管配带阀门并留有压力取样接口，便于用户现场安装和实现装置正常运行。

9-31 影响过滤的主要因素有哪几点?

答：(1) 滤料的粒径和滤层的高度

在过滤设备的运行中，悬浮颗粒穿透滤层的深度，主要取决于滤料的粒径，在同样的运行工况下，粒径越大，穿透滤层的深度也越大，滤层的截污能力也越大，也利于延长过滤周期。增加滤层的高度，同样有利于增大滤层的截污能力。但是应当指出的是截污能力越大，反洗的困难也同样增大。

(2) 滤料的形状和滤层的空隙率

滤料的形状会影响滤料的表面积，滤料的表面积越大，滤层的截污能力也越大，过滤效率也越高。如采用多棱角的破碎粒滤料，由于其表面积较大，因而可提高滤层的过滤效率。一般说，滤料的表面积与滤层的空隙率成反比，孔隙大，滤层的截污能力大，但过滤效率较低。

(3) 过滤流速

一般所指的滤速，是在无滤料时水通过空过滤设备的速度，也称为“空塔速度”。过滤设备的滤速不宜过慢或过快。滤速慢意味着单位过滤面积的出力小，因此为了达到一定的出力，必须增大过滤面积，这样将大大增加投资。滤速太快会使出水水质下降，而且因水头损失较大，而使过滤周期缩短。在过滤经过混凝澄清处理的水时，滤速一般取 8～12m/h。

(4) 进水的前处理方式

滤层的截污能力（又称泥渣容量），是指单位滤层表面或单位滤料体积所能除去悬浮物的重量，可用每平方米过滤截面能除去泥渣的质量（kg/m^2），或每立方米滤料能除去泥渣的质量（kg/m^3）表示。

(5) 水流的均匀性

过滤设备在过滤或反洗过程中，要求沿过滤截面水流分布均匀，否则就会造成偏流，影响过滤和反洗效果。在过滤设备中，对水流均匀性影响最大的是配水系统，为了使水流均匀，一般都采用低阻力配水系统。

9-32 离子交换器再生过程时，反洗有哪些作用?

答：(1) 除去运行时聚集的污物和悬浮物。

(2) 排除空气。

(3) 使向下逆流时压紧的离子交换剂松动。

(4) 用来将树脂分层。

9-33 离子交换器进行大反洗应注意哪些事项?

答：(1) 大反洗时，人必须在现场监护。

(2) 大反洗时，流量由小到大，要除去空气。

(3) 大反洗前进行小反洗。

(4) 大反洗尽量达到最高高度，反洗彻底。

9-34 逆流再生固定床具有哪些优缺点?

答：逆流再生固定床的优点：

(1) 再生剂比耗低，比顺流再生工艺节省再生剂；

(2) 出水质量提高；

(3) 周期制水量大；

(4) 节约用水；

(5) 排出的废再生液浓度降低，废液量减少，并减小对天然水的污染；

(6) 工作交换容量增加。树脂的工作交换容量取决于树脂的再生度和失效度，所以在相同的再生水平条件下，其工作交换容量比顺流床高。

逆流再生固定床的缺点：

(1) 设备复杂，增加了设备制造费用；

(2) 操作麻烦；

(3) 结构设计和操作条件要求严格；

(4) 对置换用水要求高，否则将使出水水质变坏；

(5) 设备检修工作量大。

9-35 混床在失效后，再生前通入 NAOH 溶液的目的是什么?

答：通入 NaOH 的目的是阴树脂再生成 OH 型，阳树脂再生成 Na 型，使阴阳树脂密度差加大，利于分层，另外，消除 H 型和 OH 型树脂互相黏结现象，有利于分层。

9-36 高混投运过程中的注意事项有哪些?

答：(1) 投运前要检查各阀站的状态，看其是否有拒动现象。

(2) 投运的过程中要加强与集控室的联系，防止在投运的过程中造成机组断水。

(3) 投运前将床体内的空气排尽，否则会影响布水的均匀性，造成出水水质恶化。

(4) 投运前要进行加压操作，以防止床体内压力骤降而造成内部装置损坏。

9-37 水处理混床出水电导高的原因有哪些?

答：(1) 阳、阴床出水水质差；

(2) 反洗进水门未关严；

(3) 混床进酸碱门漏；

(4) 阳树脂过多。

9-38 高混出现哪些情况应停止混床运行?

答：(1) 高混失效，出水水质超标；

(2) 进水含铁量≥1000μg/L；

(3) 进水温度≥50℃；

(4) 相应机组解列；

(5) 进出口压差≥0.35MPa；

(6) 高混出现不适合运行的缺陷。

9-39 影响混凝效果的因素有哪些?

答：(1) 水温；(2) pH 值；(3) 加药量；(4) 接触介质；(5) 水力条件；(6) 原水

水质。

9-40 怎样正确进行水汽取样？

答：(1) 取样点的设计、安装是合理的。取样管要用不锈钢或紫铜，不能用普通钢管或黄铜管。

(2) 正确保存样品，防止已取得的样品被污染。

(3) 取样前，调整取样流量在500mL/min左右。

(4) 取样时，应冲洗取样管，并将取样瓶冲洗干净。

9-41 精处理树脂流失的主要原因有哪些？

答：(1) 下部出水装置泄漏；

(2) 反洗流速过高；

(3) 空气擦洗或空气混合时树脂携带流失；

(4) 树脂使用长周期后正常磨损。

9-42 高混周期制水量降低的原因？

答：(1) 再生效果差；

(2) 入口水水质变化；

(3) 运行流速高；

(4) 树脂污染；

(5) 树脂老化；

(6) 树脂损失。

9-43 斜管出水水质恶化的原因及处理方法是什么？

答：(1) 混合井进水流量大：关小进水门，包括混合井进水门、源升泵出口门及旁路门。

(2) 药量过多或过小：根据进水及出水水质情况，及时调整加药量。

(3) 排污不足或没有及时排污：及时排污。

(4) 斜管长时间未冲洗：冲洗斜管。

9-44 影响树脂工作交换容量的主要因素有哪些？

答：(1) 进水中离子浓度的组成；

(2) 交换终点的控制指标；

(3) 树脂层高度；

(4) 水流速度，水温；

(5) 交换剂再生效果，树脂本身性能。

9-45 化学清洗的一般步骤和作用有哪些？

答：(1) 水冲洗。冲去炉内杂质，如灰尘、焊渣、沉积物。

(2) 碱洗或碱煮。除去油脂和部分硅酸化合物。

(3) 酸洗。彻底清除锅炉的结垢和沉积物。

(4) 漂洗。除去酸洗过程中的铁锈和残留的铁离子。

(5) 钝化。用化学药剂处理酸洗后的活化了的金属表面，使其产生保护膜，防止锅炉发生再腐蚀。

9-46 为什么阳离子交换器要设在阴离子交换器的前面？

答：原水如果先通过强碱阴离子交换器，则碳酸钙、氢氧化镁和氢氧化铁等沉淀附于树脂表面，很难洗脱；如将其设置在强酸阳离子交换器后，则进入阴离子交换器的阳离子基本上只有 H，溶液呈酸性，可减少反离子的作用，使反应较彻底的进行。所以说阳离子交换器一般设在阴离子交换器前面。

9-47 对高参数容量机组的凝结水，为什么必须进行处理？

答：随着机组容量的增大，电力行业的不断发展与壮大，对机组的参数指标运行的稳定、经济等各方面的要求不断在提高，而对于机组的水汽指标的要求也相应提高了，凝结水是水汽指标中非常重要的一项，凝结水水质的好坏将直接影响机组运行情况，减少补给水对锅炉水质恶化，减少杂质的带入，因此，对于高参数大容量机组的凝结水，必须进行处理。

9-48 对逆流再生离子交换器来说，为什么树脂乱层会降低再生效果？

答：因为在逆流再生离子交换器里，床上部树脂是深度失效型，而床下部树脂则是运行中的保护层，失效度很低，当再生时，新的再生液首先接触到的是保护层，这部分树脂会得到深度再生。而上部树脂再生度较低，如果在再生时树脂乱层，则会造成下部失效很低的树脂与上部完全失效的树脂层相混。用同量、同种再生剂时，下部树脂层就达不到原来的再生深度。另外，在再生过程中，如果交换剂层松动，则交换颗粒会上、下湍动，再生过树脂会跑到上部、未再生的树脂会跑到下部，这样，就不能形成一个自上而下其再生程度不断提高的梯度，而是上下再生程度一样的均匀体，再生程度很高的底部交换层不能形成，因而也就失去了逆流再生的优越性。这样就会使出水水质变差，运行周期缩短，再生效果变差。

9-49 影响电导率测定的因素有哪些？

答：影响电导率测定的因素如下：

（1）温度对溶液电导率的影响。一般，温度升高，离子热运动速度加快，电导率增大。

（2）电导池电极极化对电导率测定的影响。在电导率测定过程中发生电极极化，从而引起误差。

（3）电极系统的电容对电导率测定的影响。

（4）样品中可溶性气体对溶液电导率测定的影响。

9-50 高速混床树脂擦洗目的是什么？

答：凝结水高速混床具有过滤功能，因此擦洗可以把树脂层截留下来的污物清除掉，以免发生树脂污染，混床阻力增大而导致树脂破碎及阴阳树脂再生前分离困难。

9-51 为什么冬季再生阴床时，碱液需加热？加热温度高低如何掌握？

答：由于阴床再生时，树脂层中硅酸根被置换出来的速度缓慢，提高再生液的温度，可以提高硅酸根的置换能力，改善硅酸的再生效果并缩短再生时间；而温度低时，影响阴树脂与碱液的置换速度，使再生度下降。因此，冬季再生阴树脂时碱液需加热。

9-52 除碳器除碳效果的好坏对除盐水质有何影响？

答：原水中一般都含有大量的碳酸盐，经阳离子交换器后，水的 pH 值一般都小于

4.5，碳酸可全部分解CO_2，CO_2经除碳器可基本除尽，这就减少了进入阴离子交换器的阴离子总量，从而减轻了阴离子交换器的负担，使阴离子交换树脂的交换容量得以充分利用，延长了阴离子交换器的运行周期，降低了碱耗；同时，由于CO_2被除尽，阴离子交换树脂能较彻底地除去硅酸。因为当CO_2及$HSiO_3^-$同时存在水中时，在离子交换过程中，CO_2与H_2O反应，能生成HCO_3^-，HCO_3^-比$HSiO_3^-$易于被阴离子交换数值吸附，妨碍了硅的交换，除碳效果不好，水中残留的CO_2越多，生成的HCO_3^-量就多，不但影响阴离子交换器除硅效果，也可使除盐水含硅量和含盐量增加。

9-53 补给水除盐用混床和凝结水处理用混床二者结构和运行上有何不同？

答：(1) 所使用的树脂要求不同，因高速混床运行流速一般在80～120m/h，故要求的树脂的机械强度必须足够高，与普通混床相比，树脂的粒度应该较大而且均匀，有良好的水力分层性能。在化学性能方面，高速混床要求树脂有较高的交换速度和较高的工作交换容量，这样才有较长的运行周期。

(2) 填充的树脂的量不同，普通混床阳阴树脂比一般为1∶2，而高速混床为1∶1或2∶1，阳树脂比阴树脂多。

(3) 高速混床一般采用体外再生，无需设置酸碱管道但要求其排脂装置应能排尽筒体内的树脂，进排水装置配水应均匀。

(4) 高速混床的出水水质标准比普通混床高。普通混床要求电导率在0.2μS/cm以下，高速混床为0.15μS/cm以下，普通混床二氧化硅要求在20μg/L以下，高速混床为10μg/L以下。

(5) 再生工艺不同，高速混床再生时，常需要用空气擦洗去除截留的污物，以保证树脂有良好的性能。

9-54 除盐系统树脂被有机物污染，有哪些典型症状？

答：根据树脂的性能，强碱阴树脂易受有机物的污染，污染后交换容量下降，再生后正洗所需的时间延长，树脂颜色常变深，除盐系统的出水水质变坏，pH值降低。还可以取样进一步判断，将树脂加水洗涤，除去表面的附着物，倒尽洗涤水，换装10%的食盐水，震荡5～10min，观察盐水的颜色，根据污染的程度逐渐加深。从浅黄色到琥珀—棕色—深棕—黑色。

9-55 阴树脂污染的特征和复苏方法有哪些？

答：根据阴树脂所受污染的情况不同，采用不同的复苏方法或综合应用。由于再生剂的质量问题，常常造成铁的污染，使阴树脂颜色变得发黑，可以采用5%～10%的盐酸处理。阴树脂最易受的污染为有机物污染，其特征是交换容量下降，再生后，正洗时间延长，树脂颜色常变深，除盐系统的出水水质变坏。对于不同水质污染的阴树脂，需做具体的筛选试验，确定NaCl和NaOH的量，常使用两倍以上树脂体积的含10%NaCl和1%NaOH溶液浸泡复苏。

9-56 阴阳树脂混杂时，如何将它们分开？

答：可以利用阴阳树脂密度不同，借自上而下水流分离的方法将它们分开。另一种方法是将混杂树脂浸泡在饱和食盐水，或16%左右NaOH溶液中，阴树脂就会浮起来，阳树脂则不然。如果两种树脂密度差很小，则可先将树脂转型，然后再进行分离，因为树脂的形式不同，其密度发生变化。例如：OH型阴树脂密度小于CL型，阴树脂先转成OH型后，就易和阳树脂分离。

9-57 水处理的过滤设备检修，运行人员应做哪些措施？

答：检修人员提出热力机械工作票，按照检修设备的范围，将要检修的设备退出运行，关闭过滤设备的入口门，打开底部放水门，将水放尽。关闭操作本过滤器的操作用风总门，盘上有关操作阀，就地挂警示牌。

9-58 如何进行酸碱存储罐的就位找正？

答：酸碱存储罐的本体就位要进行以下工作：

(1) 以罐体底座中心线为准测量，根据图纸找正中心线，偏差≤±10mm。

(2) 以罐体下弧面为准用尺或水准仪测量，根据图纸进行标高找正，偏差≤±5mm。

(3) 以罐体上部孔法兰平面为准测量进行罐体纵向水平度的找正，偏差≤$L/1000$mm（L 为罐长）。

(4) 以罐体上部人孔法兰平面为准测量，进行罐体横向水平度的找正，偏差≤$D/1000$（D 为直径）。

(5) 对自流式的罐体根据设计要求，要保证一定的倾斜度。

9-59 酸碱存储罐在运行前要进行哪些检查工作？

答：(1) 防腐层的检查。进行外观并电火花检查全部防腐层，对缺陷进行修补处理。

(2) 检查液位指示计，应指示准确，无卡涩。

(3) 进行罐水试验或水压试验，须严密不漏。

开口式：灌水试验须满水后保持24h进行检查不漏水。

顶压式水压试验：压力为顶压空气工作压力的1.25倍。

(4) 对有伴热装置的碱存储罐要检查伴垫管的连接是否严密，垫片是否符合设计规定。

9-60 如何进行酸碱计量器的就位找正？

答：要进行下列工作：

(1) 在筒壁90°方位用水平测量找正垂直度。

(2) 在计量器底外圆等分四点对照基础中心线，按图纸进行中心找正。

(3) 以箱底为准进行测量按图进行标高找正。

(4) 根据图纸找正其进出口方位。

(5) 设备找正后要求箱底与基础接触密实，点焊牢固，且不得损坏衬胶防腐层。

9-61 对加酸系统的管道、管件有何要求？

答：(1) 浓硫酸系统的所有管道应采用无缝钢管。阀门、法兰等接合面的垫料必须采用铅质或聚四氟乙烯塑料垫片，严禁使用橡胶垫。

(2) 对采用盐酸再生液的管道必须采用衬胶和衬塑的管道，阀门为衬胶（衬氟）阀门，垫片采用耐酸橡胶垫。

9-62 在安装非金属泵前，应作哪些检查？

答：在安装非金属泵前，应仔细阅读厂家制造说明书，了解泵的结构特点，一般作下列检查：

(1) 用粘合剂粘合的叶轮应清洁无杂物、无裂纹，粘合要牢固。

（2）轴头螺母、密封圈和轴套应无变形，毛刺和裂纹，轴头螺纹应完整。

（3）热压泵壳、端盖以及各部零件，应无明显分层和变形现象。

9-63 如何进行酸碱喷射器的检查与安装？

答：（1）根据图纸要求核查喷射器的型号、外形尺寸和材质。

（2）检查喷嘴及扩散管光洁度，应光滑无毛刺。

（3）粘合制品要检查其牢固度，应粘接牢固、无分层、无裂纹。

（4）防腐层要做电火花漏电检查，不漏电。

（5）根据图纸要求用尺测量，用合适垫片调整喷嘴与扩散管组合间距，螺栓紧固应均匀适度，支架要牢固。

9-64 离子交换器有哪些项目的检查？如何检查？

答：（1）防腐层的检查。外观检查，无损伤；用电火花检查器检查防腐层表面，不漏电（对漏电处进行处理）。

（2）内部装置的检查。检查进排水装置水平偏差与筒体中心线偏差，支管水平与母管垂直，相邻支管中心，及装置内清洁度，泄水帽缝隙等。

（3）安装附件的检查。检查产品合格证，纤维网套的化学稳定性规格是否符合设计要求，纤维网套是否缝制严密，绑扎牢固，泄水帽用手拧试不松动，不少于5扣，无损坏，与隔板间隙≤0.5mm。

（4）本体水压试验严密不漏。

9-65 凝结水处理系统主要设备有什么？

答：高速混床、树脂捕捉器、再循环泵、树脂再生分离塔、阴树脂再生塔、阳树脂再生塔兼树脂储存塔、树脂储存塔、废水树脂捕捉器、冲洗水泵、罗茨风机、酸计量箱、酸计量泵、碱计量箱、碱计量泵、酸雾吸收器、仪用压缩空气储罐、工艺用压缩空气储罐、酸储存罐、碱储存罐、酸输送泵、碱输送泵、安全淋浴器、废水输送泵。

9-66 凝结水溶解氧不合格的原因是什么？如何处理？

答：凝结水溶解氧不合格的原因及处理如下：

（1）凝汽器真空部分漏气。应通知汽机人员进行查漏和堵漏。

（2）凝结水泵运行中有空气漏入。可以倒换备用泵，盘根处加水封。

（3）凝汽器的过冷度太大。可以调整凝汽器的过冷度。

（4）凝汽器的铜管泄漏。应采取堵漏措施，严重时将凝结水放掉。

9-67 需要做电火花实验的精处理设备有哪些？

答：需要做电火花实验的精处理设备有高速混床、树脂再生分离塔、阴树脂再生塔、阳树脂再生塔兼树脂储存塔、树脂储存塔。

9-68 再生辅助设备包括有哪些设备？

答：精处理储（碱）罐、精处理酸（碱）计量箱、精处理酸雾吸收器、精处理酸（碱）喷射器、精处理热水箱、废水树脂捕捉器、冲洗水泵、罗茨风机、精处理储气罐、树脂填充斗、精处理废液池、机组排水槽、锅炉酸洗废水池、电热水箱。

9-69 循环水处理系统的主要设备有哪些？

答：循环水处理系统的主要设备有：硫酸加药装置（卸酸泵、硫酸储罐、硫酸计量泵）、阻垢剂加药装置（阻垢剂药剂箱、阻垢剂计量泵）、加氯装置（氯瓶、蒸发器、加氯机、增压泵、喷射器、自清洗过滤器、漏氯吸收装置、漏氯检漏仪）、安全淋浴装置。

9-70 硫酸加药装置安装中需要注意什么？

答：（1）检查到货设备、阀门及材料是否耐硫酸腐蚀。连接垫片应使用四氟材料做垫片。

（2）硫酸储罐必须按照规程做电火花检漏。

（3）由于浓硫酸具有强腐蚀性，投用前必须用水检查整个系统，查漏补漏。

（4）硫酸管道。如设计的是地埋管道，在安装中需严格检查管道清洁度，同时，完成后必须做气压试验，确保无漏点后方可防保填埋。同时，最好能在管道上方做出明显的管道走向标示，防止开挖损坏管道。

9-71 硫酸加药装置运行维护中需要注意哪些？

答：（1）应该经常检查整个系统的法兰、阀门，如发现渗漏，需立即处理。

（2）应该定期检查清理计量泵入口 Y 形过滤器，确保过滤器通畅。

（3）对处理渗漏和检查滤网产生的浓硫酸遗留，必须立即清理。避免硫酸腐蚀设备及基础。

（4）定期巡查硫酸管线，确保整个硫酸输送管线正常稳定工作。

（5）定期对暴露在空气中的硫酸设备管道做好防护。发现有掉漆部分，应及时刷漆。

9-72 阻垢剂加药装置如何安装？

答：（1）检查设备基础。确保基础位置、标高、上部平整度满足设备安装要求。

（2）检查设备。阻垢剂加药装置一般都是一体化设备，安装前检查设备部件是否完好，对易损件进行拆除，确保在安装过程中不损坏部件。

（3）设备找平固定。一体加药装置的基础一般都有埋件，找平设备后，需要将设备底部支架和埋件焊接，确保设备固定牢固。

9-73 对加氯设备的安装有哪些要求？

答：（1）加氯设备管道，均应按设计要求采用耐腐蚀材料，并确保严密不漏。氯瓶不得直接与射水器相连。氯瓶上部应设置淋水管，其水温不得超过 40℃。

（2）转子加氯机应牢固地安装在基础上，不得采用悬挂方式。

（3）转子加氯机解体后，应对旋风分离器和减压阀进行内部清洗，并按额定启闭压力重新整定减压阀弹簧。

（4）加氯站必须设在水面以下，加氯管必须安装牢固。

9-74 电厂中的废水处理系统一般包括哪些子系统？

答：电厂中的废水处理系统一般包括有生活污水处理系统、锅炉含煤废水处理系统、锅炉含油废水处理系统。

9-75 影响机械设备安装的设备质量问题有哪些？

答：（1）设备基础上平面标高超高。标高高于设计或规范要求会使设备二次灌浆层高度不够，标高低于设计或规范要求会使设备二次灌浆层高度过高，影响二次灌浆层的强度和质量。

（2）预埋地脚螺栓的位置、标高及露出基础的长度超差。预埋地脚螺栓中心线位置偏差过大会使设备无法正确安装；标高及露出基础的长度超差会使地脚螺栓长度或螺纹长度偏差多大，无法起到固定设备的作用。

（3）预留地脚螺栓孔深度超差（过浅），会使地脚螺栓无法正确埋设。

9-76 机械设备安装的一般程序是什么？

答：开箱检查→基础测量放线→基础检查验收→垫铁设置→吊装就位→安装精度调整与检测→设备固定于灌浆→零部件装配→润滑与设备加油→试运转→工程验收。

9-77 泵站中的水锤及其常用的水锤防护措施有哪些？

答：在压力管道中，由于水流流速的剧烈变化而引起一系列剧烈的压力交替升降的水力冲击现象，称为水锤。

泵站中常见的水锤主要有三大类：关阀水锤、停泵水锤及启泵水锤。

（1）关阀水锤是指管路系统中阀门关闭所引起的水锤。

（2）停泵水锤是指水泵机组因突然失电或其他原因，造成开阀停机时，在水泵及管路中水流流速发生剧变而引起的压力传递现象。

（3）启泵水锤是指水泵机组转速从零到达额定值或从启动到正常出水过程中所产生的水锤。

常用的防护措施如下：

（1）关阀水锤的防护主要通过调节阀门的关闭规律，减小水锤压力；

（2）启泵水锤的防护主要是保证管道中气体能顺利通畅地排除出管道；

（3）停泵水锤的防护措施主要包括：①增大机组的GD2；②阀门调节防护；③空气罐防护；④空气阀防护；⑤调压塔防护；⑥单向塔防护。

9-78 设备基础交付安装时应符合什么要求？

答：（1）行车轨道铺好，二次浇灌的混凝土达到设计强度，并经验收合格；

（2）主辅设备基础、基座浇灌完毕、模板拆除，混凝土达到设计强度的70%以上，并经验收合格；

（3）厂房内的沟道基本做完，土方回填好，有条件的部位做好平整的混凝土粗地面，并修好进厂通道或铁路；

（4）装机部分的厂房应封闭，不漏雨水，能遮蔽风沙；

（5）土建施工的模板、脚手架、剩余材料、杂物和垃圾等已清除；

（6）各基础具有清晰准确的中心线，厂房零米与运行层具有标高线；

（7）各层平台、步道、梯子、栏杆、扶手和根部护板装设完毕，而且焊接牢固，各孔洞和未完工尚有敞口的部位有可靠的临时盖板和栏杆；

（8）厂房内的排水沟、泵坑、管坑的集水井清理干净，并将水排至厂房外；

（9）装好消防设施，水压试验合格，具有足够压头和流量的可靠清洁水源；

（10）对于建筑物进行装修时有能损坏附近已装好的设备的处所，应在设备就位前结束装修工作；

（11）交付安装的基础尺寸、中心线、标高、地脚螺栓孔和预埋铁件位置等，均应与设计图纸相符。

9-79 设备就位前，应对混凝土基础、垫铁、底座和地脚螺栓进行哪些准备工作？

答：(1) 基础表面凿毛并清除油污、油漆和其他不利于二次浇灌的杂物；

(2) 放置永久垫铁处的混凝土表面应凿平，与垫铁接触良好；

(3) 垫铁表面应平整，无翘曲和毛刺；

(4) 垫铁各承力面间的接触应密实无松动现象；

(5) 二次灌浆浇入的底座部分和地脚螺栓，应清理油漆、油垢和浮锈；

(6) 对于采用无垫铁安装的设备，所用的临时垫铁也应符合永久垫铁的要求。

9-80 设备解体检查的目的是什么？

答：解体检查的目的是：①发现设备在制造、组装、运输、保管等过程中的缺陷；②清理设备在组装和保管过程中所涂的防腐物质；③更换新的润滑油脂和填料、垫料；④测量与记录必要的数据，做到心中有数。

9-81 联轴器与轴的装配的条件是什么？

答：(1) 装配前应分别测量轴端外径及联轴器的内径，对有锥度的轴头，应测量其锥度并应涂色检查配合程度，接触应良好；

(2) 组装时应注意厂家的钢印标记，宜采用紧压法或热装法，禁止用大锤直接敲击联轴器；

(3) 大型或高速转子的联轴器装配后的径向晃度和端面瓢偏，都应小于 0.06mm。

9-82 齿形联轴器和弹性联轴器的安装要求是什么？

答：(1) 具有中间轴者，应先将两端轴的位置调整合格，再装中间轴。

(2) 组装完毕后应在联轴器内加入足量的润滑油（脂），采用强制油循环的联轴器，进油喷嘴的方向应正确，喷嘴的固定应牢靠且不得与联轴器相碰，回油应畅通，联轴器外壳应严密不漏。

(3) 弹性圈和柱销应为紧力配合，紧力一般为 0.2～0.4mm，弹性圈和联轴器的柱销孔之间应有间隙，一般应以能自由放入而不松旷为度，装在同一柱销上的弹性圈，其外径之差应不大于 0.20mm。

(4) 柱销螺母下应垫以弹簧圈，当螺栓全部拧紧后，各螺栓应均匀吃力且不得卡住，当全部柱销紧贴在联轴器螺孔的一侧时，另一侧应有 0.5～1mm 的间隙。

9-83 深井泵安装要求是什么？

答：(1) 泵体组装时应将泵轴水平放置，使逐级叶轮和叶壳的锥面相互吻合。

(2) 泵体组装按多级离心泵的组装程序进行，最后检查叶轮的轴向窜量，一般应为 6～8mm。

(3) 拧紧出水叶壳后，最后复查泵轴伸出的长度，应符合图纸规定，允许偏差为 2mm。

(4) 安装过程中，下泵管的夹具必须加衬垫紧固好，严防设备坠入井中，对于丝扣连接的井管，夹具夹持点应离螺纹 200mm 左右。

(5) 用传动轴连接的深井泵，两轴端面应清洁，结合严密，且接口应在联轴器中部。

(6) 用泵管连接的深井泵，接口及泵的结合部件应加合适的涂料，但丝扣接口不得填麻丝，管子端面应与轴承支架端面紧密结合，螺纹连接管节必须与泵管充分拧紧，对泵管连接处无轴承支架者，两管端面应位于螺纹连接管节长度的中部位置，错位不应大于5mm。

（7）泵座安装时，应使泵座平稳均匀地套在传动轴上，泵座与泵管的连接法兰应对正，并对称均匀地拧紧连接螺栓。

（8）泵座的二次灌浆应在底座校正合适后进行。

（9）泵的叶轮与导水壳间的轴向间隙，应按设备技术文件和传动轴的长度准确计算后进行调整，其锁紧装置必须锁牢。

9-84 一般离心泵安装的安装过程有哪些?

答：（1）基础检查：基础表面应平整、无露筋、裂缝、蜂窝麻面等现象；基础的表面标高、纵横向中心线及地脚螺栓孔的垂直度及深度符合图纸要求。

（2）基础准备：清理基面及地脚螺栓孔内的杂物、油漆。安装垫铁处的基础表面凿平，用水平尺检测其纵横向水平，然后配准垫铁。

（3）基础划线及垫铁布置：根据安装图纸在基础上划出泵的纵横中心线，并在基础上打出基准标高，布置垫铁。

（4）将水泵连同地脚螺栓放在垫铁上，以泵轴的中心线为准，找好泵的纵向中心线和标高，以水泵出口中心线为准找好泵的横向中心线位置。纵横向中心线偏差为±10mm。标高偏差±5mm，然后通过调整垫铁调整泵的水平。

（5）二次灌浆：待水泵找正找平后，浇灌地脚螺栓待混凝土达要求强度后，紧固地脚螺栓使水泵固定。

9-85 离心泵安装前如需解体检查时，应注意哪些事项?

答：（1）铸件应无残留的铸砂、重皮、气孔、裂纹等缺陷；

（2）各部件组合面应无毛刺、伤痕和锈污，精加工面应光洁；

（3）壳体上通往轴封和平衡盘等处的各个孔洞和通道，应畅通无堵塞，堵头应严密；

（4）泵体支脚和底座应接触密实；

（5）滑销和销槽应平滑无毛刺，滑销两侧总间隙一般应为0.05～0.08mm；

（6）泵轮、导叶和诱导轮应光洁无缺陷，泵轴与叶轮、轴套、轴承等相配合的精加工面应无缺陷和损伤，配合应正确；

（7）泵轮组装时对泵轴和各配合件的配装面，都应擦粉剂涂料；

（8）组装好的转子，其叶轮密封环处和轴套外圆的径向跳动值应不大于表9-1的规定；

（9）泵轴径向晃度值应不大于0.05mm；

（10）叶轮与轴套的端面应与轴线垂直，并应接触严密；

（11）密封环应光洁，无变形和裂纹；

（12）水泵与管道连接前的进、出口应临时封闭，确保内部清洁无杂物。

9-86 填料密封的轴封装置安装时应具备什么样的因素?

答：（1）填料应质地柔软并具备润滑性，材质应根据工作介质和运行参数正确选择；

（2）填料函内侧挡环与轴套的每侧径向间隙，一般应为0.25～0.50mm；

（3）紧好填料压环后，水封环应对准进水孔，或使水封环稍偏向外侧，水封孔道应畅通；

（4）盘根接口应严密，两端搭接角度应一致，一般为45°，安装时相邻两层接口应错开120°～180°；

（5）加完填料后手动盘车，使填料表面磨光，并应无偏重感觉；

(6) 填料压环应适当，压环与轴四周的径向间隙应保持均匀，不得歪斜或与轴摩擦；

(7) 对于输送凝结水的泵类，轴封水源应采用凝结水；

(8) 需要抽真空启动的循环水泵，水封水源除接自本身外，还应另接一外部水源，自身水封管上应加装逆止阀或截止阀。

9-87 电动机振动常见原因及消除措施有哪些？

答：(1) 轴承偏磨：机组不同心或轴承磨损。

消除措施：重校机组同轴度，调整或更换轴承。

(2) 定转子摩擦：气隙不均匀或轴承磨损。

消除措施：重新调整气隙，调整或更换轴承。

(3) 转子不能停在任意位置或动力不平衡。

消除措施：重校转子静平衡和动平衡。

(4) 轴向松动：螺钉松动或安装不良。

消除措施：拧紧螺钉，检查安装质量。

(5) 基础在振动：基础刚度差或底角螺钉松动。

消除措施：加固基础或拧紧底角螺钉。

(6) 三相电流不稳：转矩减小，转子笼条或端环发生故障。

消除措施：检查并修理转子笼条或端环。

9-88 水泵振动常见原因及消除措施有哪些？

答：(1) 手动盘车困难：泵轴弯曲、轴承磨损、机组不同心、叶轮碰泵壳。

消除措施：校直泵轴、调整或更换轴承、重校机组同轴度、重调间隙。

(2) 泵轴摆度过大：轴承和轴颈磨损或间隙过大。

消除措施：修理轴颈、调整或更换轴承。

(3) 水力不平衡：叶轮不平衡、离心泵个别叶槽堵塞或损坏。

消除措施：重校叶轮静平衡和动平衡、消除堵塞，修理或更换叶轮。

(4) 轴流泵轴功率过大：进水池水位太低，叶轮淹没深度不够，杂物缠绕叶轮，泵汽蚀损坏程度不同，叶轮缺损。

消除措施：抬高进水池水位，降低水泵安装高程消除杂物，并设置栏污栅，修理或更换叶轮。

(5) 基础在振动：基础刚度差或底角螺钉松动或共振。

消除措施：加固基础、拧紧地脚螺钉。

(6) 离心泵机组效率急剧下降或轴流泵机组效率略有下降，伴有汽蚀噪声。

消除措施：改变水泵转速，避开共振区域，查明发生汽蚀的原因，采取措施消除汽蚀。

9-89 循环泵振动及消除措施有哪些？

答：(1) 拦污栅堵塞，进水池水位降低。

消除措施：栏污栅清污，加设栏污栅清污装置。

(2) 前池与进水池设计不合理，进水流道与泵不配套使进水条件恶化。

消除措施：栏污栅清污，加设栏污栅清污装置，合理设计该进前池、进水池和进水流道的。

(3) 形成虹吸时间过长，使机组较长时间在非设计工况运行。

消除措施：加设抽真空装置，合理设计与改进虹吸式出水流道。

（4）进水管道固定不牢或引起共振。

消除措施：加设管道镇墩和支墩，加固管道支撑，改变运行参数，改变运行参数避开共振区。

（5）拍门反复撞击门座或关闭撞击力过大。

消除措施：流道（或管道）出口前设排气孔，合理设计拍门采取控制措施，减小拍门关闭时的撞击力。

（6）出水管道内压力急剧变化及水锤作用。

消除措施：缓闭阀及调压井等其他防止水锤措施。

（7）启停顺序不合理，致使水泵进水条件恶化。

消除措施：优化启停顺序。

9-90　如何对管道的坡口进行加工？

答：（1）管材进行坡口加工前，除测量管子的内径外，还应测量管件、阀门及设备上相应管口的内径并做好记录，排料时应将内径相近的管材合理搭配，并兼顾到单根管材的长度，尽量避免出现废料。与设备及阀门连接的管子内径应以设备及阀门上相应的内径为主，管子之间的连接以内径大的管子为主。当设备及图纸无要求时，坡口的具体加工形式和尺寸按《电力建设施工及验收技术规范》（焊接篇）的要求进行。

（2）根据选定的坡口形式，在坡口机上车制出所需的坡口，坡口加工后的直管、弯管及其他管件均应用油漆编号，标注尺寸和接口方向，并进行封口。并在坡口处刷阳干漆进行防锈处理。

（3）对个别有调节裕量的端口在安装现场以氧-乙炔焰切割或手持式管子切割机进行初加工，配合磨光机进行坡口加工。

9-91　管道预组合有哪些注意？

答：为了减少高空作业量，合理安排工作进度，充分利用现有的机械能力（龙门吊、行车等），减少吊装件数，管道系统应尽可能地增加地面组合的比例，但组合件的长度应根据吊挂方案确定。确定组合方案后，就可以在组合场的平台进行组合焊接。根据管道平面布置图的设计安装尺寸，结合现场管道吊挂时空间的限制，进行部分管道的预制。

9-92　如何进行管道对口调整？

答：（1）首先调整好管道的水平度与垂直度。

（2）用对口管夹调好坡口间隙（2～3mm）及管子内、外径的平整度，即以保证同轴度为准，进行齐平打磨。

（3）管口调整好后，可用限制铁件将焊口对称方向 4～6 点进行点焊固定，氩弧焊打底结束后割除铁件再将焊疤打磨干净，对合金钢管应先焊一层合金层，再用填加物点固（若业主不同意点焊则只能依靠管夹调整进行焊接）。对水平组合的焊口应适当将上部间隙调整到比下部间隙大 1mm 左右，以防焊接收缩应力引起折口。

（4）对口前应对内壁进行清洁检查，将距端口 10～15mm 范围内的油脂、铁锈清除干净，并用磨光机打磨出金属光泽，并注意管段上开孔的方向，对口时应将管子或管件垫置牢固，组合完毕后及时封口。

9-93　如何进行管道对口焊接？

答：用倒链及对口管夹进行对口调整，安装过程中应使水平管段的坡度、立管的垂直度符合设计与规范要求。管道对口前应用磨光机打磨坡口，要求坡口面及管壁内外 35～50mm 范围内无铁锈、油脂，并露出金属光泽。管道对口应使用对口工具，对口前必须进行内部的清理检查，如有异物应进行彻底清理干净。管道对口完成后先用点焊法固定。点焊的技术要求应与正式焊接要求一致。管口对口时应多转动几次管子使错口值减小并保证对口间隙均匀。对口时应注意：必须保证管子端面与管子轴线垂直，用角尺检查应小于 1mm，最大不超过 1.5mm；对口点焊后其中心线偏差值要求为：$DN<100$mm 时≤1mm（在距焊口中心 200mm 处测量）；$DN\geqslant100$mm 时，偏差值≤2mm（在距焊口中心 200mm 处测量）。对口点焊前应检查管道坐标偏差不大于 10mm。

9-94 衬塑管道的安装要求是什么？

答：(1) 用锉刀对衬里的法兰结合面进行修整，使其平整符合要求。

(2) 在地面上进行管道组合。组合时垫片压正，螺栓对称紧固，紧固后的法兰间隙均匀，且螺栓丝扣上涂抹黑铅粉，紧固好的螺栓外露丝扣应为 2～3 扣。

(3) 所有连接的螺栓必须是立管向下，平管顺向，弯头朝里。

(4) 对组装好的管段进行吊挂安装，吊挂点一定要牢固可靠。

(5) 安装后的管道及时封口，防止其他杂物进入管内。

(6) 衬里管道的安装要求横平竖直，无明显偏斜，坡向及坡度方向正确，符合设计。

(7) 禁止在安装好的管道上动用电火焊或钻孔，安装过程中不得碰撞、碰击衬里管件。

9-95 塑料（PVC）管道的安装要求是什么？

答：(1) 对于塑料管道的安装，应根据现场的安装路线确定好实际的安装尺寸，以免管道尺寸错误。

(2) 塑料管道安装时，管材断面应平整、垂直管轴线并进行倒角处理；粘接前应画好插入标线并进行试插，试插深度只能插到原定深度的 1/3～1/2，间隙过大时严禁使用粘接方法。对于承插黏结式厂家应提供管件连接用的黏结剂，管件与直管应能自如插进，黏结前应将管口处用细砂纸打磨，然后用破布清理干净；管件插入后应稍微转动一下，便于黏结时接处密实。涂抹黏结剂时，应先涂抹承口内侧，后涂抹插口外侧，涂抹承口时应顺轴向由里向外均匀涂抹适量，不得漏涂或涂抹过量（200g/m^2）。黏结剂涂抹后，宜在 1min 内保持施加的外力不变，保持接口的直度和位置正确。

(3) 塑料管道安装前将支架安装好，便于塑料管道的固定。

(4) 管道刚安装后严禁管道受力，等黏结处焦固后进行相互管道的连接。

管材、管件粘接前，应用干布将承口侧和插口外侧擦拭处理，当表面粘有油污时须用丙酮擦拭干净。

(5) 粘接完毕后及时将挤出的多余黏结剂擦净，在固化时间内不得受力或强行加载。粘接接头不得在雨中或水中施工，不得在 5℃以下操作。

9-96 酸、碱管道安装的要求有哪些？

答：(1) 法兰连接应严密，在行人通道附近的浓酸、浓碱管道的阀门及法兰盘处均应有保护罩或挡板遮护。

(2) 法兰垫片材料应根据设计的规定选用；如设计无规定时，稀硫酸管道可采用橡胶石棉板，盐酸或碱液管道可采用耐酸、碱橡胶垫。

(3) 盐酸箱的排气管，应通过酸雾吸收器引向室外。排液管及溢流管的出口，应有水封装置并接至经过防腐蚀处理的地沟。

(4) 浓盐酸系统不允许用修补过的衬胶、喷塑及衬塑管件。

（5）浓硫酸管道应尽量采用长管段，以减少接头。

（6）碱液管道上的配件、阀门，不得使用黄铜或铝质材料。碱液容器及管道内部禁止涂刷油漆。

9-97 衬里管道（衬胶管、衬塑管、滚塑管等）的安装应符合哪些要求?

答：（1）在组装前应对所有管段及管件进行检查：

① 用目测法或 0.25kg 以下小木锤轻轻敲击以判断外观质量和金属粘接情况。

② 用漏电监测仪全面检查其严密性，不得有漏电现象，漏电试验使用电压应不大于 15kV，探头行走速度 3～6m/min，探头不应在胶层上长时间停留，不用时立即断开，防止击穿胶层。

③ 法兰接合面应平整，搭接处应严密，不得有径向沟槽。大口径管法兰翻边不平整时应磨平。

（2）衬胶管道及管件受到沾污时，不应使用能溶解橡胶的溶剂处理。

（3）禁止在已安装好的衬胶管道上动用电火焊或钻孔。

（4）衬硬橡胶的设备和管件，应存放在 5℃以上的环境中，应避免阳光长期暴晒。

9-98 如何安装地脚螺栓?

答：地脚螺栓安装时应垂直，其垂直度允许误差为 $L/100$。地脚螺栓如不垂直，必定会使螺栓的安装坐标产生误差，对安装造成一定的困难。同时由于螺栓不垂直，使其承载外力的能力降低，螺栓容易破坏或断裂。同时，水平分力的作用会使机座沿水平方向转动，因此，设备不易固定。有时已安装好的设备，很可能由于这种分力作用而改变位置，造成返工或质量事故。由于地脚螺栓安装铅垂度超过允许偏差，使螺栓在一定程度上承受额外的应力，所以地脚螺栓的铅垂度对设备安装的质量有很大影响。

9-99 垫铁的敷设方法有哪些?

答：（1）标准垫法

如图 9-1 所示，这种垫法是将垫铁放在地脚螺栓的两侧。它是放置垫铁的基本作法，一般多采用这种垫法。

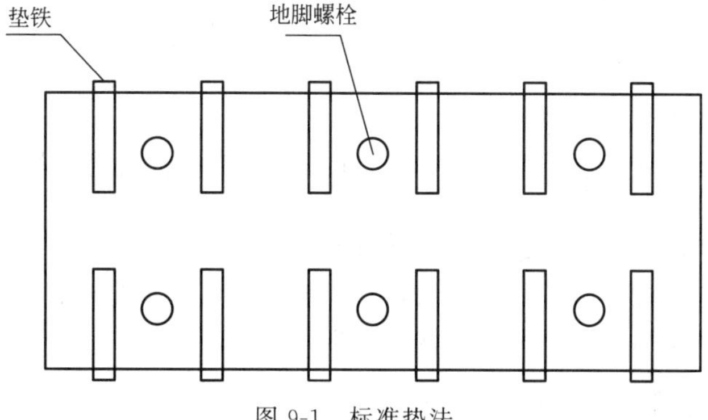

图 9-1　标准垫法

（2）十字形垫法

见图 9-2，这种垫法适用于设备较小，地脚螺栓距离较近的情况。

（3）筋底垫法

如设备底座下部有筋时，要把垫铁垫在筋底下面，以增强设备的稳定性。

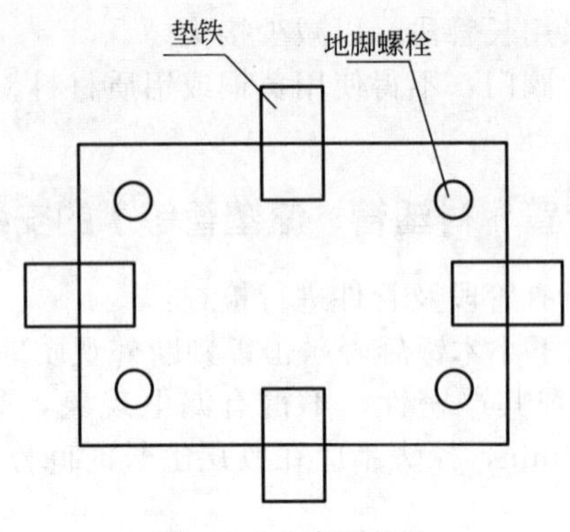

图 9-2　十字形垫法

（4）辅助垫法

见图 9-3，地脚螺栓距离过大时，应在中间加一组辅助垫铁，这种垫法称为辅助垫法。

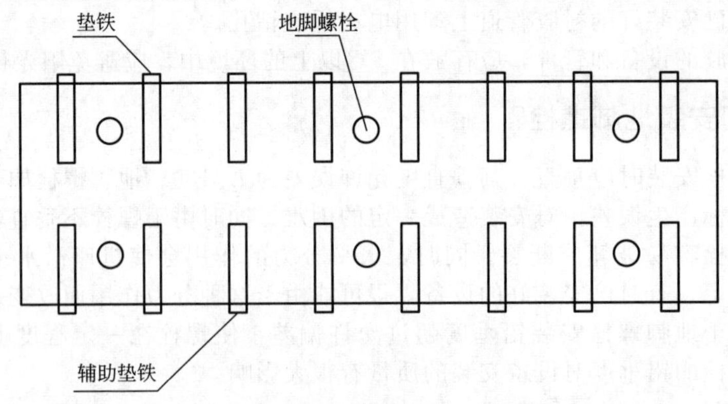

图 9-3　辅助垫法

9-100　敷设垫铁时应注意哪些事项?

答：（1）在基础上放垫铁的位置要铲平，使垫铁与基础全部接触，接触面积要均匀。

（2）垫铁应放在地脚螺栓的两侧，避免地脚螺栓拧紧时，引起机座变形。

（3）垫铁间一般允许间距为 70～100cm，过大时，中间应增加垫铁。

（4）垫铁应露出设备外边 20～30mm，以便于调整，而垫铁与螺栓边缘的距离可保持 50～150mm，便于螺孔内的灌浆。

（5）垫铁的高度一般为 30～100mm，如过高会影响设备的稳定性，过低不便于二次灌浆的捣实。

（6）每组垫铁块数不宜过多，一般不超过 3 块。厚的放在下面，薄的放在上面，最薄的放在中间。在拧紧地脚螺栓时，每组垫铁拧紧程度要一致，不允许有松动现象。

（7）设备找平找正后，对于钢板垫铁要点焊在一起。

9-101　无垫铁施工过程有哪些?

答：无垫铁施工过程与有垫铁施工大致相同，无垫铁施工的设备找正、找平、找标高时，同样可用斜垫铁、调整垫铁、调整螺栓等工具来调整设备的水平和标高要求。所不同的是：当调整工作完毕，地脚螺栓拧紧后，即进行二次灌浆，在养护期满后，便将调整用垫铁、调整螺栓拆掉，然后将留出的位置灌满灰浆，并再次拧紧地脚螺栓，同时进一步复查安装水平、标高、中心线是否有变化。

9-102 无垫铁施工需要注意哪些？

答：(1) 作无垫铁施工用的调整垫铁的组数，应根据设备的形状及地脚螺栓的间距而定。

(2) 如设备说明书上有特殊规定时，应按说明书规定进行施工调整。如无规定时，可用一般的斜垫铁、调整垫铁和调整螺栓来进行施工调整。

(3) 安放垫铁处的基础应铲平，并在调整垫铁下面垫上平垫铁。

(4) 使用无垫铁施工时，设备的二次灌浆层，原则上应不小于100mm。

(5) 设备底座为空心时，应将其灌满砂浆或在二次灌浆时，使用压力灌浆法。

(6) 设备找正找平后，应先将地脚螺栓拧紧，再进行二次灌浆。

(7) 灌浆前，应在垫铁周边安放模板，以便灌浆后取出垫铁。

(8) 二次灌浆层达到一定强度后，才允许抽出垫铁。

(9) 垫铁取出后，应复查设备精度是否符合要求。

9-103 设备校正包括什么？

答：设备的找正，主要从三个方面进行，即找中心、找标高和找水平。

9-104 如何找正设备中心？

答：设备在基础上就位以后，就可根据中心标板上的基准点挂设中心线，用中心线确定和检查设备纵、横水平方向的位置，从而找正设备的正确位置。中心线是挂在线架上，线架有活动式和固定式两种。中心线架的拉线用直径为0.5～0.8mm的钢丝，挂架中心线的长度不超过40m，线架两端重物约为20kg，拉线时一般拉紧力应为钢丝抗拉强度的30%～80%，拉力太小则线下垂而晃动，影响安装精度。吊线坠的尖对准设备基础表面上的中心点，检查结果要准确。

中心线挂好以后，即可进行设备找正，首先要找出每台设备的中心点，才能确定设备的正确位置。一般圆形零部件不易找中心，这时可采用挂边线与圆轴相切的方法找中心。有些设备还可以根据加工的两个圆孔找中心。

当设备上的中心找出来以后，就可检查设备中心与基础中心的位置是否一致，如不一致则需要拔正设备，拔正设备的方法有：撬杠拔正（见图9-4）、千斤顶拔正（见图9-5）等。对于大型设备还可以用滑轮或花兰螺栓拔正等。

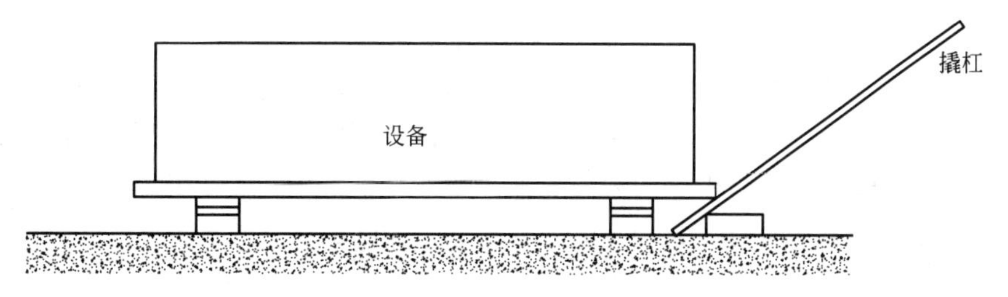

图9-4　撬杠拔正

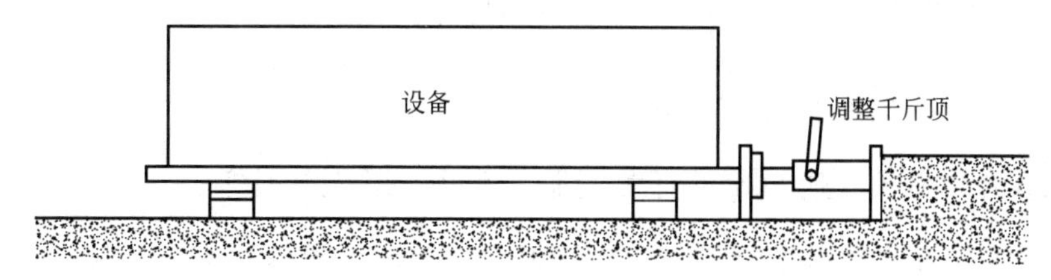

图9-5　千斤顶拔正

9-105 如何找正设备标高？

答：厂房内的各种设备，相互之间都有各自的标高。通常规定厂房内地平面的高度为零，高于地平面以“＋”号表示，低于地平面以“－”号表示。基准点就是测量标高的依据，基准点上面的数字表示零点以上多少毫米或零点以下多少毫米。

在安装施工图中，标高的数值均有注明。测量设备的标高面均选择在精密的、主要的加工面上。

找标高时，对于连续生产的联动机组要尽量减少基准点，调整标高时，要兼顾水平度的调节，二者要同时进行调整。在找正设备标高数值时，一般使设备高度超出设计标高 1mm 左右，这样在拧紧地脚螺栓后，标高就会接近设计规定的数值。

9-106 如何水平找正？

答：在设备调整标高时，要兼顾设备的水平找正。水平找正一般是用水平仪在设备加工面上进行找正。

调整标高和水平度的方法，一般设备多用垫铁将设备升起，以调整设备的水平度和标高，对于复杂精密设备，不宜使用斜垫铁来调整，因斜垫铁往往用锤击的方法打入，震动大。要采用可调垫铁调整设备的标高和水平，此外使用千斤顶也可使设备起落，达到找正的目的。

常用的三点找正法是在设备底座下选择适当的位置，用三组调整垫铁来调整设备的标高、中心线和水平度。第一步是在调整螺栓垫铁后使设备标高略高于设计标高 1～2mm；第二步是将永久垫铁放入预先安排的位置，其松紧程度以用手锤轻轻敲入为准，要使全部垫铁都达到这种要求；第三步是将调整垫铁放松，将机座落在永久垫铁上，并拧紧地脚螺栓，在拧紧地脚螺栓的同时，要检查设备的标高、水平度、中心线和垫铁的松紧度，检查合格后，将调整垫铁拆除。再用水平仪复查水平度，达到标准要求后，即调整完毕。

9-107 怎样进行聚氯乙烯塑料焊接？

答：塑料焊接机风温控制在 250～290℃（230℃以下，强度低，270℃以上会分解），预热到 290℃喷到焊接表面，散失一部分热量，风压 $0.6kg/cm^2$，不可过大过小，焊条应和被焊表面垂直（焊条向后倾会使焊条在热状态下受拉，焊后残余应力较大，容易断裂，焊条前倾会走得太快，下压力量不够，焊不牢），焊枪应同时烤焊条及焊件表面，做到速度均匀，不烤焦，焊条向前走时应有少量熔化的聚氯乙烯挤出，塑料板拼焊时应采用 X 形坡口，坡口角度每边 30°，合起来不超过 60°，塑料管焊接坡口不超过 30°，法兰和管子夹角 60°，尽量少用焊条，因为焊条越多越不牢，焊条表面有脱膜剂应用砂纸打光后再焊。

9-108 设备就位安装前，对土建工作应做哪些检查？

答：应会同土建施工单位检查以下几项：

（1）设备基础的几何尺寸，相对位置及标高应正确。

（2）在钢筋混凝土梁柱及设备基础上的预埋件及预留孔洞，其尺寸及位置应符合设计要求。预埋件与混凝土结构的连接应牢固。

9-109 水处理设备进行调试前土建施工应完成哪些工作？

答：（1）水处理水源可连续供水。防腐地面及防腐沟道施工完毕，排水、排渣沟道畅通，沟道内无杂物，沟盖板齐全，并与沟沿相平齐。

（2）水处理室内部粉刷、油漆、地坪及门窗，应按设计要求施工完毕。

（3）试验室上下水、采暖、通风、照明及各种试验台，应按设计要求施工完毕。

（4）寒冷地区冬季启动试运前，水处理室扩建端应封闭，室内应具有可靠性的防冻措施。

（5）废水处理的构筑物，应施工完毕。

9-110 如何进行机械过滤器、离子交换器等筒体设备的就位找正？

答：此类设备的本体就位，有四个方面的要求，根据图纸设计要求，对设备进行垂直度、中心位移、标高偏差、进出口管方位等测量找正：

（1）在筒体上部90°方位吊线锤用尺测量找垂直度，质量标准为设备高度的0.10%～0.20%。

（2）以出水法兰中心（或设备本体标注中心点）为基准吊线锤，用尺测量找正中心，位移不大于10mm。

（3）以进水法兰水平中心线为准用尺测量找标高偏差不大于±10mm。

（4）根据设备及施工图纸要求定好进出口管方位。

9-111 对除二氧化碳器应做哪些检查？

答：（1）防腐层的检查。外观检查，无损伤，用电火花检查法检查其全部防腐层不漏电。

（2）内部装置的检查。检查其进水分配装置、多孔板或格栅的水平，进风口的方位是否符合设计要求。

9-112 无油润滑空压机的安装，应符合哪些要求？

答：（1）装配前，对油封零件应进行去油清洗。汽缸镜面、活塞杆表面不应有锈迹。

（2）汽缸、填料组装后，其水路部分应按设备技术文件规定的压力进行严密性水压试验，不得有渗漏现象。

（3）组装刮油器时，其刃口方向应正确，活塞杆上的挡油圈应组装牢固。

（4）组装活塞前，一般应在活塞杆表面及汽缸镜面上涂一层零号二硫化钼粉，并将表面多余的二硫化钼粉吸净。或按有关设备的技术文件的规定进行。

（5）采用内部冷却的活塞杆，其冷却液进排通路应清洁畅通，管接头应严密不漏。

9-113 如何进行空气净化设备的安装？

答：（1）以最大设备的中心线为准，测量相对尺寸，按施工图设计进行中心找正。

（2）以最大设备的底座为准，测量相对标高，按设计图纸进行标高找正。

（3）用水平尺测量设备筒体部分，使设备基本垂直，测量设备底座水平。

（4）检查干燥剂填装高度符合设计要求。

9-114 储气罐的就位找正应怎样进行？

答：（1）以底部排污法兰中心为准，吊线锤测量相关尺寸符合图纸要求，偏差小于10mm。

（2）以人孔门水平中心线为准测量标高高度，符合施工图纸要求，偏差小于±50mm。

（3）在罐体上部90°方位吊线锤，用尺测量，使罐体垂直，垂直度为≤2/1000H（H为高度）。

（4）根据图纸确定进出管口方位。

9-115 防腐衬里管道安装应注意哪些事项？

答：(1) 搬运和堆放衬里管段及管件时，应避免强烈震动或碰撞。

(2) 安装衬里管前，应检查衬里的完好情况，并保持管内洁净。

(3) 衬里管道应采用软质或半硬质垫片。安装时垫片应放正。

(4) 衬里管道安装时，不得在管件上施焊，局部加热扭曲或敲打。

9-116 塑料管施工应符合什么验收标准？

答：焊口焊接牢固，无烤焦和焊条不粘的现象，管道要横平竖直，弯头均匀美观无细微裂纹，支架符合要求。

9-117 塑料管施工应注意哪些事项？

答：(1) 支架距离 ϕ218 不超过 5m；ϕ166 不超过 4m；ϕ90～14 不超过 3m，ϕ50～61 不超过 2m，ϕ40 以下不超过 1.5m，支吊架和管子之间应垫橡胶，在有热位移的地方，U 形螺钉不可卡紧，应允许管子少量移动。

(2) 直管较长的部分应考虑设膨胀弯。

(3) 为了防止塑料管老化和增加强度，对有压力的塑料管应包两层环氧玻璃钢，无压塑料管在流水方向上应有坡度。

(4) 焊接塑料产生的气体有轻微毒性，应注意通风。

第十章

大型火电机组过滤设备的安装与检修

10-1 前置过滤器的分类和各自的结构是什么?

答：前置过滤器一般用于凝结水精处理的混床系统，用于截留热力系统中的腐蚀产物，主要有覆盖过滤器和管式微孔过滤器。覆盖过滤器是采用特制的外缠绕不锈钢丝的多孔管作为过滤元件（滤元），在滤元上铺覆滤膜形成均匀的过滤层，水流由滤元管外通过滤膜进入滤元管。管式过滤器的类型类似覆盖过滤器，它由出水上下封头、筒体、进水装置、过滤装置等部分组成，它的进水装置为环状布水器，设在筒体中心。

10-2 覆盖球过滤器的检修部位及检修前的注意事项是什么?

答：覆盖球过滤器的检修部位有封头、筒体及进水装置、内壁防腐层、滤元、窥视窗、取样管道阀门及附件，以及过滤器铺料箱、纸浆搅拌装置及铺料泵。

检修开始前，办理设备检修工作票，保证设备处于停运状态，要求运行班把覆盖过滤器滤元表面的滤膜冲洗干净，并予以泄压防水，确认覆盖过滤器内无压无水及隔绝措施实施后，才能开始检修工作。

10-3 覆盖球过滤器的检修工艺是什么?

答：覆盖球过滤器的检修工艺有：

（1）拆除覆盖过滤器法兰螺栓。

（2）吊开覆盖过滤器的上封头，把滤元装置吊出，放置在滤元装置检修专用架上，拆除滤元螺母。

（3）用压力水冲洗滤元表面的残留物，并逐根检查滤元不锈钢丝是否完好，若有断丝或钢丝不均匀，应进行修理。滤元组装时应保持孔板下的滤元长度一致。

（4）覆盖过滤器窥视窗的有机玻璃由于长期运行，可能产生微裂纹或变形老化现象，影响强度和透明度，应及时发现缺陷并更换。检查位于筒体的取样管是否堵塞，可用压缩空气或压力水冲通。取样阀要解体清理。

（5）检修完毕后，依次重新组装。

10-4 覆盖球过滤器中的新绕制滤元如何除油?

答：由于新绕制的滤元在加工过程中可能会被油类污染，所以新绕制的滤元在使用前要进行除油处理。在滤元装置就位前，可在过滤器筒体内配制除油的溶液，具体步骤如下：

（1）在筒体内加入水，水量约为筒体容器的一半。

（2）加入洗涤剂 20kg，磷酸钠 4kg，把滤元装置吊入覆盖过滤器就位组装。再向筒体内进水至滤元的上部。

（3）开启压缩空气进行搅拌 3～4h，搅拌结束后排掉洗涤溶液，再用除盐水反复冲洗。

覆盖过滤器滤元铺膜，并投入运行。

10-5 覆盖球过滤器的检修技术要求有哪些?

答：检修技术要求如下：

（1）过滤器内壁玻璃钢（或衬胶）完好，无气泡、脱壳及龟裂等现象。

（2）过滤器法兰结合面完好，无腐蚀凹坑或沟槽；法兰垫床接口平整；组装后水压试验无渗漏。

（3）过滤器管道、阀门通畅、灵活、不泄漏；进出水压力表校验准确。

（4）水压试验时，应对各泄漏点及连接结合部位仔细检查，不得出现泄漏现象。

10-6 多介质过滤器的工艺特点有哪些?

答：多介质过滤器为水处理系统的预处理设备，适用于浊度在 1-10NTU 的进水；目的是除去水中的悬浮物、颗粒和胶体，降低进水的浊度和 *SDI* 值，满足除盐装置后续设备的进水要求；设备可以通过周期性的清洗来恢复它的截污能力。

10-7 多介质过滤器的结构特点和安装工序有哪些?

答：结构特点：设备由本体、布水装置、集水装置、外配管及仪表取样装置等组成。进水装置为上进水、挡板布水，集水装置为多孔板滤水帽集水或穹形多孔板加承托层结构；设备的本体外部配管配带阀门并留有压力取样接口，便于用户现场安装和实现装置正常运行。

安装工序主要有：

（1）安装前检查土建基础是否按设计要求施工。

（2）设备按设计图纸进行就位，调整支腿垫铁并检查进出口法兰的水平度和垂直度。

将设备和基础预埋铁板焊接固定，固定后再次校验进出口法兰的水平度和垂直度。

（3）将设备本体配管按编号区分后依设计图纸进行组装，每段管道组装前应用干净抹布对内壁进行清洁工作，组装后应保持配管轴线横平竖直，阀门朝向合理（手动阀手柄朝前，气动阀启动头朝上）。

（4）检查本体阀门开关灵活，有卡壳的情况及时整改。

（5）设备本体配管完成后应对阀组进行必要的支撑工作等。

（6）安装设备上配带的进出水压力表、取样阀等；进出水管道上如有流量探头座应用堵头堵住。

10-8 多介质过滤器首次运行时需要哪些工序?

答：多介质过滤器首次运行前，应进行如下操作：

（1）冲洗：考虑到设备和管道连接时的电焊残渣、管道初次投用时的表面污物，设备初次投入运行时应进行冲洗。

首先，打开设备的人孔法兰将设备内的零件重新紧固，并确认罐内部件（如水帽等）不缺少；封闭人孔法兰。

其次，打开设备的下排阀，确认设备的出水阀关闭。

然后，打开设备进水阀、排气阀，开启生水泵，至设备排气口出水后关闭排气阀，冲洗设备至出水清晰为冲洗终点。关闭生水泵。

（2）装填滤料：打开人孔，按所设计的填料高度，依次装入各种规格的填料，每填完一种均要人工扒平方可填上一层；石英砂填装完毕，反洗至排水清澈；再装填无烟煤。滤料装填完毕后封闭人孔。

（3）开启反洗泵，至排气阀出水后静止 30min 或适时开启生水泵以完全浸泡滤料，再开启反洗泵至设备出水清晰，检测 SDI 值＜4 为冲洗终点。设备进入备用状态。

（4）设备正常运行后应检测进出水压差不大于 0.5bar，检验进出水的流量显示。

10-9 多介质过滤器的操作工序有哪些?

答：多介质过滤器的操作工序如下：

（1）正洗　打开进水阀、下排阀，开启生水泵和预处理加药系统，进入正洗阶段，滤速控制在 6～10m/h，当出水水质达到要求后，打开出水阀，关闭下排阀，进入制水工况。

（2）制水　流速控制在 6～10m/h，此时既能产生接触凝聚也能产生凝聚澄清，工作到一定时间后或达到规定的周期制水量或由于悬浮物的截留致使过滤器压差≥0.05MPa 时，须进行反洗。

（3）反洗

① 排水：关闭进水阀、出水阀。启动反洗泵，打开上排阀，开启反洗阀，水流自下而上，松动石英砂、无烟煤滤层，冲洗掉滤层上方的截留物，数分钟后，停运反洗泵，关闭反洗阀，而后打开下排阀，放水至水面高出滤层面约 200mm，关闭下排阀。

② 空气擦洗：打开进气阀，使压缩空气通入过滤器内，擦洗数分钟，使黏附在石英砂、无烟煤表面的截留物脱落下来，关闭进气阀。

③ 反洗：开启反洗泵，打开反洗阀，水流将脱落的污物冲洗掉。至排水浊度＜3 度，停运反洗泵，关闭反洗阀、上排阀。反洗流速控制在 30m/h 左右，以无烟煤正常颗粒不被冲出为宜。

④ 静置：反洗后让无烟煤及石英砂沉降下来。

⑤ 正洗：打开进水阀、下排阀，工作流量与制水工况相同，正洗至排水浊度≤1 度或 SDI≤4，即关闭下排阀，转入备用工况。

10-10 操作多介质过滤器的注意事项有哪些?

答：注意事项主要有：

（1）如过滤器为单台，反洗时关闭加药系统。

（2）过滤器反洗时，反洗阀须慢慢开启，以免水流太大带走滤料；气擦洗步骤同样。

（3）严禁在设备本体或阀组的钢衬胶管道表面进行电焊、气割作业。

10-11 高效纤维球过滤器的工艺特点有哪些?

答：高效纤维球过滤器作为原水的预处理设备，在制水工艺上采用顺流制水，被处理的水由上向下穿过涤纶纤维球滤料，可最大限度地除去水中的悬浮物、胶体、有机物等杂质。由涤纶纤维丝结扎而成的纤维球是弹性滤料，它的空隙率大，截污能力强，在过滤过程中。

滤层空隙率沿水流方向逐渐变小，符合理想滤料上大下小的孔隙分布，可达到满意的制水效果。

高效纤维球过滤器在清洗工艺上采用机械搅拌加水反冲形式。利用机械搅拌的作用，使滤料松动、附着在其表面的截留物被分离开，随反冲水带走，从而达到清洗的目的。滤料有机物污染严重时，可采用化学清洗方法进行复苏。

10-12 高效纤维球过滤器的结构特点和安装工序有哪些?

答：结构特点：设备由本体、布水装置、集水装置、搅拌装置、外配管及仪表取样装置等组成。进水装置为上进水、不锈钢缠绕管布水，集水装置为多孔板滤水帽集水，搅拌装置由减速器及搅拌轴、浆组成，设备的本体外部配管配带阀门并留有压力取样接口，便于用户现场安装和实现装置正常运行。

安装工序主要有：

(1) 安装前检查土建基础是否按设计要求施工。

(2) 设备按设计图纸进行就位，调整支腿垫铁并检查进出口法兰的水平度和垂直度。

(3) 将设备和基础预埋铁板焊接固定，固定后再次校验进出口法兰的水平度和垂直度，有地脚螺栓连接的应及时灌浆。

(4) 将设备本体配管按编号区分后依设计图纸进行组装，每段管道组装前应用干净抹布对内壁进行清洁工作，组装后应保持配管轴线横平竖直，阀门朝向合理（手动阀手柄朝前，气动阀启动头朝上）。

(5) 检查本体阀门开关灵活，有卡壳的情况及时整改。

(6) 设备本体配管完成后应对阀组进行必要的支撑工作等。

(7) 安装设备上配带的进出水压力表、取样阀等；进出水管道上如有流量探头座应用堵头堵住。

10-13 高效纤维球过滤器首次运行时需要哪些工序?

答：在纤维球过滤器首次运行前，应进行如下操作：

(1) 冲洗：考虑到设备和管道连接时的电焊残渣、管道初次投用时的表面污物，设备初次投入运行时应进行冲洗。

首先，打开设备的人孔法兰将设备内的零件重新紧固，并确认罐内部件（如水帽、不锈钢缠绕管等）不缺少；封闭人孔法兰。

其次，打开设备的下排阀，确认设备的出水阀关闭。

再次，打开设备进水阀、排气阀，开启生水泵，至设备排气口出水后关闭排气阀，冲洗设备至出水清晰为冲洗终点。关闭生水泵。

最后，确认设备内水满罐的情况下，对搅拌电机进行通电试运转，检查电机运转情况。

(2) 装填滤料：打开人孔，按所设计的填料高度，装入纤维球填料，装填完毕后封闭人孔。

(3) 开启生水泵，至排气阀出水后打开下排阀，检测 FTU 值符合出水要求为正洗终点。设备进入备用状态。

(4) 设备正常运行后应检测进出水压差不大于 0.5bar，检验进出水的流量显示。

10-14 高效纤维过滤器检修的人员配置和解体、检修、组装工序有哪些?

答：高效纤维过滤器检修一般配备专责检修工 1 名、检修工 2 名，且具有相同容量机组辅机初级检修工或以上资质或条件。

过滤器的解体：

（1）拆除人孔门螺栓，打开上人孔门。

（2）过滤器内壁用水冲洗干净。

过滤器的检修：

（1）检查阀门和管道。所属阀门启闭灵活，阀门和管道完好无泄漏。

（2）检查进水孔板装置，布水均匀无偏流，紧固件完好。

（3）检查人孔门及床体内衬胶层，应无龟裂及接缝黏结不良现象，衬胶层若有小面积缺陷，用环氧树脂两层修补。

（4）清洗过滤器窥视镜。检查窥视孔有无裂纹及变形，窥视镜应透明清晰。

（5）检查人孔门橡胶垫磨损及腐蚀情况，不合格的用5mm耐酸碱橡胶板按标准尺寸裁剪给予更换。

（6）复测新更换备品备件的尺寸是否符合要求。

过滤器的组装：

（1）复紧各装置上的紧固件。

（2）加入合格的高度。

（3）装上人孔门垫片，关闭人孔门，均匀紧固人孔门螺栓。

10-15 化学补给水处理系统生水箱的主要内容和范围有哪些?

答：化学补给水处理系统生水箱的主要内容和范围主要有：

（1）水箱内部清理检查。

（2）水箱内部防腐层检查。

（3）附属管路、阀门及挠性接头检查。

（4）消除设备缺陷。

10-16 化学补给水处理系统生水箱的主要安全措施有哪些?

答：（1）严格执行《电业安全工作规程》。

（2）严格执行工作票管理制度。

（3）确认设备已解列并退出备用。

（4）逐项确认工作票各项安全措施已执行，有关部位挂好“禁止操作”牌。

（5）检修设备周围用安全围栏或警示带设置安全隔离区。

（6）工作组在池内工作，池外必须有人监护。

（7）水池内所使用的一切用电器电压必须低于24V，并确定床体内无接线点，以防浸水触电。

（8）封闭水池时要检查有无工具及杂物遗留在床体内。

10-17 化学补给水处理系统生水箱检修的主要工序是什么?

答：主要工序有：

（1）设备的解体：拆除水池人孔门螺栓，打开人孔门。

（2）设备的检修：检查附属阀门、管道及挠性接头。所属阀门启闭灵活，阀门、管道及挠性接头完好无泄漏；检查人孔门及池体，应无裂纹不良现象；检查人孔门橡胶垫的磨损及腐蚀情况，不合格的用4mm橡胶板按标准尺寸裁剪给予更换；复测新更换备品备件的尺寸是否符合要求。

（3）设备的组装：复紧各装置上的紧固件；水池装上人孔门垫片，关闭人孔门，均匀紧固人孔门螺栓。

10-18 除碳器的检修步骤有哪些?

答：(1) 检查除碳器附属风机和管道。所属风机应出力正常、无异音，阀门和管道完好无泄漏。

(2) 检查上部布水及填料承托装置无脱焊现象，布水均匀无偏流，紧固件完好。

(3) 检查人孔门及内壁衬胶层，应无龟裂及接缝黏结不良现象，衬胶层若有小面积缺陷，用环氧玻璃钢两层修补，且达到电火花检测标准。

(4) 检查人孔门橡胶垫和管道橡胶垫磨损及腐蚀情况，不合格的用4mm耐酸碱橡胶板按标准尺寸裁剪给予更换。

(5) 检查除碳器内部的多面球有无破损，是否符合原设计要求，如有差别进行更换或补充。

(6) 复测新更换备品备件的尺寸是否符合要求。所有更换零部件、固定件应符合容器介质、压力要求，所换密封垫及“U”形抱箍所有固定垫均应按容器要求为耐酸垫。

(7) 根据拆卸步骤重新组装。

10-19 除碳器的组装工序是什么?

答：组装工序主要有：

(1) 复紧各装置上的紧固件。

(2) 加入取出的填料至规定高度。填料按规定规格、数量装入，应均匀铺平。

(3) 装上人孔门垫片，关闭人孔门，均匀紧固人孔门螺栓。

10-20 在对除碳器和中间水箱进行检修时，应对哪些情况进行记录?

答：在检修记录中应对衬胶层、布水装置、风机情况、填料层高度以及填料破损情况进行详细的记录。

10-21 活性炭过滤器的主要作用有哪些?

答：活性炭过滤器主要作用是除去水中的有机物和残余氯，也能除去水中的臭味、色度等。通常，活性炭宜选用优质果壳类，以确保机械强度好且吸附速度快、吸附容量大。活性炭具有双重作用：一是吸附；二是过滤，活性炭的表面有大量的羟基和羧基等官能团，可以对各种性质的有机物质进行化学吸附，以及静电引力作用，因此，活性炭能去除水中腐殖酸、富维酸、本质素磺酸等有机物质；有机污染物（如酚的化合物）；还可以去除水中残余氧化剂、游离余氯、异味、有害气体等。活性炭还可以去除水中的重金属离子，如水中的Hg、Cd和Cr等。活性炭过滤器一般运行流速为10～20m/h。由于活性炭过滤器内滤料的多孔结构以及活性炭吸附的有营养的有机物，为细菌提供繁殖的环境，因此，活性炭过滤器需要定期杀菌消毒或化学处理。反洗方式：采用空气和水联合反洗，反洗强度为$0.5m^3/(m^2\cdot s)$，反洗时间为10～15min（或反洗流速20～30m/h，反洗时间4～10min，3～6天反洗一次，滤层膨胀率为30%～50%）。活性炭使用寿命：一般为2～3年，饱和炭可再生或更换。刚装入的活性炭，首先必须充满水浸泡24h以上，使其充分润湿，排除炭粒间及其内部孔隙中的空气，使炭粒不浮在水上，然后封人孔、试压并正洗，洗去活性炭中无烟煤粉尘，洗至出水透明无色，无微细颗粒后，即可投入使用。

10-22 活性炭过滤器的结构特点和安装工序有哪些?

答：结构特点：设备由本体、布水装置、集水装置、外配管及仪表取样装置等组成。进水装置为上进水、挡板布水，集水装置为多孔板滤水帽集水或穹形多孔板加承托层结构；设备的本体外部配管配带阀门并留有压力取样接口，便于用户现场安装和实现装置正常运行。

安装工序主要有：

（1）安装前检查土建基础是否按设计要求施工。

（2）设备按设计图纸进行就位，调整支腿垫铁并检查进出口法兰的水平度和垂直度。

（3）将设备和基础预埋铁板焊接固定，固定后再次校验进出口法兰的水平度和垂直度。

（4）将设备本体配管按编号区分后依设计图纸进行组装，每段管道组装前应用干净抹布对内壁进行清洁工作，组装后应保持配管轴线横平竖直，阀门朝向合理（手动阀手柄朝前，气动阀启动头朝上）。

（5）检查本体阀门开关灵活，有不灵活的情况及时整改。

（6）设备本体配管完成后应对阀组进行必要的支撑工作等。

（7）安装设备上配带的进出水压力表、取样阀等；进出水管道上如有流量探头座应用堵头堵住。

10-23 活性炭过滤器首次投用时如何操作?

答：（1）冲洗：考虑到设备和管道连接时的电焊残渣、管道初次投用时的表面污物，设备初次投入运行时应进行冲洗。首先，打开设备的人孔法兰将设备内的零件重新紧固，并确认罐内部件（如水帽等）不缺少；封闭人孔法兰。然后，打开设备的下排阀，确认设备的出水阀关闭。最后，打开设备进水阀、排气阀，开启生水泵等相关设备，至设备排气口出水后关闭排气阀，冲洗设备至出水清晰为冲洗终点。关闭生水泵。

（2）装填滤料：打开人孔，按所设计的填料高度，依次装入各种规格的填料，每填完一种均要人工扒平方可填上一层；石英砂填装完毕，反洗至排水清澈；再装填活性炭。滤料装填完毕后封闭人孔。

（3）开启反洗泵，至排气阀出水后静止 30min 或适时开启生水泵以完全浸泡滤料，再开启反洗泵至设备出水清晰。设备进入备用状态。

（4）设备正常运行后应检测进出水压差不大于 0.5bar，检验进出水的流量显示。

10-24 活性炭过滤器的操作步骤有哪些?

答：活性炭过滤器的操作步骤有

（1）正洗　打开进水阀、下排阀，进入正洗阶段，滤速控制在 8～12m/h，当出水水质达到要求后，打开出水阀，关闭下排阀，进入制水工况。

（2）制水　制水流速控制在 8～12m/h，当工作到一定时间后或达到规定的周期制水量或由于悬浮物的截留致使过滤器压差≥0.05MPa 时，须进行反洗。

（3）反洗

① 反洗：关闭进水阀、出水阀。打开上排阀，启动反洗泵，缓慢开启反洗阀，水流自下而上，松动活性炭滤层后，将吸附在其表面的截留物和破碎活性炭清洗掉，至排水浊度<3 度，停运反洗泵，关闭反洗阀、上排阀。反洗流速控制在 15m/h 左右，以活性炭正常颗粒不被水流冲出为宜。

② 静置：反洗后，活性炭回落静置。

③ 正洗：打开进水阀、下排阀，正洗流量与制水工况相同，正洗至排水浊度≤1 度或 $SDI \leqslant 4$，即打开出水阀、关闭下排阀，转入备用工况。

10-25 操作活性炭过滤器的注意事项有哪些?

答：注意事项主要有：

（1）如过滤器为单台，反洗时关闭加药系统；

（2）过滤器反洗时，反洗阀须慢慢开启，以免水流太大带走滤料；

（3）严禁在设备本体或阀组的钢衬胶管道表面进行电焊、气割作业。

10-26 活性炭过滤器的检修步骤有哪些?

答：（1）检查阀门和管道。所属阀门启闭灵活，阀门和管道完好无泄漏。

（2）检查进水装置，布水均匀无偏流，紧固件完好。

（3）检查底部多孔板水帽有无松动现象。

（4）检查人孔门及床体内衬胶层，应无龟裂及接缝黏结不良现象，衬胶层若有小面积缺陷，用环氧玻璃钢两层修补。

（5）清洗过滤器窥视镜。检查窥视孔有无裂纹及变形，窥视镜应透明清晰。

（6）检查人孔门橡胶垫磨损及腐蚀情况，不合格的用4mm耐酸碱橡胶板按标准尺寸裁剪给予更换。

（7）复测新更换备品备件的尺寸是否符合要求。

10-27 精密过滤器的原理有哪些?

答：精密过滤器是蜂房式管状滤芯过滤器，适用于对含悬浮物或机械杂质较低的水进一步净化。为其后的设备提供良好的进水条件。蜂房式管状滤芯，利用其特定工艺形成的外疏内密的蜂窝状结构这一优良的过滤特性，完成对被处理水的固液相分离过程，达到满意的制水效果。但随着制水周期的递增，滤芯因受截留物的污染，其运行阻力会随之上升，当设备运行的进、出水压差比初始压差升高0.15MPa时，应及时更换滤芯。

10-28 精密过滤器的结构特点和操作步骤有哪些?

答：结构特点：本设备为上下带椭圆封头的圆柱形钢结构，本体内部一块带过滤元件的多孔板把柱体分成过滤和出水两部分，内壁衬4mm天然软质橡胶防腐。过滤元件为不锈钢骨架，是由聚丙烯纤维粗纱精密缠绕构成的，具有一定的耐热性。过滤精度为10μm、5μm、1μm等。小型装置采用不锈钢材料。成套设备的本体上装置有各种手动阀门并留有各种仪表接口，便于用户现场装接和实现水站运行自动化。

精密过滤器手动操作，主要步骤如下：

（1）打开进水阀，排气阀，待水充满设备时，打开出水阀，关闭排气阀，调整其工作流量，即进入制水工况。

（2）设备的运行周期，通常由压力表进行监视，一般允许其进、出水压差最大上升值不得大于0.15MPa。当压力表发出报警时，则应关闭设备的进、出水阀，准备更换滤芯。

（3）打开排气阀、排污阀、放净阀、将设备内积水放净后及时更换滤芯。

10-29 精密过滤器滤芯的更换步骤是什么?

答：精密过滤器滤芯的更换步骤是：

（1）停机、卸下上人孔盖板。

（2）旋开滤芯的压紧螺母，取下压板取出滤芯，用水将设备内部冲洗干净。

（3）取下滤芯两端的上下定位圈用水清洗干净，然后分别插入新滤芯的两端（新滤芯在使用前，必须将滤芯浸泡约半小时，使之处于湿润状态）。

（4）将新滤芯带下定位圈的一端插入多孔板的孔内。

（5）以拉杆为轴心，套入压板，将滤芯的上定位圈插入相对应的压板孔内，拧紧压紧螺母。

（6）滤芯安装完毕后，安装好上人孔盖板，开机通水。

（7）打开进水阀，排气阀，待水充满设备时，打开放净阀，关闭排气阀，观察放净口出水，待出水无白沫后，方可投入正常运行。

注：蜂房式滤芯采用的纤维滤线在加工时，添加了有机润滑剂，新滤芯安装通水后会出现少量泡沫，因此在正式投运前，必须对新滤芯进行冲洗。

10-30　精密过滤器滤芯的清洗方法是什么？

答：精密过滤器滤芯的清洗方法是：更换下来的滤芯，可根据其污染的程度及污染物种类可用下列方法浸泡，然后用水冲洗，方能重新使用。

（1）污染物为泥砂，清洗液为4%浓度盐酸，浸泡40min；

（2）污染物为铁，清洗液为1%浓度草酸，浸泡50min；

（3）污染物为有机物，清洗液为4%浓度烧碱，浸泡70min。

以上的清洗方法只能用于污染程度轻的滤芯，如污染严重的，则以更换新滤芯为最佳选择。

10-31　前置过滤器的分类和各自的结构是什么？

答：前置过滤器一般用于凝结水精处理的混床系统，用于截留热力系统中的腐蚀产物，主要有覆盖过滤器和管式微孔过滤器。覆盖过滤器是采用特制的外缠绕不锈钢丝的多孔管作为过滤元件（滤元），在滤元上铺覆滤膜形成均匀的过滤层，水流由滤元管外通过滤膜进入滤元管。管式过滤器的类型类似覆盖过滤器，它由出水上下封头、筒体、进水装置、过滤装置等部分组成，它的进水装置为环状布水器，设在筒体中心。

10-32　覆盖球过滤器的检修部位及检修前的注意事项是什么？

答：覆盖球过滤器的检修部位有封头、筒体及进水装置、内壁防腐层、滤元、窥视窗、取样管道阀门及附件，以及过滤器铺料箱、纸浆搅拌装置及铺料泵。

检修开始前，办理设备检修工作票，保证设备处于停运状态，要求运行班把覆盖过滤器滤元表面的滤膜冲洗干净，并予以泄压防水，确认覆盖过滤器内无压无水及隔绝措施实施后，才能开始检修工作。

10-33　覆盖球过滤器的检修工艺是什么？

答：覆盖球过滤器的检修工艺有：

（1）拆除覆盖过滤器法兰螺栓。

（2）吊开覆盖过滤器的上封头，把滤元装置吊出，放置在滤元装置检修专用架上，拆除滤元螺母。

（3）用压力水冲洗滤元表面的残留物，并逐根检查滤元不锈钢丝是否完好，若有断丝或钢丝不均匀，应进行修理。滤元组装时应保持孔板下的滤元长度一致。

（4）覆盖过滤器窥视窗的有机玻璃由于长期运行，可能产生微裂纹或变形老化现象，影响强度和透明度，应及时发现缺陷并更换。检查位于筒体的取样管是否堵塞，可用压缩空气或压力水冲通。取样阀要解体清理。

（5）检修完毕后，依次重新组装。

10-34　覆盖球过滤器中的新绕制滤元如何除油？

答：由于新绕制的滤元在加工过程中可能会被油类污染，所以新绕制的滤元在使用前要进行除油处理。在滤元装置就位前，可在过滤器筒体内配制除油的溶液，具体步骤如下：

(1) 在筒体内加入水，水量约为筒体容器的一半。

(2) 加入洗涤剂 20kg，磷酸钠 4kg，把滤元装置吊入覆盖过滤器就位组装。再向筒体内进水至滤元的上部。

(3) 开启压缩空气进行搅拌 3～4h，搅拌结束后排掉洗涤溶液，再用除盐水反复冲洗。

(4) 覆盖过滤器滤元铺膜，并投入运行。

10-35 覆盖球过滤器的检修技术要求有哪些?

答：检修技术要求如下：

(1) 过滤器内壁玻璃钢（或衬胶）完好，无气泡、脱壳及龟裂等现象。

(2) 过滤器法兰结合面完好，无腐蚀凹坑或沟槽；法兰垫床接口平整；组装后水压试验无渗漏。

(3) 过滤器管道、阀门通畅、灵活、不泄漏；进出水压力表校验准确。

(4) 水压试验时，应对各泄漏点及连接结合部位仔细检查，不得出现泄漏现象。

10-36 除盐水预处理中的过滤器主要有哪几种？ 各自的特点是什么?

答：原水预处理中的过滤器主要有盘式过滤器和机械过滤器。

(1) 盘式过滤器滤盘材质为聚丙烯塑料 EPDM 密封，进出水及排水管路有碳钢聚酯涂衬、工程塑料和不锈钢三种，过滤单元主体由增强聚酚胺塑料成形制造。阀门有塑料阀或金属阀；过滤器的选型主要取决于三个因素：原水水质、过滤等级、水流量，以确定过滤器的种类和型号。

盘式过滤器单元及主体均为工程塑料材质，防腐性能强，更适合高腐蚀流体和环境：系统材料选择广，其中全塑系统具有优秀的抗化学腐蚀性，耐酸，耐碱，耐盐，耐溶剂。

产品特征：

① 精确过滤：可根据用水要求选择不同精度的过滤盘，有 20μm、50μm、100μm、200μm 多种规格。

② 高效反洗：高速和彻底的反洗，只在 20s 左右即可完成。

③ 全自动运行，连续出水：在过滤器组套内，反洗过程轮流交替进行，工作、反洗状态之间，自动切换，可确保连续出水，系统压力损失小。

④ 标准：标准模块化系统设计，用户可按需取舍，灵活可变，互换性强。

⑤ 非标准：可灵活利用边角空间，因地制宜安装，占地很少。

⑥ 运行可靠维护简单：几乎不需日常维护，部件 100%以工厂检测和试验运转，不需专用工具，备品备件很少。

⑦ 使用寿命长：高科技塑料过滤芯坚固、无磨损、无腐蚀，经多年工业实用验证，过滤和反洗效果不会随使用时间而变差。

广泛应用于工业、商业、饮食、纺织、矿业、电子、铸造、制浆、造纸、冶金、一般循环水、空调系统、供暖系统、超滤、反渗透系统的预处理；污水处理前处理、中水回用预处理、高含盐水、咸水、海水、盐水、高浊水、河水等地表水处理；其他高浊度水的处理。

(2) 机械过滤器通常有进水装置、配水系统等主要装备，有时还有用来进压缩空气的装置。在过滤器外设有各种必要的管道和阀门等。机械过滤器的罐体常用玻璃钢、不锈钢及碳钢加衬防腐层制成，常用的过滤器滤料有：石英砂、大理石、无烟煤、锰砂及白云石等，其颗粒直径大约在 0.5～1.5mm 之间。过滤器内既可装填一种填料，又可装填两种或三种填料。过滤器的运行是呈周期性的，每个周期可分为过滤、反洗和正洗三个步骤。反洗的目的是清除滤层中积累的污物，以恢复滤层的截污能力。它是过滤器运行的一个重要步骤。为了使反洗的效果良好，在反洗时还通常通入压缩空气。普通过滤器的运行流速约 8～10m/h，当它运行到水流通过滤层的压力降达到允许极限时，停止过滤运行，开始反洗。此时将过滤器内的水排放到滤层的上缘为止，然后送入强度为 18～25L/(m^2 · s) 的压缩空气，吹洗 3～5min 后，在继续供给空气的情况下，向过滤器内送入反洗水，其强度应使滤层膨胀率约达 40%～50%。最后，用水正洗直至出水合格，方可开始正式过滤运行。

这种过滤器，除了可以按照水通过滤层的压力降来确定是否需要清洗外，也可按照一定的运行时间，来进行清洗。其允许的运行周期，应通过调整试验求得。过滤器不应经常在将要有悬浮物穿过的时候方进行清洗，应稍提前进行，否则滤层不易清洗干净，长此下去会使滤料产生结块。一般允许压力降约为 0.5bar。

10-37　保安过滤器的工艺原理有哪些?

答：5μm 保安过滤器设置在反渗透（RO）、电渗析（ED）本体之前，目的是防止水中的大颗粒物进入反渗透膜或电渗析膜，确保 RO、ED 的正常运行。保安过滤器是立式柱状设备，内装 PP 喷熔滤芯，过滤精度为 5μm；适用于对含悬浮杂质较低（浊度≤1mg/L）的水深度净化。

保安过滤器属于精密过滤，其工作原理是利用 PP 滤芯 5μm 的孔隙进行机械过滤。水中残存的微量悬浮颗粒、胶体、微生物等，被截留或吸附在滤芯表面和孔隙中。随着制水时间的增长，滤芯因截留物的污染，其运行阻力逐渐上升，当运行至进出口水压差达 0.10MPa 时，应更换滤芯。保安过滤器的主要优点是效率高、阻力小、便于更换。

10-38　保安过滤器的结构特点和安装工序有哪些?

答：结构特点：外形按过滤器规格大小分为两种主要结构，400mm 以下采用快装式卡箍结构，400mm 及以上采用快开式法兰连接。

内部结构基本相同，滤芯采用竖装式，采用上下定位圈及压板固定。上定位圈为封闭式；下定位圈为卡口密封式，以防止过滤水短路。

安装工序有：

(1) 安装前检查土建基础是否按设计要求施工。

(2) 设备按设计图纸进行就位，并检查进出口法兰的水平度和垂直度。

(3) 将设备和基础用地脚螺栓进行固定，固定后再次校验进出口法兰的水平度和垂直度。

10-39　保安过滤器的运行步骤有哪些?

答：保安过滤器的运行步骤有：

(1) 冲洗：考虑到设备和管道连接时的电焊残渣、管道初次投用时的表面污物，设备初次投入运行时应进行冲洗。

① 打开设备的容器法兰将设备内的上、下定位圈、压板、压板螺母等零件从容器内取出，并保存好；封闭容器法兰。

② 打开设备后的排放阀，确认后续设备的进水阀关闭。

③ 打开设备进水阀、排气阀，开启前处理系统，至设备排气口出水后关闭排气阀，冲洗设备至出水清晰为冲洗终点。关闭前处理系统。

(2) 装配滤芯。

(3) 再次开启前处理系统，至设备出水清晰无泡沫为冲洗终点。关闭前处理系统，设备进入备用状态。

10-40 保安过滤器的拆装步骤有哪些?

答：保安过滤器的拆装步骤有：

(1) 停机、卸压。松开紧固螺栓，转动（或取下）上盖板。

(2) 旋开压板的压紧螺母，取下压板和弹簧。

(3) 取出滤芯，用水将设备内部冲洗干净。

(4) 将新滤芯的一端插入多孔板的孔内（或定位杆）。

(5) 滤芯上部放上上定位圈（或压紧弹簧），盖上压板，拨正拉杆后拧紧压紧螺母。

(6) 滤芯安装完毕后，安装好上盖板，开机通水。

(7) 打开进水阀，排气阀，待水充满设备时，打开放净阀，关闭排气阀，观察放净口出水，待出水无白沫后，方可投入正常运行。

10-41 超滤膜的性能特点有哪些?

答：超滤膜的孔径大约为0.002～0.1μm，截留分子量为500～500000，其操作压力为0.07～0.1MPa。海德能超滤膜的结构特点：内外表面是一层极薄的双皮层滤膜，滤膜在整张膜面上的孔径结构并不相同。不对称超滤膜具有一层极其光滑且薄（0.12μm）的孔径在不同切割分子量的内外双层表面上，此内外双层表面由孔径达16μm的非对称结构海绵体支撑层支撑，整根膜丝依靠小孔径光滑膜表面和较大孔径支撑材料的结合，从而使过滤细微颗粒的流动阻力小并且不易堵塞，独特的成型结构性能使得污染物不会滞留在膜内部形成深层污染。

10-42 超滤膜组件装配的导则有哪些?

答：(1) 装配前首先进行外观的检查。膜组件不应有破损、沾污、老化、变色、开裂等现象，外壳表面应光滑均匀。

(2) 膜组件内部无变质、发霉及杂质，膜组件无内漏。

(3) 超滤膜组件宜安装在组合架上，组合架配全部管道和接头，包括支架、紧固件、家具及其他附件。

(4) 管道及阀门的布置应方便操作、整齐、美观。

(5) 膜组件在组装前要进行水压试验和水冲洗。

10-43 超滤装置的保存应注意哪些事项?

答：超滤膜组件在保存时务必注意防水、防尘和防潮，在运输、装卸中不应受到冲击和重压；同时要注意防冻和防晒，储存温度不得低于5℃，不得高于40℃。对于湿法包装的膜组件或元件，要保证包装密封严密，以免防腐保护液挥发。

10-44 超滤膜的药物清洗是指什么?

答：随着超滤膜截留的污染物在膜内表面和膜孔中的不断积累，超滤膜的水通量和分离能力逐渐下降，通过反冲洗可以部分恢复膜的水通量，但反冲洗不能达到100%的恢复效果，因此当超滤膜的水通量下降超过30%时，必须进行药物清洗，及时清除附着在超滤膜壁和膜孔中的污染物，防止超滤膜形成不可恢复的堵塞。药物清洗的方法主要有以下几种：

(1) 循环药洗：采用RO水或超滤水配制柠檬酸液控制pH为2，经增压泵从超滤膜的进水阀处打入，自排放阀处循环回柠檬酸液，调节排放阀将压力稳定在0.25MPa，循环清洗 30min 后，将超滤膜内的柠檬酸液冲洗干净，再配制氢氧化钠和次氯酸钠溶液控制 pH 值为 12，从进水阀处打入，在 0.25MPa 水压下循环清洗 30min 后冲洗干净。

（2）药液浸泡：分别将酸洗液和碱洗液打入超滤膜后将进水阀、排放阀和调节阀全部关闭，对超滤膜密封浸泡 2h 后再用超滤水冲洗干净。

（3）药洗杀菌：配制 pH 值等于 2 的柠檬酸溶液或 pH 值等于 12 的氢氧化钠溶液对超滤膜进行药物清洗，并加入 50mg/L 的氯或过氧化氢再进行循环药洗或浸泡，同时可起到良好的灭菌作用。

10-45 超滤膜的更换步骤是什么?

答：（1）关闭超滤系统。

（2）关闭超滤系统内所有的阀门（进水阀、截留阀、渗透阀）。

（3）松开超滤膜元件进料接口、截留接口和渗透接口的软管卡箍，断开膜元件与软管的连接。

（4）松开超滤膜元件截留接口的宝塔接头，并将其安装在新膜上。

（5）松开超滤膜的管卡，将超滤膜元件从支架上取下。

（6）将新膜重新固定在支架上，并连接超滤膜接口和对应的软管。

对于使用过的旧膜元件宜采用填埋处理或交由专门的公司进行处理，而不应采用焚烧处理。

10-46 超滤给水系统中的单级离心泵详细的检修工序有哪些?

答：详细的检修工序如下：

（1）在进行各项工作前，对所用的工、器具进行全面检查，有缺陷的工、器具禁止使用；对工作人员的劳动保护用品的配备进行检查。

（2）在确认水泵电源已切断、水泵进出水阀门已关闭，水泵内无压力的情况下即可进行检修工作（应将水泵内的水放尽，保持常压）。

（3）拆下联轴器护罩，松开电机地脚螺栓。

（4）抽出电机各地脚垫片，记录加垫厚度和位置。

（5）移动电机到合适位置，留出水泵抽转子的空间，注意防止电机从基础上滑落。

（6）将轴承室内的润滑油放尽；拆开泵壳、泵盖连接螺栓。用顶丝对称地将泵盖连同转子、轴承室、托架脱离泵壳，注意防止滑落或损坏支架，不要使叶轮受到撞击。在拧紧顶丝的过程中，要轻轻地旋转转子，保证均匀抽出。

（7）将拆下的水泵部件整体放置到特制的检修工作台上（工作台应能保证防止水泵部件受损、便于检修）。测量叶轮同泵盖之间的间隙值。固定联轴器端，拆下叶轮锁紧螺母，不可以用固定叶轮的方式拆卸叶轮锁紧螺母。

（8）用专用的拉马将叶轮取下。在拆卸过程中，要注意用力适度，在受到较大阻力时，应用木棒或铜棒轻轻击打叶轮，不可强行拆卸。

（9）松开泵盖，退出轴套和机械密封。

（10）用拉马取下联轴器，取下平键。

（11）松开轴承两端轴承端盖，拧紧轴端叶轮锁紧螺母，用铜棒轻轻击打叶轮侧轴端，将轴连同轴承从轴承室中抽出。

（12）测量轴承端盖垫片厚度。用拉拔的方法，取下轴承。清理轴承室（也可将轴承清洗干净后，转动轴承检查声音是否正常，检查轴承间隙是否合格。如无异常，对于 1450r/min 以下的设备可不更换轴承）。

(13) 将各零部件清洗干净，去除表面锈蚀。

(14) 检查测量密封环及叶轮入口，消除磨损痕迹。在保证间隙不大于 0.5mm 的情况下可不更换密封环。

(15) 检查轴套表面磨痕，如磨损痕迹过大应更换轴套，轻微磨损可不更换。检查轴套同轴之间的配合间隙。

(16) 检查轴颈表面质量，轴颈应有 0.02～0.03mm 的过盈。轴颈椭圆度不大于 0.03mm。

(17) 检查轴弯曲后，测量叶轮轴孔间隙，进行轴和叶轮的配合，检查叶轮飘偏，应小于 0.3mm。如对叶轮进行了磨削处理，应对叶轮进行静平衡检查。对叶轮键槽进行修理。

(18) 对轴、联轴器、叶轮的键连接进行配合检查，变形的平键应更换，扩大的键槽可转过 60°重新加工。

(19) 按与拆卸相反的顺序组装各零部件。

① 安装轴承：采用加热法，加热温度不超过 120℃。将轴承轻轻击打，装入轴承室。

② 根据测量的轴承端盖垫片厚度，重新制作垫片，先安装轴套侧的轴承端盖。然后用压铅丝法或用深度尺测量出联轴器侧轴承端盖间隙。联轴器侧的轴承端盖应留出 0.25～0.50mm 的间隙值。

(20) 轴套应更换密封圈，将机械密封动环安装在轴套上，将机械密封静环压入机封压盖内，注意小心用力，避免损坏。注意各端面轴向的垂直度。将机械密封动静环试配一下，感觉弹簧的压紧力。将轴套与轴的配合面、轴与叶轮的配合面涂上一层防锈油。叶轮同轴套之间密封面涂上层平面密封胶，锁紧螺母同叶轮之间涂胶密封。

(21) 填加填料，填料切口错开 120°，适度压紧。

(22) 将组合好的部件装入泵壳内，注意在拧紧螺栓时，应对称、均匀，并轻轻转动泵轴，感觉均匀程度。

(23) 用热装法安装联轴器，然后进行联轴器中心找正。锁紧电机地脚螺栓。

(24) 安装联轴器防护罩。

(25) 水泵进水排气，并检查各密封面是否有泄漏现象。

(26) 清理检修现场。

第十一章

大型火电机组反渗透的安装与检修

11-1 什么叫半透膜？ 什么叫自然渗透？ 什么叫渗透压？

答：只允许溶剂（水）分子透过而不允许溶质（离子或分子）透过的膜称为半透膜。

如果将淡水和盐水用半透膜隔开，则淡水中的水会穿过半透膜至盐水一侧，这种现象叫自然渗透。在渗透过程中，由于盐水一侧液面的升高会产生压力，从而抑制淡水中的水进一步向盐水一侧渗透。最后，当盐水侧的液面距淡水侧的液面有一定的高度，以至它产生的压力足以抵消其渗透倾向时，盐水侧的液面就不再升高。此时，通过半透膜进入盐溶液的水和通过半透膜离开盐溶液的水量相等，所以此时处于动态平衡。平衡时盐水和淡水间的液面差 H 表示这两种溶液的渗透压差。如果把淡水换成纯水，则此压差就表示盐水的渗透压。

11-2 什么叫反渗透？ 其基本原理是什么？

答：若在浓溶液一侧加上一个比渗透压更高的压力，则与自然渗透压的方向相反，就会把浓液中的溶剂（水）压向稀溶液侧。由于这一渗透与自然渗透的方向相反，所以称为反渗透。利用此原理净化水的方法，称为反渗透法。在利用反渗透原理净化含盐水时，必须对浓缩水一侧施加较高的压力。

11-3 常用的反渗透半透膜有哪几种？

答：目前，常用的半透膜有两种，一种是醋酸纤维膜，一种是空心纤维管。

将醋酸纤维溶于丙酮中，经一定的工艺即可制成醋酸纤维素膜。它由表层和底层组成，表面具有相当细密的微孔结构，即构成半透膜；其底层为多孔海绵状结构，厚度为表层的数百倍，并具有弹性，起支撑表层的作用。进行反渗透时，溶液应与表层接触，万万不可倒置。醋酸纤维膜又有平板状膜和管状膜两种，适用于 pH 在 4～7.5 范围内的溶液。空心纤维管，就是把膜材料制成直径为几微米到几十微米的长空心管，空心管的管壁为半透膜。目前，空心纤维管有醋酸纤维、尼龙纤维、芳香-聚酰胺纤维三种。

11-4 反渗透膜应具备怎样的性能?

答：透水速度快，脱盐率高，机械强度高，压缩性小，化学稳定性好，耐酸、耐碱、耐微生物侵蚀，使用寿命长，性能衰减小，价格便宜，货源易得。

11-5 反渗透脱盐工艺中常见的污染有哪几种?

答：(1) 结垢。有些低溶解度盐类，在反渗透器浓缩时，可能超过其溶度积而析出，沉淀下来。造成沉积物在膜面上及进水通道上形成垢。

(2) 金属氧化物沉积。水源中的铁、铝腐蚀产物，预处理凝聚剂中的亚铁或铝离子，系统中铁的腐蚀产物沉积在膜面及进水通道。

(3) 生物污泥的形成。微生物喜在浸于不含杀菌剂水中的物体表面上生长。当膜面上覆盖有微生物污泥时，膜所除去的盐类将陷于泥层中，不容易被进水冲走，使膜的性能变坏。如有垢在粘泥中形成，则膜可能完全不起作用。生物污泥还会使醋酸纤维素发生生物降解，使膜的醋酸化度减少，脱盐率大大下降。

11-6 如何防止膜元件的污染?

答：(1) 对原水进行预处理，降低水中悬浮物及有机物含量。

(2) 调节进水 pH 值，保持水的稳定性，防止膜面上形成垢。

(3) 防止浓差极化。

(4) 对膜进行定期清洗。

(5) 停用时做好停运保护工作。

(6) 定期对膜元件进行更换。

11-7 反渗透设备的运行操作要点是什么?

答：高压泵启动时，应缓慢打开泵出口门，防止发生水力冲击，使膜元件或其连接件受损。运行中应防止膜元件压降过大而产生膜卷伸出破坏，防止元件之间连接件的 O 形圈和密封发生泄漏。在任何时候产品水侧的压力不能高于进水及排水压力，即膜不允许承受反压，防止反渗透膜发生脱水现象。因此在停用前应降低压力，降低回收率，以减小浓度差。

11-8 反渗透设备运行当中为什么要对淡水流量进行校正?

答：因淡水流量在新装置投运 200h 内，由于膜被压紧而呈下降趋势。其后，淡水流量降低大多是因膜被污染，而淡水流量增加则可能是由于膜降解。淡水流量的大小同进水温度、压力、含盐量和淡水压力有关。为在同一基础上对比历次淡水流量，应将它们加以校正。校正公式如式 (11-1)：

$$\text{校正淡水流量}=\frac{\text{启动时净驱动压力}}{\text{净驱动压力(运行中)}}\text{温度校正系数}\times\text{读出的淡水流量} \tag{11-1}$$

其中，启动时的净驱动压力为新膜第一次使用时的进水压力同淡水压力之差。运行中的净驱动压力为每天运行中进水压力与淡水压力之差。

11-9 反渗透装置脱盐率降低的原因和处理方法是什么?

答：(1) 膜被污染：进水具有结垢倾向、杂质含量高；浓水流量过小，回收率太高。应改善预处理工况，调节好 pH 值、温度和阻垢剂剂量、余氯量；增加浓水流量；进行化学清洗。

（2）膜降解：进水余氯长期过大；进水 pH 值偏离要求值；使用不合格大药剂。应对运行条件进行控制，必要时更换膜元件。

（3）O 形密封圈泄漏或膜密封环损坏：振动、冲击或安装不当。应更换 O 形密封圈，更换膜元件。

（4）中心管断、内连接器断、元件变形：压差过大、温度过高。应更换膜元件和内连接器。

11-10 常见的反渗透设备有哪几种形式?

答：有板框式、管式、螺旋卷式、空心纤维式。

11-11 应用反渗透器应注意什么?

答：（1）为了避免堵塞反渗透器，应对原水进行预处理。

（2）为防止膜的污染和结垢，应定期对膜进行化学清洗。

（3）掌握好操作压力，保证反渗透器得以正常运行。

（4）控制好正常的运行温度，一般在 20～30℃为宜。

（5）在运行中必须保持好盐水侧紊流状态以减轻浓差极化的程度。

（6）除盐能力。

11-12 反渗透膜进水水质如何控制？ 如何测定?

答：以污染指数作为控制指标，测定方法：使水在一定压力下通过一个孔径为 0.45μm 的小型超滤器，测定流出 500mL 所需的时间（t_0），通水 15min 后，再测定流出 500mL 所需的时间（t_{15}），按式（11-2）计算污染指数（FI）：

$$FI=(1-t_0/t_{15})\times 100/15 \tag{11-2}$$

11-13 反渗透设备主要性能参数、运行监督项目及标准有哪些?

答：反渗透运行必须保证进水水质，监督反渗透入口水的 pH 值、电导率、污染指数，进水温度。监督进出口和各段的压力值，浓淡水压力，pH 值，电导率，浓水、淡水流量，阻垢剂的加药量。根据以上数据计算脱盐率、压差和校正后的淡水流量。

11-14 反渗透停用时，如何进行膜的保护?

答：停用时间在 5 天以下，每天用 pH 值在 5～6 之间的低压力水进行冲洗。若停用 5 天以上，需用甲醛冲洗。若停用两周以上或更长时间，需用 0.25%甲醛浸泡，以防微生物在膜中生长。化学药剂最好每周更换一次。

11-15 反渗透装置的工艺原理是什么?

答：反渗透装置（简称 RO 装置）在除盐系统中属关键设备，装置利用膜分离技术除去水中大部分离子、SiO_2 等，大幅降低 TDS、减轻后续除盐设备的运行负荷。RO 是将原水中的一部分沿与膜垂直的方向通过膜，水中的盐类和胶体物质将在膜表面浓缩，剩余一部分原水沿与膜平行的方向将浓缩的物质带走，在运行过程中自清洗。膜元件的水通量越大、回收率越高则其膜表面浓缩的程度越高，由于浓缩作用，膜表面处的物质浓度与主体水流中物质浓度不同，产生浓差极化现象。浓差极化会使膜表面盐的浓度高，增大膜的渗透压，引起盐透过率增大，为提高给水的压力而需要多消耗能量，此时应采用清洗的方法进行恢复。

11-16 反渗透装置的结构形式是什么？

答：反渗透装置由复合膜元件、玻璃钢压力容器、碳钢滑架和仪表控制柜组成。仪表控制柜装备电导、流量、压力等各种仪表，便于用户随时检测和实现装置运行自动化。

11-17 反渗透膜元件使用前的保管有哪些注意事项？

答：反渗透膜元件使用前的保管事项有：

（1）维持湿润状态：膜元件必须一直保持在湿润状态。即使是在为了确认同一包装的数量而需暂时打开时，也必须是在不捅破塑料包装袋的状态下进行，此状态应保存到使用时为止。

（2）保管温度：膜元件最好保存在5～10℃的低温下。如果发生冻结就会发生物理破损，所以要采取保温措施，勿使之冻结。在超过10℃的氛围中保存时也要避免直射阳光，选择通风良好的场所。这时，保存温度勿超过35℃。

（3）堆放层数：保存时，膜元件纸板箱的最大堆积层数如下：4″膜元件/1支装，6层；4″膜元件/10支装，5层；8″膜元件/4支装，5层。在进行上述堆放时，如果纸板箱受潮其强度会减弱，可能发生倒塌，所以切勿使板箱受潮。另外请勿站在纸板箱上或将重物置于纸板箱的上面。

（4）膜元件的质量：当8″膜元件/2支装，其质量约为40kg，搬运时注意勿闪腰。另外，跌落时会压伤脚，所以要穿好保护鞋。

11-18 反渗透膜元件的开箱有哪些注意事项？

答：反渗透膜元件的开箱注意事项有：

（1）在打开纸板箱后，请确认箱中所含部件的数量。

（2）将膜元件从塑料包装袋中取出时，要在换气好的环境下，戴好保护眼镜、保护手套、穿上保护衣后进行操作。在换气状态不太好的场所要戴呼吸保护器。

（3）作业前必须参照药品安全使用基准。

11-19 反渗透装置的安装工艺是什么？

答：反渗透的安装工艺主要有设备的到货检验、设备与图纸的校核、设备与基础的校核，并对基础进行验收，然后阅读设备说明书，根据说明书的要求和注意事项编制作业指导书，在施工前进行技术交底并做好防护工作，接着就是反渗透装置的吊装就位，再进行紧固件的检查、找正，并将反渗透装置与基础链接，整体验收通过后进行基础的二次灌浆，最后进行辅助设备（如高压水泵、管道）的安装，完毕后交付验收。

11-20 反渗透装置的调试过程是什么？

答：（1）对装置的进水进行分析、测试，结果表明符合进水要求，方可进行装置通水调试。

（2）对高压泵的压力控制系统进行调整。

（3）检查装置所有管道之间连接是否完善，压力表是否齐全，低压管道连接是否紧密有否短缺。

（4）全开各压力表开关和总进水阀、浓水排放阀、产水排放阀。

（5）启动预处理设备，并调整供水量大于装置总进水量。

（6）待出水无甲醛气味，关闭装置总进水阀。

（7）启动高压泵，并缓缓开启装置总进水阀，控制装置总进水压力小于0.5MPa，冲洗5min，并检查各高、低压管路、仪表是否正常。

（8）调整进水阀、浓水排放阀，使进水压力达到1.0～1.4MPa。

（9）检测产品水电导率，符合要求时开启产品水出水阀，关闭产水排放阀。3.10RO装置的调试均是手动单步操作，运行正常后，方可切换到自动状态，由在线仪表及PLC自动控制运行。

11-21 反渗透装置的调试过程中的注意事项有哪些？

答：反渗透装置的调试过程中的注意事项有：

（1）调试过程中进水压力不得大于2.15MPa，且只限于对装置进行耐压试验。

（2）如进水温度高于、低于25℃时，应根据水温-产水量曲线进行修正，控制回收率为75%。

（3）装置连续运行4h后，脱盐率不能达到设计脱除率应逐一检查装置中每个组件的脱盐率，确定产生故障的组件后加以更换元件。

（4）发现高压管路有漏水需排除时，装置应卸压，严禁高压状况下松动高压接头。

11-22 反渗透系统故障排除的主要措施有哪些？

答：（1）核实仪表操作：包括压力表、流量计、pH计、电导率表、温度计等，必要时重新校正。

（2）重新检查操作数据：检验操作记录、通量及脱盐率的变化，考虑温度、压力、给水浓度、膜的年龄等对产量和脱盐率的影响。

（3）评估可能的机械和化学问题：机械问题主要是O形圈的损坏、盐水密封的损坏、泵的损坏、管道和阀门的损坏、不精确的仪表等。化学问题一是酸添加量的不适当，高剂量的酸会损坏膜或引起基于硫酸盐的结垢（若使用硫酸），低剂量会导致碳酸盐或基于金属氢氧化物的结垢或污染；二是阻垢剂添加的不适当，高剂量可能导致污染，低剂量可能导致结垢。

（4）分析进料水化学条件的变化：将现行的进料水分析和设计时的基准数据相比较，进料水化学条件的变化会产生增添预处理或更新原有预处理设备的需求。

（5）鉴定污染物：一是分析进料液、盐水和产品液的无机成分，总有机碳（TOC）、浊度、pH值、TDS、总悬浮固体（TSS）、SDI和温度，其中SDI、TSS和浊度的测定能提供微粒物质污染的依据，TOC的测定可预示有机物的污染倾向；二是浸渍和分析进料液筒过滤器（优先采用的方法）或SDI过滤器滤垫。

（6）选择合适的清洗方案：在清洗方案的选择中，应考虑以下因素，即膜的类型和清洗剂选择的相容性，清洗设备的需求，系统的结构材料，污染物的鉴定等。

11-23 反渗透(纳滤)设备清洗时机的判断依据有哪些？

答：反渗透系统的性能参数受温度、压力、pH、进水水质等因素的影响。为了准确地判断系统的清洗时机，应依据膜元件生产商提供的系统设计软件或标准化软件对运行数据进行标准化计算，并和系统初始稳定运行时的数据对比，出现下列情况之一时应对反渗透系统进行清洗：

（1）运行数据标准化后，系统产水量比初始值下降15%以上。

（2）运行数据标准化后，盐透过率比初始值增加10%以上。

（3）运行数据标准化后，压力容器压差比初始值超过15%以上。

11-24 反渗透设备清洗装置的组成有哪些？

答：一般的清洗装置由清洗水箱、清洗水泵、过滤器、管道、阀门和控制仪表（压力表、流量表、温度计）等组成。特殊要求时，清洗箱可装上加热或冷却装置。

（1）清洗箱：清洗箱应用耐腐蚀材料，如聚丙烯、玻璃钢等制作。清洗箱的容积根据一次清洗的压力容器的体积、清洗回路的管件和滤器等的容积来确定。

（2）清洗泵：清洗泵通常是316不锈钢离心泵或玻璃钢泵。清洗泵的扬程应考虑过滤器的压降、管道的阻力损失等，一般选用压力为0.3～0.5MPa。

（3）过滤器：该过滤器用以除去清洗下来的沉淀物。大小由清洗流量而定。

11-25 反渗透膜件的清洗方式有哪些?

答：反渗透膜件的清洗方式主要有物理清洗和化学清洗。

物理清洗是采用低压大流量原水或除盐水对系统进行冲洗，冲洗出膜元件中的污染物，恢复膜元件的性能。物理清洗最好每次开机和关机时进行，这对于及时清除膜的污染物效果显著。化学清洗是当反渗透系统运行一段时间后根据反渗透膜的污染情况选择适合的化学清洗药剂，通过化学清洗装置对整个系统进行的在线清洗，恢复膜元件的性能。化学清洗一般是在系统运行一段时间（至少三个月）后才能进行，对于多种污染物同时存在时，通常需要多种药剂清洗结合才能达到良好的清洗效果。

11-26 反渗透装置的清洗步骤有哪些?

答：（1）用泵将干净无游离氯的反渗透产品水从清洗箱打入压力容器并排放几分钟。

（2）用产品水在清洗箱中配制清洗液。

（3）将清洗液在压力容器内循环1h或设定的时间。对于8in（1in＝0.0254m）的膜原件来说，一般的流速为135～150L/min。

（4）清洗完成后排净清洗箱进行冲洗，然后清洗箱中充满干净的产品水以备下一步冲洗。

（5）用泵将无Cl的产品水从清洗箱打入到压力容器中并排放几分钟。

（6）在冲洗后，在产品水排放阀打开状态下运行反渗透系统至产品水清洁无泡沫，大约15～30min。

11-27 反渗透膜组件清洗时的注意事项有哪些?

答：注意事项主要有：

（1）最好使用反渗透产品水冲洗，也可以用良好的过滤水（原水中若含有特殊化学物质，如能与清洗液发生反应的不能使用）。

（2）用反渗透产品水配制清洗液，准确称量并混合均匀，检查清洗液的pH值及药剂含量等条件是否符合要求。

（3）用正常清洗流量及20～40psi的压力向反渗透系统输入清洗液，刚开始的回水排掉，防止清洗液被稀释。让清洗液在管路循环3～5min。

11-28 为什么反渗透要设置自动清洗功能?

答：因为在给水进入反渗透系统后会分成两路，一路透过反渗透膜变成产水，另一路沿反渗透膜表面平行移动并逐渐浓缩，在这些浓缩的水流中包含了大量的盐分，甚至还有有机物、胶体、微生物和细菌、病毒等。在反渗透系统正常运行时，给水/浓水流沿着反渗透膜表面以一定的流速流动，这些污染物很难沉积下来，但是如果反渗透系统停止运行，这些污染物就会立即沉积在膜的表面，对膜元件造成污染。所以要在反渗透系统中设置自动冲洗系统，利用干净的水源对膜元件表面进行停运冲洗，以防止这些污染物的沉积。

11-29 为什么反渗透系统刚开机时要无压冲洗?

答：反渗透系统在停止运行后，一般都要自动冲洗一段时间，然后根据停运时间的长短，决定是否需要采取停用保护措施或者采取什么样的停用保护措施。在反渗透系统再次开机时，对于已经采取添加停用保护药剂的系统，应该将这些保护药剂排放出来，然后再通过不带压冲洗把这些保护药剂冲洗干净，最后再启动系统。对于没有采取添加停用保护药剂的系统，此时系统中一般是充满水的状态，但这些水可能已经在系统中存了一定的时间，此时也最好用不带压冲洗的方法把这些水排出后再开机为好。有时，系统中的水不是在充满状态，此时必须通过不带压冲洗的方法排净空气，如果不排净空气，就容易产生“水锤”的现象而损坏膜元件。

11-30　反渗透装置产水量降低的原因有哪些?

答：反渗透装置产水量降低可根据下面三种情况寻找原因：RO 系统的第一段产水量降低，则存在颗粒类污染物的沉积；RO 系统的最后一段产水量降低，则存在结垢污染；RO 系统的所有段的产水量都降低，则存在污堵。根据上述症状、出现问题的位置，确定故障的起因，并采取相应的措施，依照“清洗导则”进行清洗等。

(1) 标准化后产水量下降脱盐率降低。标准化后产水量下降脱盐率降低是最常见的系统故障，其可能的原因如下。

胶体污堵：为了辨别胶体污堵，需要：①测定原水的 *SDI* 值；②分析 *SDI* 测试膜膜表面的截留物；③检查和分析第一段第一支膜元件端面上的沉积物。

金属氧化物污堵：金属氧化物污堵主要发生在第一段，通常的故障原因是：①进水中含铁和铝；②进水中含 H_2S 并有空气进入，产生硫化盐；③管道、压力容器等部件产生的腐蚀产物。

结垢：结垢是微溶或难溶盐类沉积在膜的表面，一般出现在预处理较差且回收率较高的苦咸水系统中，常常发生在 RO 系统的最后一段，然后逐渐向前一段扩散。含钙、重碳酸根或硫酸根的原水可能会在数小时之内出现结垢堵塞膜系统，含钡和氟的结垢一般形成较慢。辨别是否结垢的方法：①查看系统的浓水侧是否有结垢；②取出最后一支膜元件称重，存在严重结垢的膜元件一般比较重；③分析原水水质数据。

(2) 标准化后产水量下降脱盐率升高。

标准化后产水量下降脱盐率升高其可能的原因是：

① 膜压密化。当膜被压密化之后通常会表现为产水量下降脱盐率升高，在下列情况下容易发生膜的压密化：进水压力过高；进水高温；水锤。

② 有机物污染。进水中的有机物吸附在膜元件表面，造成通量的损失，多出现在第一段。辨别有机物污染的方法：分析保安过滤器滤芯上的截留物；检查预处理的絮凝剂，特别是阳离子聚电介质；分析进水中的油和有机污染物；检查清洗剂和表面活性剂。

11-31　膜元件的停运保护有哪些要求?

答：(1) 膜元件的短期停运保护（30 天以下）

使用给水进行正常的停运冲洗和排气；每 1～5 天（由细菌的繁殖活动性确定）重新冲洗一次；使用 1%的 $NaHSO_3$ 溶液冲洗可以减少生物污染的可能性。

(2) 膜元件的长期停运保护（30 天以上）

① 清洗反渗透膜元件。

② 使用适宜的杀菌剂冲洗及保存。

③ 如温度＜27℃，每 30 天使用杀菌剂再冲洗及保存。

④ 如温度≥27℃，每 15 天使用杀菌剂再冲洗及保存。

注：参考海德能科技公司资料整理。

第十二章

大型火电机组离子交换设备的安装与检修

12-1 离子交换器的结构形式和安装工序有哪些?

答：结构形式：设备由本体、布水装置、集水装置、外配管及仪表取样装置等组成。进水装置为上进水、挡板布水，集水装置为多孔板滤水帽集水；设备的本体外部配管配带阀门并留有压力取样接口，便于用户现场安装和实现装置正常运行。

安装工序有：

(1) 安装前检查土建基础是否按设计要求施工。

(2) 设备按设计图纸进行就位，调整支腿垫铁并检查进出口法兰的水平度和垂直度。

(3) 将设备和基础预埋铁板焊接固定，固定后再次校验进出口法兰的水平度和垂直度。

(4) 将设备本体配管按编号区分后依设计图纸进行组装，每段管道组装前应用干净抹布对内壁进行清洁工作，组装后应保持配管轴线横平竖直，阀门朝向合理（手动阀手柄朝前，气动阀启动头朝上）。

(5) 检查本体阀门开关灵活，有不灵活的情况及时整改。

(6) 设备本体配管完成后应对阀组进行必要的支撑工作等。

(7) 安装设备上配带的进出水压力表、取样阀等；进出水管道上如有流量探头座应用堵头堵住。

12-2 离子交换器首次运行时有哪些准备工作?

答：离子交换器首次运行时的准备工作有：

(1) 冲洗：考虑到设备和管道连接时的电焊残渣、管道初次投用时的表面污物，设备初次投入运行时应进行冲洗。

① 打开设备的人孔法兰将设备内的零件重新紧固，并确认罐内部件（如水帽等）不缺少；封闭人孔法兰。

② 打开设备的下排阀，确认设备的出水阀关闭。

③ 打开设备进水阀、排气阀，开启前系统，至设备排气口出水后关闭排气阀，冲洗设

备至出水清晰为冲洗终点。

（2）装填树脂：按所设计的树脂高度，依次装入，填完后抹平，以中排装置支管为阳树脂基准线、布碱装置支管以下200mm为阴树脂基准线。滤料装填完毕后封闭人孔。

（3）新树脂处理。

（4）设备正常运行后应检测进出水压差不大于0.5bar，检验进出水的流量显示。

12-3 离子交换器中新树脂的预处理是什么?

答：新树脂中含有过剩的原料及其所带的杂质、反应不完全的产物等，当树脂与水、酸、碱溶液接触时，上述这些杂质（如磺酸、胺类等）会进入溶液，从而沾污出水水质及影响树脂的工艺性能。因此，新树脂在使用之前应进行预处理，以除去新树脂表面的可溶性杂质。处理方法需按照各种不同使用对象而定。

一般新树脂若用在食品或医药工业的水处理系统时，最好先用树脂体积2～3倍的饱和食盐水浸泡20h左右，用自来水冲洗到中性。再用2%～5%盐酸浸泡或低流速处理，以除去铁质，然后用2%～5%烧碱溶液浸泡或低流速处理，以去除树脂中的有机杂质，并清洗至出水化学耗氧量（COD）达到稳定值，最后用纯水冲洗至中性。如阳树脂必须再以2%～5%盐酸转型，然后用纯水洗到出水无氯离子。对于阴树脂不必再转型，经过烧碱处理已成氢氧型。

对用于一般水处理系统中的新树脂，只要用约50℃的温水以5～10m/h的流速冲洗数小时即可。有条件时可采用碱性食盐水（1%NaoH+10%NaCl）浸泡或低流速处理，使其出水化学耗氧量COD达到稳定值。

处理后的新树脂经过一个周期运行后的第一次再生时，酸碱用量应为正常再生时的1～2倍。

12-4 离子交换器设备检修的任务是什么?

答：（1）检查进出水装置有无变形。布水均匀无偏流，紧固件完好。

（2）检查内壁防腐层。

（3）检查中间排水装置。检查中排螺钉及卡箍完好，梯形绕丝间隙符合标准。

（4）清洗交换器窥视镜。

（5）检查进酸装置；检查底部出水装置（瓷砂填料情况）。

（6）解体检修附属管路及阀门。

（7）消除设备缺陷。

12-5 离子交换设备的解体步骤有哪些?

答：离子交换设备的解体步骤有：拆除人孔门螺栓，打开上人孔门；用编织袋将树脂移出；交换器内壁用水冲洗干净；拆除树脂捕捉器进、出口连接螺栓，并吊至橡胶板上解体，取出树脂捕器滤芯。

12-6 离子交换设备的检修步骤是什么?

答：（1）检查阀门和管道。所属阀门启闭灵活，阀门和管道完好无泄漏。

（2）检查进水十字多孔管绕丝装置。用铜丝刷刷去绕丝内外嵌入的树脂，检查绕丝有无脱焊现象，布水均匀无偏流，紧固件完好。

（3）检查中间排水装置。用铜丝刷刷去绕丝内外嵌入的树脂，检查绕丝有无脱焊现象，检查中排螺钉及卡箍完好，12支梯形绕丝间隙符合标准（0.30mm）。

（4）检查人孔门及床体内衬胶层，应无龟裂及接缝黏结不良现象，衬胶层若有小面积缺陷，用环氧玻璃钢两层修补。

（5）清洗交换器窥视镜。检查窥视孔有无裂纹及变形，窥视镜应透明清晰。

（6）检查人孔门橡胶垫和酸管道橡胶垫磨损及腐蚀情况，不合格的用4mm耐酸碱橡胶板按标准尺寸裁剪给予更换。

（7）树脂捕捉器清洗检查。用铜丝刷刷去绕丝内外嵌入的树脂，检查绕丝有无脱焊现象，梯形绕丝间隙符合标准（0.30mm）。

（8）复测新更换备品备件的尺寸是否符合要求。

12-7 离子交换设备在检修时应做哪些记录？

答：主要记录项应对衬胶层、进水装置、中排装置、交换树脂层高度、窥视镜填料粒径及厚度进行相应的记录和描述。

12-8 钠离子软化器的结构特点和安装工序是什么？

答：结构特点：设备采用的是材质为FRP的压力容器，内部设有材质为ABS的布水器和集水装置，内部填装强酸钠型阳离子树脂。设备的本体外部装配有自动多路控制阀门并留有各种仪表接口，便于用户现场装接或实现水站正常运行。

设备的安装工序有：

（1）安装前检查土建基础是否按设计要求施工。

（2）设备按设计图纸进行就位，调整设备的水平度和垂直度。

（3）将设备本体配管按编号区分后依设计图纸进行组装，每段管道组装前应用干净抹布对内壁进行清洁工作，组装后应保持配管轴线横平竖直，阀门朝向合理（手动阀手柄朝前，气动阀启动头朝上）。

（4）检查本体阀门开关灵活，有卡壳的情况及时整改。

（5）设备本体配管完成后应对阀组进行必要的支撑工作等。

（6）安装设备上配带的进出水压力表、取样阀等；进出水管道上如有流量、电导等探头座应用堵头堵住。

12-9 化学系统转动设备卧式离心泵的解体、检修和组装步骤分别是什么？

答：（1）泵的解体

① 拆除联轴器罩壳螺栓，取下联轴器罩壳。

② 在联轴器泵联和电联的相应位置标上记号。

③ 拆除联轴器销子。

④ 拆除电机底脚螺栓，取出垫片。

⑤ 拆除轴承室放油孔堵头螺栓，将轴承室内润滑油放尽。

（2）泵的检修

① 清理水泵各部件及结合面。

② 检查、测量水泵各部件的完整情况。

③ 检查轴承室润滑油使用情况。

④ 油位计完整清楚。

⑤ 复测新更换备品备件的尺寸是否符合要求。

⑥ 滚动轴承转动灵活无杂音。

⑦ 配用各阀门完好无泄漏。

（3）泵的组装

① 将电机就位，安装联轴器销子。

② 联轴器中心找正符合标准，紧固电机底脚螺栓。

③ 装好联轴器罩壳，紧固螺栓。

④ 安装轴承室放油孔堵头螺栓，从上部加油孔加 32 号润滑油至油位计中线。

12-10 树脂再生系统卸碱泵的解体检修步骤是什么?

答：（1）联系电气，电机拆线，拆除 4 只联轴器罩壳螺栓，取下联轴器罩壳。

（2）在联轴器泵联和电联的相应位置标上记号，拆除联轴器螺栓。

（3）拆除电机底角螺栓，取出垫片，并用起重工具将电机移走。

（4）拆除轴承室放油孔堵头螺栓，将轴承室内润滑油放尽。

（5）拆除泵体与泵壳间螺钉，使泵体与泵壳分开，并将泵体移至检修场地解体。

（6）卸掉叶轮紧固螺母及垫片，取下叶轮。

（7）拆除泵盖与泵支架螺栓，取下泵盖。拆除机械密封压盖螺栓，取出机械密封。

（8）用拉马拉掉对轮，拆掉两端轴承压盖螺钉，并取出压盖。

（9）用套管轻击对轮端轴承外圈，打出轴及轴承。

（10）用拉马拆除轴套及轴承。

12-11 树脂储存罐的解体步骤是什么?

答：（1）拆除人孔门螺栓，打开上人孔门。

（2）用编织袋将残余树脂移出。

（3）内壁用水冲洗干净。

12-12 树脂储存罐的检修项有哪些?

答：（1）检查树脂储存罐附属阀门和管道。所属阀门启闭灵活，阀门和管道完好无泄漏。

（2）检查进水十字多孔管绕丝装置。用铜丝刷刷去绕丝内外嵌入的树脂，检查绕丝有无脱焊现象，布水均匀无偏流，紧固件完好。

（3）以树脂储存罐中间排水装置进口孔的中心铲去半径为 100mm 范围内的橡胶层。

（4）在中间排水装置进口孔焊一个带法兰的短管。检查人孔门及床体内衬胶层，应无龟裂及接缝黏结不良现象，衬胶层若有小面积缺陷，用环氧玻璃钢二层修补，且达到电火花检测标准。

（5）清洗窥视镜。检查窥视孔有无裂纹及变形，窥视镜应透明清晰。

（6）检查人孔门橡胶垫和酸管道橡胶垫磨损及腐蚀情况，不合格的用 5mm 耐酸碱橡胶板按标准尺寸裁剪给予更换。

（7）复测新更换备品备件的尺寸是否符合要求。所有更换零部件、固定件应符合容器介质、压力要求，所换密封垫及“U”形抱箍所有固定垫均应按容器要求为耐酸、碱垫或高压垫。

12-13 化学系统 BK 系列罗茨风机的检修内容和范围有哪些?

答：检修内容和范围主要有：（1）进出口阀门和管道检查；（2）齿轮箱和轴承室换油；（3）齿轮、轴承、转子的检查；（4）检查皮带磨损情况；（5）清洗过滤器网罩；（6）消除设备缺陷。

12-14 化学系统BK系列罗茨风机的检修人员配备和检修工序有哪些？

答：BK系列罗茨风机的检修人员配备一般有专责检修工1名、修工2名，且具有相同容量机组辅机初级检修工或以上资质或条件。

BK系列罗茨风机的检修工序主要有：

(1) 风机的解体：①拆除风机油箱堵头螺钉，放尽油箱内齿轮油。②拆除联轴器皮带罩壳螺栓，取下联轴器罩壳。③卸下3根联轴器传动皮带。④用拉马卸下风机联轴器，取下键。⑤拆除轴承箱和齿轮箱盖螺钉，做号连接点记号，卸下两端箱盖。⑥卸下过滤器罩壳，取出滤网。

(2) 风机的检查修理：①清理风机各部件及结合面。②检查、测量风机各部件的完整情况。③检查润滑油（脂）使用情况。④检查齿轮、轴承、风叶的腐蚀磨损情况。⑤检查传动皮带的磨损情况。⑥油位计完整清楚。⑦复测新更换备品备件的尺寸是否符合要求。⑧风叶转动灵活无杂音。⑨清洗滤网，检查配用各阀门完好无泄漏。⑩检查进（出）口消声器、橡胶挠性接头。

(3) 风机的组装：①按记号装复两端箱盖，紧固轴承箱和齿轮箱盖螺钉。②装复键，连接联轴器。③装好3根联轴器传动皮带，对磨损严重的给予更换。④连接联轴器皮带罩壳螺栓，装上联轴器罩壳。⑤安装油孔堵头螺栓，从上部加油孔加220号中负荷齿轮油至油位计中线。⑥装入滤网，盖上滤网罩壳。⑦轴承部位的径向振动速度不大于6.3mm/s。

12-15 什么叫“两床三塔+混床”除盐系统？

答：两床系指单元式除盐系统中的阳床和阴床。由于阳床又可称阳塔，阴床称阴塔；所以阳床、阴床，除碳塔，组成了三塔。“两床三塔＋混床”为常见的单元式除盐系统。

12-16 常用的除盐系统有几种形式？各具有什么优缺点？

答：常用的除盐系统有单元式和母管式两种系统。

(1) 单元式，即由阳床、除碳器、中间水箱、阴床、混床组成一个单元。

主要优点是：

① 水质容易控制，出水质量好，可靠性高。一般以阴床导电度作为失效标准，再生时适当增加阴床碱量，可保证不“跑硅”。

② 再生时与其他系统完全隔绝，减少了向除盐水箱和其他系统漏酸、漏碱的危险。

③ 由于是单元操作，易于实现程控和自动化。

缺点：

① 水处理转动设备（泵和风机）的台数较多。

② 由于阴、阳床失效点不一致，但必须同时再生，单耗（主要是碱耗）较高。

(2) 母管式：所有阳床出水汇集到一条母管，阴床出水汇集到一条母管。

优点：

① 各台阳、阴床可以单独进行操作，设备利用率高。

② 转动设备少。

③ 酸碱单耗相对较低。

缺点：

① 不容易实现程控和自动化。

② 再生时，向除盐水箱和系统漏酸、漏碱可能性比单元式大。

③ 为严格控制水质，必须对阴床出水二氧化硅勤分析。

12-17 什么叫一级除盐？二级除盐？

答：原水经过一次强酸阳离子交换器和强碱阴离子交换系统，称为一级除盐；如果经过两次，称为二级除盐；如果系统中有混床，混床本身算作一级。

12-18 什么是叫移动床？什么叫混合床？什么叫浮动床？

答：交换器中的树脂周期性地在交换塔、再生塔和清洗塔之间循环，并分别在各塔中同时完成离子的交换、再生和清洗过程，这种离子交换器称为移动床；混合床就是在一个离子交换器内按一定比例装有阴、阳离子两种树脂的离子交换设备；浮动床是指当水流自下而上经过离子交换器的树脂层时，如水流速度足够大，则整个树脂层向上浮动托起的离子交换设备。

12-19 什么叫逆流再生？什么叫顺流再生？

答：逆流再生是指制水时，水流方向和再生时再生液流动方向相反的再生方式。顺流再生是指制水时，水流的方向和再生液流动的方向一致。通常流向都是由上向下的再生方式。

12-20 逆流再生具有什么优点？为什么？

答：逆流再生的主要优点是出水质量好，再生酸碱耗低。这是由于逆流再生时，再生液从底部进入，首先接触的是尚未失效的树脂，这时由于再生液浓度较高，从树脂中交换下的被再生离子浓度很小，可以使树脂得到“深度再生”。再生液到上部时，虽然再生液浓度降低，杂质离子含量增高了，但由于树脂是深度失效的（饱和度高），所以仍然可以获得较好的再生效果，这样再生剂可以得到比较充分的利用。再生结果是，上部树脂再生得差一些，下部树脂再生得比较彻底。

在运行的情况下，水首先接触上部再生度较低的树脂，但此时由于水中杂质离子浓度含量大，所以可发生离子交换。当水进入底部时，虽然水中离子杂质也大为减少，但由于接触的是高再生度的树脂，仍可以进一步除去水中的杂质离子，使水得到深度净化。

12-21 为什么逆流再生对再生剂纯度要求较高？

答：从离子交换平衡理论可知，再生剂的纯度将会影响到树脂的再生度，从而影响到树脂的交换容量，逆流再生的特点是再生液首先接触出水区树脂，所以再生剂纯度对逆流再生影响较大，若出水区树脂再生度降低，将会直接影响出水水质。

12-22 逆流再生为什么要进行定期大反洗？

答：在进行逆流再生的设备中，为保证底层树脂始终维持较高的再生度，每次再生时不应将原树脂层打乱，只进行小反洗，既对中排装置上的压脂层进行反洗，而对于中排装置以下的绝大部分树脂不进行反洗。但为避免下部树脂被污染和清除其中的破碎树脂，以及防止因长期运行，树脂被压实结块、黏结等增加了阻力，影响出水流量，而使床内在运行时产“偏流”，或者影响再生效果。一般经 15～20 个周期需大反洗一次。由于大反洗后原有的树脂层分布遭到破坏，所以大反洗后应以 2 倍常量的酸、碱液进行再生。

12-23 顺流再生和逆流再生对再生液浓度的要求有什么不同？

答：一般说来，顺流再生时，再生液浓度应稍高一些，这是由于再生液首先与饱和度高的树脂接触，如果再生液浓度低，下部饱和度低的树脂无法得到充分再生，将会影响出水质量。

对逆流再生，再生液浓度可低一些。这是由于再生液首先与饱和度低的树脂接触，使底层树脂得到充分再生。随再生液向上移动，其浓度下降，但与其接触的是饱和度高的树脂，同样可以得到较好的再生。显然，再生液利用率也较高。

12-24 逆流再生固定床的中排装置有哪些类型？ 底部出水装置有哪些类型？

答：中排装置有：(1) 母管支管式，即母管与支管在同一平面及母管与支管不在同一平面；(2) 管插式；(3) 鱼刺式；(4) 环管式。

底部出水装置有：(1) 穹形多孔板加石英砂垫层；(2) 多孔板上加水帽或夹布形式；(3) 鱼刺形式（支管上开孔或装水帽）。

12-25 对逆流再生除盐设备中排管开孔面积有什么要求？

答：为使顶压空气和再生液不会在交换器内“堆积”，必须保证再生液及顶压空气从中排管顺利排出，方可保证再生时不发生树脂乱层。

一般说，中排管的开孔面积是进水面积的 2.2～2.5 倍，这也是白球压实逆流再生之所以不会乱层的重要保障。

12-26 体内再生分为哪几种？

答：体内再生分为顺流再生、逆流再生、分流再生和串联再生四种。

12-27 离子交换器的原理特点有哪些？

答：混合离子交换器（简称混床），在脱盐水工程中，用于二级脱盐水的制备，被处理的水由上向下流经按一定的比例配比装填并混合形成的强酸、碱树脂层来制取成品水。均匀混合的树脂层中，阳树脂与阴树脂紧密地交错排列，每一对阳树脂与阴树脂颗粒似于一组复床，混床就像无数组串联运行的复床。通过混合离子交换后进入水中的氢离子与氢氧离子会立即生成电离度很低的水分子（H_2O），很少可能形成阳离子或阴离子交换时的反离子，使交换反应进行得十分彻底，因而能制取纯度相当高的成品水。

混床的再生工艺较阳、阴床的再生工艺复杂，混床树脂层失效后，需先对床中树脂进行反洗分层，使阳树脂与阴树脂彻底分离，然后分别对阳、阴树脂进行再生、清洗、恢复交换能力并均匀混合，方可继续投入运行。

12-28 锅炉补给水系统中的除盐水箱在检修时应注意哪些方面？

答：(1) 检查阀门和管道。所属阀门启闭灵活，阀门和管道完好无泄漏。

(2) 检查人孔门及箱体防腐层，应无龟裂及脱落不良现象，防腐层若有小面积缺陷，用环氧玻璃钢二层修补。

(3) 查人孔门橡胶垫的磨损及腐蚀情况，不合格的用 4mm 耐酸碱橡胶板按标准尺寸裁剪给予更换。

(4) 复测新更换备品备件的尺寸是否符合要求。

12-29 化学系统中和池、废水池、机组排水槽在检修前应配备哪些备品配件和材料？

答：化学系统中和池、废水池、机组排水槽在检修前应配备环氧树脂、玻璃布、稀释剂、固化剂、增韧剂以及耐酸填料等。

12-30 化学酸碱系统储存及计量设备有哪些？ 其检修的内容和范围有哪些？

答：化学酸碱系统储存及计量设备主要包括：高位酸、碱槽、混凝、阻垢、脱水剂储存、溶解、计量箱、pH 值调整槽、混合槽、反应槽、斜板沉定槽等。

化学酸碱系统储存及计量设备检修的内容和范围主要有：(1) 阀门和管道检查；(2) 容器本体检查、内部清理检查及衬胶层检查；(3) 液位计检查；(4) 喷射器检查；(5) 消除设备缺陷。

12-31 化学酸碱系统储存及计量设备的检修工序有哪些？

答：化学酸碱系统储存及计量设备的检修工序主要有：

(1) 设备的解体：①拆除高位酸（碱）槽上部人孔门螺栓，打开上人孔门。②交换器内壁用水冲洗干净。

(2) 设备的检查修理：①检修阀门和管道。所属阀门检查隔膜阀膜片腐蚀磨损情况。②管道法兰更换耐酸垫片。③检查人孔门及体内衬胶层，应无龟裂及接缝黏结不良现象，衬胶层若有小面积缺陷，用环氧玻璃钢二层修补。④检查人孔门橡胶垫的磨损及腐蚀情况，不合格的用 4mm 耐酸碱橡胶板按标准尺寸裁剪给予更换。⑤解体酸（碱）喷射器，检查喷嘴和垫片的腐蚀磨损情况。⑥检查液位计是否畅通，结合面严密无泄漏。⑦复测新更换备品备件的尺寸是否符合要求。

(3) 设备的组装：①复紧各装置上的紧固件。②更换不合格的隔膜阀膜片，恢复阀门。③装复喷射器，调节好喷嘴间隙，连接法兰螺栓并紧固。④槽、箱装上人孔门垫片，关闭人孔门，均匀紧固人孔门螺栓。

12-32 化学加药系列隔膜计量泵检修的内容和范围是什么？

答：化学加药系列隔膜计量泵检修的内容和范围有：(1) 泵解体检查；(2) 进、出口逆止门更换；(3) 更换齿轮油；(4) 进、出口门检查；(5) 消除设备缺陷。

12-33 化学加药系列隔膜计量泵的检修工序有哪些？

答：化学加药系列隔膜计量泵的检修工序主要有：

(1) 泵的解体：①旋出油堵，放出泵齿轮箱内齿轮油。②拆除进、出口法兰螺栓，解开与进、出口门法兰连接。③拆除进、出口逆止阀与管道连接螺母。④拆下泵头进、出口逆止阀（做好上下记号），解体逆止阀，取出阀座与阀球。⑤拆除泵头与泵座连接螺母，取下泵头。

(2) 泵的检查修理：①清理泵头各部件及结合面。②检查泵各部件的完整情况。③检查、清理阀座与阀球的表面光洁度，检查网架有无缺陷。④清洗进出口逆止阀，做静态灌水试验，应无泄漏。⑤检查配用 O 形密封圈磨损情况。⑥测量各配合部位尺寸并做好记录。⑦复测新更换备品备件的尺寸是否符合要求。⑧蜗轮、蜗杆转动灵活无杂音。⑨配用各阀门完好无泄漏。

(3) 泵的组装：①装上泵头，将泵头与泵座的连接螺母锁紧；②泵头装上进、出口逆止阀，检查进、出口方向是否正确；③装好 O 形密封圈，将进、出口逆止阀与管道连接；④加好耐酸橡胶垫，紧固进、出口螺栓。

12-34 化学加药系列隔膜计量泵常见的故障排查及应对方案有哪些？

答：(1) 隔膜计量泵流量不足，产生的原因及应对方案如下：

① 进排料阀泄漏，需检修或更换进排料阀；

② 膜片损坏，需更换膜片；

③ 转速太慢、调节失灵，需检修控制装置、调整转速。

（2）隔膜计量泵压力下降产生的原因及应对方案如下：

① 补油阀补油不足；

② 进料不足或进料阀泄漏；

③ 往塞密封漏油，此时需检修补油阀、检查进料情况及进料阀、检修密封部分漏油密封垫、密封圈损坏或过松，调整或更换密封垫、密封圈等。

12-35 混床系统的检修项有哪些?

答：目前，大部分机组的混床均使用空气擦洗高速混床，其设备构造基本相同，混床的检修项主要有：

（1）检查并解体检修进水装置，更换排水支管的滤网。

（2）检查筒体内壁防腐层，解体检修混床出水树脂捕捉器。

（3）对取样装置、窥视镜和压力表进行校验。

（4）解体检修混床的所有阀门。

12-36 混床系统的检修工序有哪些?

答：混床的检修工序主要有：

（1）将混床中的树脂移至再生设备进行再生后，进行泄压放水，直至筒内无压力。

（2）打开人孔门，检查进水布水装置的进水挡板和固定螺栓，如有脱落或松动要补配或紧固；检查进水分配器和装脂管锥帽的焊缝，如有缺陷需进行补焊。

（3）解体出水装置进行检修，注意支管的排列顺序。

（4）检修混床筒内的防腐层，检查方法可分为外观检查和仪器检查。首先确定是否有外观缺陷，有无明显的机械损伤、龟裂、气孔、鼓泡等现象；同时用仪器检查衬胶层，可用共鸣火花治疗器或高频火花真空检测器检查衬胶层的针孔和裂纹等缺陷。使用仪器时应保证衬胶层表面干燥，并且在检查时探头不宜停留时间过长，防止击穿衬胶层。

（5）衬胶层缺陷的处理。把缺陷处的衬胶层铲掉，并在边缘铲出坡口，用无水酒精或丙酮进行清洗，待干燥后才能修补衬胶层。

（6）混床树脂捕捉器的检修。将树脂捕捉器中的水放出后打开前盖，抽出过滤元件，冲洗滤元内外嵌入缝隙中的树脂，检查滤元绕丝是否脱焊（脱焊后应补焊），梯形绕丝间隙应小于 0.2mm，若缝隙过大，应进行封堵。检查树脂捕捉器筒体衬胶，如有缺陷应及时修补。

12-37 混床筒体内壁防腐层的修补方法有哪些?

答：混床筒体内壁防腐层均为橡胶衬里，常用的衬胶层修补方法如下：

（1）环氧玻璃钢粘贴修补。首先配置环氧树脂或酚醛树脂涂料，浸透下好料的玻璃布，底层涂料用环氧树脂，为增强附着力，可添加 10%～15%的 120 目石灰粉；刷完底层涂料后就把浸透的玻璃布进行衬贴，衬贴时不要拉得太紧，两边不得有卷边，毛边毛刺要剪掉，衬贴完成后，要赶出玻璃布下的空气；衬贴、修整完毕后再涂刷环氧涂料，然后进行第二层衬贴，衬贴后需再刷一层涂料，用来弥补施工中涂料不均匀或未刷到之处。待涂料充分固化并检测合格后使用。

（2）环氧树脂修补。这种方法一般用于衬胶缺陷面积较小的局部修复，修补时在缺陷处涂环氧树脂胶浆和胶泥，修补后要待环氧树脂充分固化后才能使用。

12-38 离子交换器再生过程中，试分析水往酸碱计量箱倒流的原因。应怎样进行处理？

答：当用水力喷射器时，发现水往计量箱中倒流，这种情况可能由以下原因产生：

（1）床体酸碱入口门开的太小或废酸碱排水门开的过小，使得压力太高；

（2）水力喷射器污堵或水源压力降低；

（3）运行床的酸碱入口门不严，水从运行床往水力喷射器出水管中倒流。

应采取以下方式进行处理：

（1）检查床体的入口门和废酸碱排水门的开度，若有截流现象，应立即开大；

（2）检查水源压力，若压力低，应进行调整；

（3）检查水力喷射器的工况，发现有污堵或损坏时，立即检修；

（4）检查其他运行床酸碱入口门的严密性，若发现有倒水现象，立即更换此门。

12-39 为什么除盐设备用的石英砂、瓷环投产前要进行酸洗？如何进行？

答：因石英砂、瓷环中常夹杂了碳酸盐杂质，如不进行酸洗将影响投运后出水水质，使出水带有硬度，所以必须进行酸洗。

酸洗时用15%左右盐酸浸泡一昼夜，查看酸液表面是否有汽泡。如发现有气泡产生，则将废液弃去，进行第二次酸洗，酸洗到酸液表面无气泡时，也就是碳酸盐已完全溶解为止。酸洗完毕后，用水冲洗至出水接近中性即可。

12-40 固定床软化器出水硬度大，试分析产生此故障的主要原因有哪些？

答：软化器出水硬度大，这种故障可以是由以下原因引起的：

（1）进再生盐液的阀门泄漏或关不严；

（2）盐液浓度过低或再生用盐量不足，再生度不高；

（3）再生流速过高，接触和反应时间不够；

（4）反洗水门不严，使入口水或废盐液串到出口水中；

（5）由于反洗不彻底，食盐液分配装置损坏等原因引起食盐液偏流，产生局部再生现象；

（6）在进食盐液之前的排水过程中，因排水过度，使树脂露出水面而进入空气，产生局部再生。

12-41 对于用食盐作再生液的软化器为提高再生液的纯度，可采取哪些措施？

答：为了提高食盐再生液的纯度，可采取以下措施：

（1）在条件允许的情况下，尽量使用等级较高的工业食盐；

（2）食盐储存时，防止石灰等含钙、镁及铁等杂质污染；

（3）尽量不用水泥构筑物及铁槽储存食盐溶液；

（4）溶解食盐的水尽量用软化水。

12-42 经石灰预处理的水，在进行除盐时，是否还需要用除碳器？

答：进行石灰处理时，有两种规范：一种为氢氧化物规范，另一种为重碳酸盐规范。

采用氢氧化物规范时，可使被处理水的pH值达到9.6～10.4，出水OH^-维持在0.05～0.20mmol/L，水中含有的HCO^{3-}和CO_2已被除去，所以在一般情况下，可以不设除碳器。

采用重碳酸盐规范时，这种方式虽然可以降低生水的碱度，但不能析出生水中的 Mg^{2+} 离子，所以维持较低的 pH 值，约为 9.5 左右，水中仍含有 0.05～0.20mmol/L 的重碳酸盐碱度，所以一般应设除碳器。

至于究竟设不设除碳器，还应决定于除盐系统的形式，特别是与阴床所使用的离子交换树脂有关。

12-43 中和池的工作原理是什么？

答：中和池是利用酸和碱的中和反应原理进行工作的，即：酸＋碱＝盐＋水或 $H^+ + (OH)^- = H_2O$ 中和反应时，酸性废水用碱中和，碱性废水用酸中和，当达到所要求的排放标准时，例如 pH 值 6～9 便可进行排放。这样，利用酸或碱便可使不合格的排放水转化为允许排放的水，这就是中和池的工作原理。

12-44 化学系统中和池、废水池、机组排水槽的检修检查项目和工序有哪些？

答：化学系统中和池、废水池、机组排水槽的检修检查项目主要有垃圾构成和防腐状况。

主要工序有：

（1）中和池、废水池、机组排水槽的清理和冲洗：清理池内淤泥和垃圾，冲洗池地面，检查和清理曝气装置。

（2）中和池、废水池、机组排水槽底面和内壁的防腐检查：检查中和池底面和内壁的防腐，发现有损坏的用环氧玻璃钢进行修补。

12-45 什么叫电渗析？离子交换膜有哪两种？

答：电渗析是利用离子交换膜在外电场作用下，只允许溶液中阳（或阴）离子单向通过，即选择性透过的性质使水得到初步的净化。电渗析主要用于高含盐量水除盐淡化的预处理。

用于电渗析的离子交换膜有两种：一种是均相膜，是将离子交换树脂粉和高分子黏合剂调合后，涂在纤维布上加工制造成的，均相膜的优点是膜电阻小，透水性小，缺点是机械强度差；二是异相膜，其特点恰与均相膜相反。

12-46 电渗析器运行中常见的故障有哪些？

答：（1）悬浮物堵塞水流通道和空隙或悬浮物黏附在膜面上，造成水流阻力增大，流量降低，水质恶化。

（2）阳膜遭受重金属或有机物的污染，造成膜电阻增大，选择性下降。

（3）设备由于组装缺陷或发生变形，造成设备漏水，使得设备出力被迫降低。

12-47 如何防止电渗析器的极化？

答：（1）加强原水预处理，除去原水中可能引起沉淀结垢的悬浮固体、胶体杂质和有机物。

（2）控制电渗析器的工作电流在极限电流以下。

（3）定时倒换电极，减少结垢。

（4）定期酸洗。

（5）采用调节浓水 pH 值的方法，或采用其他预处理方法。或向水中加入掩蔽剂，防止沉淀的生成。

12-48 电渗析器极化有哪些危害性？

答：（1）因电阻增大而增加电耗。（2）淡水室内的水发生电离作用。（3）引起膜上结垢。减小渗透面积，增加水流阻力和电阻，使电耗增加。

12-49 电渗析器运行中应控制哪些参数？ 操作中应特别注意哪些方面？

答：应控制的运行参数为：

（1）进、出水水质：对原水进行预处理，控制其水质符合进水要求。

（2）压力和流量：压力过高流量过大易造成设备漏水和变形，流量过小可能引起极化结垢和悬浮物沉积。

（3）电流和电压：先确定工作电流在极限电流以下，然后控制电压在一定压力下运行。

（4）倒极和酸洗。

（5）水的回收率：为了降低水的排废率，提高回收率，浓、淡水应按规定的比值进行控制，或采用浓水循环，但要注意控制其浓缩倍率，以免产生沉淀，影响运行。

运行操作要点为：

（1）开机时先通水后通电，停机时先停电后停水，以免极化过度损坏设备。

（2）开机或停机时，要同时缓慢开启或关闭淡水和浓水阀门，以使膜两侧压力相等或接近。

（3）浓、淡水压力要稍高于极水压力，一般要高 0.01～0.02MPa；淡水压力要稍高于浓水压力，一般要高 0.01MPa。

（4）开、关阀门要缓慢，防止突然升压或降压致使膜堆变形。

（5）进电渗析器浓、淡水的压力不大于 0.3MPa。

（6）电渗析器通电后膜上有电，应防止触电。在膜堆上禁放金属工具和杂物，防止短路损坏膜堆。

12-50 电渗析器浓水室阴膜和淡水室阳膜为何会出现结垢现象？ 该如何处理？

答：浓水室阴膜和淡水室阳膜出现结垢现象是因为电渗析器发生极化现象后，由于淡水室的水离解出的 H^+ 和 OH^-，OH^- 在电场作用下迁移透过阴膜，结果造成阴膜浓水室一侧 pH 上升，表面水呈碱性，生成 $MgCO_3$、$CaCO_3$、$Mg(OH)_2$ 沉淀。在淡水室的阳膜附近，由于 H^+ 透过膜转移到浓水室中，因此，这里留下的 OH^- 也使 pH 升高，产生铁的氢氧化物沉淀。为了减少结垢，常常采用在浓水中加酸的办法，定期倒换电极，浓水再循环时，控制浓水的电导率等方法，并根据运行的情况进行膜的酸洗工作。

12-51 简述电渗析器脱盐率降低，淡水水质下降的原因和处理方法有哪些？

答：（1）设备漏水、变形：除设备本身质量问题和组装不良外，运行中由于各种进水压力不均匀或内部结垢，导致水通过压力过高，造成设备变形、漏水，因此在运行中要保持各室的水压力均衡。

（2）流量不稳、电流不稳：水泵或泵前管路漏气，也可能是本机气体未排出，应对进水系统检查或打开本机排气阀排气。

（3）压力升高、流量降低：隔板流水道被脏物堵塞或膜面结垢。可用 3%盐酸溶液通入本体循环 1h，如仍不见效，拆机清洗。

（4）电流不稳、脱盐率低：电路系统接触不良，应及时检查消除。

（5）脱盐率降低、淡水水质下降：膜面极化或结垢，膜被有机物或重金属污染膜老化，膜电阻增加，电极腐蚀，设备内窜互漏，膜破裂，运行中浓水压力大于淡水压力等。膜被有机物污染，可用9%NaCl和1%NaOH清洗30～90min。膜被铁、锰等离子污染，可用1%草酸溶液加入氨水调节pH值。为方便用户，清洗30～90min。

对设备问题，应查明故障点，拆机处理。

12-52 电渗析运行中电流下降是什么原因造成的？

答：(1) 电源线路接触不良造成的。(2) 电渗析膜结垢或污染，导致膜阻力增大，使工作电流降低。

12-53 螺旋卷式电除盐器组装要求有哪些？

答：主要要求有：

(1) 装置的工艺系统最低配置应能满足控制膜组件运行参数的要求，即可有效地控制浓、淡水，极水流量和浓、淡水压力差。

(2) 装置仪表的最低配置应能准确反映装置运行中的下列参数：淡水进水压力(bar)、浓水进口压力(bar)、淡水出口压力(bar)、浓水出口压力(bar)、浓水排放流量(m^3/h)、浓水循环流量(m^3/h)、淡水流量(m^3/h)、极水流量(L/h)、产水电阻率(MΩ·cm)、浓水电导率(μS/cm)、进水电导率(μS/cm)。

(3) 向膜组件供给直流电源的整流器，必须是安全、可靠的，在所需电流范围内可任意调节，一旦设定后，其输出的电流允许波动范围为±5%。

(4) 为确保组件安全，装置必须满足如下最低安全保护措施：①产水、浓水、排放水设低流量开关；②产水出口压力设高压开关。

另外，特别注意要确保组件在断水情况下，不能处于通电状态，否则将会造成组件的毁坏。

12-54 螺旋卷式电除盐器的使用环境有哪些要求？ 储存条件是什么？

答：由螺旋卷式电除盐器膜组件组装而成的EDI装置应该安装在厂房内，其使用环境要求有：

(1) 环境最高温度45℃。

(2) 环境最低温度5℃。

(3) 湿度最大90%。

(4) 无污染物，无震动。

储存条件有：

(1) 膜组件应该放于室内，不应该暴晒于日光下。

(2) 膜组件不允许结冰并且温度也不允许高于40℃。

(3) 膜组件不允许脱水。如果储存少于三天，设备必须保持满水状态。

(4) 如需较长时间储存，应将组件内滞留的水排干，并确保膜组件保持湿态。在此条件下膜组件可以储存约半年。

(5) 如需更长时间储存，应将设备内滞留的水排干，然后用清洗装置向膜组件灌入10%的NaCl溶液，并关闭所有进、出水阀门。

12-55 EDI的保养和维护有哪些要求？

答：(1) 停运的保养：每周通电运行2h，或用清洗装置向组件内充入10%NaCl溶液后，关闭所有组件进出水阀门。

（2）化学清洗：在相同运行条件下，运行电压上升 50V，或运行半年至 1 年需用反渗透清洗装置对 EDI 装置进行化学清洗。

方法：

（1）配方：1.5%盐酸溶液。

（2）酸洗时间 60min。

（3）用反渗透产水冲洗 60min。

（4）EDI 装置进行电再生。

12-56　闪蒸的原理是什么?

答：将水在一定压力下加热到一定温度，然后将其注入一个压力较低的容器中。由于注入水的温度高于此容器压力下的沸腾温度，一部分水汽化为蒸汽并使温度降低，一直到水和蒸汽都达到该压力下的沸腾温度为止。如果不断地将水抽出，同时不断注入经预热的水，就可以连续制取蒸馏水。

12-57　闪蒸设备采取什么措施可以防止结垢?

答：闪蒸设备运行温度较低，汽化过程又不在加热面上进行，而且管内含盐水可以维持适当的流速，所以结垢轻微，为防止含盐水在凝结器或加热面的传热面上结垢，要保持各凝结器含盐水侧的压力高于其最高温度所对应的饱和蒸汽压，在含盐水进入第一级闪蒸室压力降低时，碳酸氢盐分解产生的二氧化碳需要进入一个初级闪蒸室，从这里被抽去，在闪蒸室中，因没有受热面，故所形成的沉淀物不会变成水垢。

第十三章

大型火电机组水处理设备的防腐

13-1 炉水磷酸盐处理的特点是什么？

答：（1）磷酸盐防垢处理就是用加磷酸盐溶液的办法，使锅炉经常维持一定量的PO_4^{3-}，由于锅炉水处在沸腾的条件下，而且有较强的碱性（pH在9～11左右），因此，炉水中的Ca^{2+}与PO_4^{3-}会发生如式（13-1）的反应：

$$10Ca^{2+}+6PO_4{}^{3+}+2OH^{-}\longrightarrow Ca_{10}(OH)_2(PO_4^{3-})_6 \qquad (13\text{-}1)$$

生成的碱式磷酸钙是一种较松软的水渣，易随锅炉排污排除，且不会黏附在锅内变成二次水垢。

因为碱式磷酸钙是一种难溶化合物，它的溶度积很小，所以当炉水中维持一定量的PO_4^{3-}时，可以使炉水中的［Ca^{2+}］非常小，以至在锅炉内与SO_4^{2-}、SiO_3^{2-}等物质达不到$CaSO_4$、$CaSiO_3$的浓度积，故而就不会形成钙垢。

（2）减缓水冷壁的结垢速率。

（3）增加炉水的缓冲性，防止锅炉发生酸性和碱性腐蚀。

按照防腐防垢的要求，调节炉水至特定的组成。改善蒸汽的品质、改善汽轮机沉积物的化学性质，减少汽轮机腐蚀。

13-2 炉水磷酸盐处理可能引起哪些问题？

答：（1）磷酸盐隐藏

锅炉负荷升高时，炉水中的磷酸盐浓度明显降低；当锅炉负荷降低时，炉水中的磷酸盐浓度明显升高，这种现象称为磷酸盐的“隐藏”观象。发生磷酸盐的“隐藏”现象的主要原因有：

① 磷酸盐在锅炉表面因浓缩超过溶解度而沉积。在锅炉偏燃引起膜态沸腾时容易发生磷酸盐的沉积，并使水冷壁超温、爆管。

② 磷酸盐与锅炉内壁的Fe_3O_4反应，生成以$Na_4FeOH(PO_4)_2 \cdot 1/3NaOH(s)$为主的

腐蚀产物，消耗了磷酸盐。该反应是可逆反应，磷酸盐的浓度必须超过临界值才开始进行。随着温度的增高临界值降低，所以温度越高越容易发生磷酸盐的隐藏现象。

（2）酸性磷酸盐腐蚀

在进行炉水 pH 协调控制时，为了控制 R 值，往往连续向炉内加入 Na_2HPO_4，使 R 值和 pH 值都降低，如果 Na_2HPO_4 加入的量过大就容易发生腐蚀。

（3）对蒸汽品质的影响

磷酸盐往往以水滴携带的方式和溶解携带的方式进入蒸汽。前者与汽包的内部结构和汽水分离效果有关，后者与汽包的运行压力有关。汽包压力只有高于 18MPa 以上磷酸盐才发生明显的溶解携带。当汽包压力高于 19MPa 以上溶解携带就非常明显。当蒸汽的压力降低后，磷酸盐就从蒸汽中析出，沉积在过热器和汽轮机的高压部分。磷酸盐沉积在过热器管中可引起超温甚至爆管。

13-3　目前有哪几种炉水磷酸盐的处理方法?

答：随着机组参数的提高和除盐技术的完善，很多机组配有凝结水精处理装置，磷酸盐处理也由最初防止硬度垢的生成逐渐转化为缓冲 pH 值和防止腐蚀。磷酸盐水工况也由最初的维持高浓度的 PO_4^{3-} 向低浓度和超低浓度方向发展。先后经历了高磷酸盐处理、协调磷酸盐处理、等成分磷酸盐处理、低磷酸盐处理和平衡磷酸盐处理。

13-4　各种磷酸盐处理方法的基本内容有哪些?

答：(1) 高磷酸盐处理：如果水处理工艺落后，炉水中常常出现大量的钙、镁离子，为了防止锅炉结垢不得不向锅炉中加入大量的磷酸盐以除去炉水中的硬度。随着锅炉参数的提高和水处理工艺的进步，用高磷酸盐处理炉水已越来越少。目前该处理方式只用在低压工业锅炉上。

（2）协调磷酸盐 pH 处理：磷酸盐处理的锅炉大多发生磷酸盐的隐藏现象，而隐藏时由于产生游离的 NaOH，而它往往在高温金属表面或沉积物下浓缩而发生碱性腐蚀。协调磷酸盐处理的目的是防止炉水产生游离的 NaOH。当 R 小于 2.85 时，即使发生磷酸盐的隐藏现象，析出磷酸氢盐固相物，在水冷壁边界层中也不会产生游离的 NaOH。但是，为了防止炉管发生酸性腐蚀，必须保证炉水的 pH 值较高，因此 R 的下限应大于 2.2。所以，在协调磷酸盐 pH 处理时 R 值应控制在 2.3～2.8。

由于酸性磷酸盐的腐蚀特征和碱性沟槽腐蚀很相似，以前被误认为都是碱性沟槽腐蚀，直到近几年来才被人们所认识。最近研究发现，当 R 低于 2.5 时磷酸盐一旦发生隐藏现象就容易发生酸性磷酸盐腐蚀，而 R 等于 3 甚至略高于 3 也不会发生碱性腐蚀。所以新的协调磷酸盐 pH 处理时 R 的控制指标为 2.6～3.0。

（3）等成分磷酸盐处理：等成分磷酸盐处理是一种为了保持溶液和固体成分中相等的 R 值的处理方式，一般 R 值控制在 2.3～2.6 之间，炉水不允许有游离的 NaOH 存在。但是在这种水工况运行时由于锅炉负荷变化炉水的 pH 值难以控制，特别是负荷下降时 pH 下降得较多，往往导致酸性磷酸盐腐蚀。

（4）低磷酸盐处理：对于高参数锅炉，炉水中的磷酸盐含量越高越容易发生局部浓缩沉积和隐藏现象，对锅炉安全运行危害很大。因此人们提出了低磷酸盐处理方式。这时炉水中 PO_4^{3-} 的控制下限为 0.3～0.5mg/L，上限一般不超过 2～3mg/L。使用低磷酸盐处理，炉水的缓冲性差，有冷却水漏入锅炉时不易控制，只适应于炉水长期没有硬度的锅炉。

（5）平衡磷酸盐处理：其基本原理是使炉水磷酸盐的含量减少到只够与硬度成分反应所需的最低浓度，即“平衡”浓度；同时允许炉水中有小于 lmg 的游离 NaOH，以保证炉水的 pH 值在 9.0～9.6 的范围内。

13-5 什么叫盐类暂时消失现象？影响因素及其危害是什么？

答：当锅炉负荷升高时，锅炉水中某些易溶钠盐（Na_2SO_4、Na_2SiO_3 和 Na_3PO_4）的浓度明显降低，锅炉负荷减少或停炉时，这些钠盐的浓度重新增高，这种现象称为盐类暂时消失现象。

当锅炉升负荷时，炉水中一部分易溶性钠盐的浓度下降了，这些盐类有沉淀出来的现象，但在停炉或锅炉负荷急剧下降时，出现相反的情况，以前沉淀在锅炉中的这些易溶性钠盐，又重新溶解于水中，使炉水的浓度重新增高。

影响因素：

(1) 与易溶盐的特性有关：在高温水中，某些钠化合物在水中的溶解度是随着水温升高而下降的。如 Na_3PO_4 最为明显，在高温水中 Na_3PO_4 的溶解度是很小的，而 NaOH 则温度愈高，溶解度愈大。

(2) 与炉管的热负荷有关：炉管的热负荷不同时，锅炉的热负荷有很大不同。

危害：

(1) 能与炉管上的其他沉积物，如金属腐蚀产物、硅化合物等发生反应，变成难溶的水垢。

(2) 因导热不良，可直接导致炉管金属严重超温，以致烧坏。

(3) 能引起沉积物下的金属腐蚀。

13-6 炉水氢氧化钠处理的条件是什么?

答：(1) 给水氢电导率应小于 0.2μS/cm。

(2) 凝汽器基本不泄漏，或者偶尔微渗漏能及时有效消除渗漏、或配置精处理设备。

(3) 锅炉水冷壁内表面清洁，无明显腐蚀坑和大量腐蚀产物。最好在炉水采用加氢氧化钠处理前进行化学清洗。

(4) 锅炉热负荷分配均匀，水循环良好，避免干烧，防止形成膜态沸腾，导致氢氧化钠的过分浓缩，造成碱腐蚀。

13-7 炉水氢氧化钠处理有何特点?

答：氢氧化钠处理炉水简单易行，减少了加药量，降低排污率。尽可能少地增加炉水含盐量，既有效地防止了有机酸、无机酸和酸式磷酸盐的酸性腐蚀，还大幅度地减少水冷壁管上的沉积，防腐防垢都有明显优势。

与全挥发处理相比：减少酸性腐蚀、允许炉水氯化物较高、炉水足够碱化。

与磷酸盐处理相比：降低炉水含盐量、减少加药量、减少排污率、避免磷酸盐隐藏现象、简化有关磷酸盐的监控指标、减少磷酸盐隐藏导致的腐蚀和沉积物下的介质浓缩腐蚀。

13-8 采用氢氧化钠处理炉水的机组启动时水质如何处理?

答：机组正常启动时，上水期间通常是靠加氨将给水 pH 值提高至 8.8～9.3（加热器为钢管时 9.0～9.5），即采用全挥发处理，由于氨的携带系数很大，当锅炉点火加热、产生大量蒸汽时，随给水进入锅炉炉水中的碱性挥发物质被携带进入蒸汽，炉水中的 pH 值很快下降（此现象在采用协调磷酸盐处理的机组更为突出，炉水改为氢氧化钠处理后，还会滞后一段时间），锅炉水失去酚酞碱度，造成酸性腐蚀。为从根本上提高水汽质量，在机组启动过程中，给水不仅加氨，同时也加适量的氢氧化钠（至锅炉能正常加药为止），使整个水汽系统都能得到有效的碱化，此时从给水中加的氢氧化钠不会影响过蒸汽品质。

13-9 锅炉炉水氢氧化钠处理如何实施和转换？

答：停止向炉水中加磷酸盐，将药箱中原磷酸盐溶液排掉，用除盐水冲洗数次至干净，用分析纯氢氧化钠配成稀溶液，按需要加入汽包，使炉水保持在标准范围。

根据在线监测仪表的指示，调节炉水加药量至最佳范围，待稳定运行半年后，在炉水、蒸汽品质优良的基础上，可根据锅炉水质调节连续排污门的开度和定期排污门的周期，达到节水节能之目的。再利用机组检修机会对水冷壁管的沉积和腐蚀情况进行检查，与磷酸盐处理进行比较。

13-10 锅炉为什么要排污？排污方式有哪些？

答：锅炉运行时，给水带入锅内的杂质，只有少部分会被饱和蒸汽带走，大部分留在锅炉水中。随着运行时间的增加，炉水中的含盐量及杂质就会不断地增多，从而影响蒸汽品质；当锅炉水中的水渣较多时，不仅影响蒸汽品质，而且可能造成炉管堵塞，危及锅炉安全运行。因此，为了使锅炉水的含盐量和含硅量能在极限容许值以下和排除锅炉水中的水渣，在锅炉运行中，必须经常从锅炉中排出一部分炉水，并补充同量的含盐量较少的给水。

排污的方式有两种：

(1) 连续排污方式是连续地从汽包中排放锅炉水，连续排污可以排除锅炉水中细小的或悬浮的水渣，以防止锅炉水中的含盐量和含硅量过高，污染蒸汽。

(2) 定期排污方式是定期地从锅炉水循环系统的最低点排除部分锅炉水。定期排污主要是为了排出水渣，排放速度很快。

13-11 锅炉定期排污的注意事项有哪些？

答：(1) 在锅炉水循环系统的最低点进行。

(2) 排出的是水渣含量较高的部分。

(3) 根据锅炉水质和炉蒸发量，应定期进行。

(4) 一般在低负荷时进行，排污量不超过炉蒸发量的0.1%～0.5%，每次排污时间不超过0.5～1min。

13-12 什么叫排污量？什么叫排污率？什么叫补充水量及补充水率？

答：排污量是锅炉每小时排出的水量。

排污率是排污量占锅炉蒸发量的百分数。

补充水量是每小时补进锅炉的水量。

补充水率是补充水量占锅炉蒸发量的百分数。

13-13 锅炉启动时，为什么要加强底部排污？

答：锅炉停炉时，炉内的沉积物积聚于锅炉水冷壁的下联箱内，当锅炉启动时，在低负荷下水循环速度低，水渣下沉，此时加强底部排污效果较好。

13-14 炉水取样与加药有哪些注意事项？

答：炉水取样：为了保证炉水取样的连续性和可靠性，炉水取样管应与连续排污管相连并且焊接在排污管的垂直段或水平段的下半侧。如从连续排污管的两端取样，可分别检测汽包甲乙侧水样，也可检测甲乙侧的混合水样。如果汽包炉水的连续排污管只有从锅炉的一侧引出，应改为从连排管的中间引出。

炉水加药：应保证向汽包炉水加药均匀。汽包内的加药管应沿汽包轴向水平布置，加药管应比连续排污管低 10～20cm，加药管的出药孔应沿汽包长度方向均匀布置，应从汽包的中间加药。

13-15 炉水异常时应如何紧急处理？

答：如果炉水中检测出硬度或炉水的 pH 值大幅度下降或凝结水中的含钠量聚增，应采取紧急处理措施。

(1) 加大锅炉的排污量：在加大锅炉排污量的同时查找异常原因。

(2) 加大磷酸盐的加药量：如果炉水中出现硬度超标，应检查凝汽器、泵冷却水系统等是否发生泄漏。

(3) 加入适量的 NaOH 以维持炉水的 pH 值：如果炉水的 pH 值大幅度下降，对于有凝结水精处理的机组，应检查混床漏氯情况并对炉水的氯离子进行测定；对没有凝结水精处理的机组，重点检查凝汽器是否发生泄漏，同时加大磷酸盐剂量并加入适量的 NaOH 以维持炉水的 pH 值。

(4) 紧急停机：用海水冷却的机组，当凝结水中的含钠量大于 400μg/L 时，应紧急停机。

13-16 什么叫二氧化硅选择性携带？携带系数与哪些条件有关？

答：当饱和蒸汽压力一定时，由于多种杂质的性质不相同，所以多种物质在气相与液相的分配系数不一样，也就是说，饱和蒸汽对各种物质的溶解能力不相同，因溶解携带不相同，故称选择性携带。

硅酸的分配系数最大，选择性携带与饱和蒸汽压力和炉水中硅酸合物的形态有关。影响硅化合物形态的是：饱和蒸汽压力越高，硅酸的溶解能力越大，炉水的 pH 值越高，使炉水中硅酸减少，饱和蒸汽中硅酸的溶解携带系数就减少。

13-17 炉水导电度与含盐量的关系是什么？

答：电解质溶液中，带电离子在电场的作用下，朝着某一电极方向移动，从而传递电子，因而具有导电作用。所以可用测量溶液导电能力这种方法来确定溶液的含盐量，也称为电导分析法。

通常所说的溶液都是指水溶液。纯水不导电，只有当纯水中溶解了电解质，依靠带电离子在电场作用下传递电流，才具有导电能力。

为了反映出电导与溶液浓度的关系，在电化学中引用了当量电导。将含有 1g 当量电解质溶液，放入两片面积相等且平行的、距离又是 1cm 的电极中所具有的电导值，称为当量电导 (λ)，它表示由 1g 当量电解质在溶液中全部电离所表现出来的导电能力。

$$\text{溶液的当量电导}(\lambda)=\text{电导率}(X)\times\text{溶液体积}(V) \tag{13-2}$$

$$\text{因为溶液体积}(V)=\frac{1000}{C}$$

式 (13-2) 中 C 为溶液的当量浓度。

将 $V=\dfrac{1000}{C}$ 代入，则 $\lambda=\left(\dfrac{1000}{C}\right)\times X \quad X=\lambda\ \dfrac{C}{1000}$

将电导率 (X) 代入电极常数公式 $S=\lambda C/1000K$

从式 (13-2) 可看出，溶液的含盐量与当量电导成正比。

13-18 为什么测定凝结水、给水、过热蒸汽导电度时需加阳离子交换柱？

答：(1) 正常运行时交换柱除掉 NH_4^+，以反映出水（汽）中的含盐量。因为氨电离后导电度会增大，这样就不能代表水样的真正含盐量。

(2) 当凝汽器泄漏时，可除掉漏入凝汽器侧的阳离子（主要是硬度），以指示泄漏程度。

13-19 炉水碱度过高有什么害处？

答：可能引起水冷壁管的碱性腐蚀和应力腐蚀；也可能是炉水产生泡沫，甚至产生汽水沸腾而影响蒸汽质量；对于铆接或胀接锅炉也会引起苛性脆化。

13-20 采样时，发现炉水浑浊，是什么原因造成的？

答：(1) 给水浑浊或硬度超标准；

(2) 锅炉长期不排污；

(3) 刚启动的锅炉；

(4) 燃烧工况或水流动工况不正常，负荷波动较大。

13-21 监督汽包水位有何意义？

答：汽包水位过高时，使汽包内的蒸汽空间减小，会增加蒸汽湿度，造成过热器积盐。严重时，造成蒸汽大量带水，过热蒸汽温度下降，使汽轮机发生水击现象。汽包水位过低时，则会破坏正常的水循环，严重时，会引起锅炉爆管。

13-22 监督炉水含盐量有何意义？

答：炉水含盐量（可通过测定电导率和钠离子）直接影响蒸汽质量，如炉水含盐量过高，就会导致在蒸汽通流部位积盐，影响过热器和汽轮机的正常运行。

13-23 锅炉加药为何采用活塞泵，如何调整加药量？

答：因为活塞泵出口压力高，容量小，可以连续地、较均匀地把药加入锅炉水中，容易控制加药剂量。加药量大小的调整可以通过调节加药泵活塞冲程或者改变计量箱中的药液浓度。

13-24 给水中加氨的目的和原理有哪些？

答：给水中加氨的目的是为了提高给水 pH 值，减缓设备的酸性腐蚀。

加氨的作用原理是利用氨的碱性以中和二氧化碳的酸性，又因为氨是一种挥发性物质，凡是 CO_2 溶于水生成 H_2CO_3 的时候，NH_3 亦同时与其反应：

$$NH_3 \cdot H_2O + H_2CO_3 = NH_4HCO_3 + H_2O$$

$$NH_4HCO_3 + NH_3 = (NH_4)_2CO_3 + H_2O$$

这样加氨后中和了碳酸的酸性，同时又可调节 pH 值，使其在碱性范围内，减缓腐蚀。

13-25 给水中加联胺的目的、原理有哪些？

答：给水中加联胺的目的是为了降低除氧器出口水的残余溶氧。

加联胺的作用原理：联胺是一种还原剂，特别是在碱性溶液中，它是一种很强的还原剂，可将水中的溶氧还原。反应式为：$N_2H_4 + O_2 \longrightarrow N_2 + 2H_2O$

反应产物 N_2 和 H_2O 对热力系统的运行没有任何害处；在高温（$t > 200℃$）水中 N_2H_4

可将 Fe_2O_3 还原成 Fe_3O_4 以至于 Fe，N_2H_4 还能将 CuO 还原成 Cu_2O 或 Cu，联胺的这些性质可以用来防止结铁垢和铜垢。

13-26 使用联氨时应注意哪些事项?

答：(1) 联氨浓度液要密封保存，储存处严禁明火。

(2) 操作和分析氨时，应戴眼镜和皮手套，严禁用嘴吸移液管移取联氨。

(3) 药品溅入眼中，应立即用大量的水冲洗，若溅到皮肤上，可用乙醇洗伤处，然后用水冲洗。

(4) 在操作联氨的地方，应通风良好，水源充足。

13-27 催化联胺和联胺相比有何优点?

答：催化联胺是添加了催化剂的联胺，能大大提高联胺与氧的反应速度，尤其是在水温较低时，催化联胺的除氧效果显著地超过了普通联胺，抑制腐蚀的性能也优于普通联胺。

13-28 给水采用联胺-氨处理后，效果如何?

答：给水采用联胺-氨处理后，对于防止铁和铜腐蚀的效果是显著的，正确进行给水碱性水处理，热力系统铁和铜的腐蚀减轻，更重要的是由于系统含铁和含铜量降低，有利于消除锅炉内部形成水垢和水渣。加联胺-氨处理后，系统含铁量降低、含铜量降低、设备腐蚀损伤减缓。

13-29 给水为什么要除氧? 给水除氧有哪几种方法?

答：因为氧是一种阴极去极化剂，在给水处理采用碱性水工况时，水中氧气含量越高，钢铁的腐蚀越严重，为了防止热力设备金属材料发生腐蚀，就要除掉给水中的氧。给水除氧有两种方法：热力除氧；化学除氧。

13-30 热力除氧的基本原理是什么?

答：根据亨利定律，任何气体在水中的溶解度与此气体在汽水界面上的分压力成正比，在敞口设备中将水温升高时，各种气体在此水中的溶解度将下降，这是因为随着温度的升高，使气体在汽水分界面上的分压降低，而水蒸气在汽水分界面上的压力增加的缘故。当水温到沸点时，它就不再具有溶解气体的能力，因为此时水汽界面上的水蒸气压力和外界压力相等，其他气体的分压都是零，因此各种气体均不能溶于水中。所以，水温升至沸点会促使水中原有的各种溶解气体都分离出来，这就是热力除氧法的基本原理。

13-31 造成除氧器除氧效果不佳的原因是什么?

答：(1) 除氧器内的温度和压力达不到要求值；

(2) 负荷超出波动范围；

(3) 进水温度过低；

(4) 排汽量调整的不合适；

(5) 补给水率过大。

13-32 直流炉的水化学工况有哪几种?

答：直流炉的水化学工况主要有三种：

(1) 加挥发性物质（氨-联胺）处理的碱性水工况；

（2）加氧中性处理的中性水工况；

（3）加氧、加氨联合水处理的联合水工况。

13-33 什么叫给水全挥发性处理？全挥发性处理有何不足？

答：为了防止给水对金属的侵蚀性，应消除给水溶氧并提高给水的 pH 值，一般采用向给水中投加氨及联氨的处理方法，这种方法称为全挥发性处理，简称为 AVT。

全挥发性处理有以下不足：

（1）AVT 一般 pH 为 8.8～9.3，这种 pH 值对铜、铁的防腐效果均不在最佳范围。对铁而言，最好 pH>9.6；对铜来讲，pH 值在 8～9 之间为好。使给水含铁量高，会在炉内下辐射区局部产生较多的铁的沉积物，使得管壁超温，造成频繁的化学清洗。

（2）氨的碱性随温度升高而减弱：

$$NH_3 \cdot H_2O \!=\!=\!= NH_3 + OH^-$$

25℃时，$K_b = 1.8 \times 10^{-5}$

250℃时，$K_b = 1.8 \times 10^{-6}$

对于高压加热器而言，因温度高，氨量就显得不够，pH 不够高，就有可能出现高压加热器腐蚀。

（3）凝结水精处理运行周期缩短。

（4）因为氨的分配系数相当大，在凝汽器的空冷区及空抽区会出现氨的富集现象，引起该部位凝汽器铜管的腐蚀。

13-34 什么叫中性水处理？中性水处理有何特点？ 中性水处理有何不足？

答：中性水处理就是在维持给水为中性（pH 值为 6.5～7.5），水质极纯（电导率<0.15mS/cm）的条件下，向给水中加入适量的氧化剂（气态氧或过氧化氢）的处理方法，简称为 NWT。在中性水中，溶解氧对钢铁不再具有腐蚀性，相反，溶解氧能促使钢表面形成保护膜，从而抑制腐蚀。

中性水处理主要有以下特点：

（1）由于对给水水质要求很高，所以除了补给水应进行深度除盐外，凝结水也必须全部通过混合床处理。

（2）由于给水中无氨（或氨很少），所以凝结水处理用混床的运行周期可以大大延长。

（3）不会发生凝汽器空冷区铜管的氨蚀问题。

中性水处理有以下不足：

（1）中性水处理要求补给水和凝结水都极纯，且水质呈中性，给水没有缓冲性，当有少量 CO_2 气体进入水中时，就会引起水的 pH 值明显下降，这时，钢和铜合金材料都会被腐蚀。

（2）有铜系统的铜腐蚀比较严重。

13-35 进行给水中性水处理，对水质有何要求？

答：给水采用中性水处理工况对给水质要求很严：电导率<0.15μS/cm，如水质不纯会破坏保护膜。pH 值：为了保证水质呈中性，其 pH 值应控制在 6.5～7.5 范围内。给水溶解氧浓度一般在 50～300μg/L 范围内，以保证源源不断地提供生成和修复钝化膜的足够用量。

13-36 给水加氧处理的条件是什么？

答：（1）给水氢电导率应小于 0.15μS/cm。

（2）凝结水系统应配置全流量精处理设备。

（3）除凝汽器冷凝管外水汽循环系统各设备均应为钢制元件。对于水汽系统有铜加热器管的机组，应通过专门试验，确定在加氧后不会增加水汽系统的含铜量，才能采用给水加氧处理工艺。

（4）锅炉水冷壁管内的结垢量达到200～300g/m^2时，在给水采用加氧处理前宜进行化学清洗。

13-37 采用加氧工况，除氧器和高低压加热器应采用哪种运行方式？

答：正常运行时，除氧器排汽门可根据机组的运行情况采用微开方式或全关闭定期开启的方式，高、低压加热器排气阀门应采用微开方式，以确保加热器疏水的含氧量大于30μg/L。

13-38 采用加氧工况，机组停运时应如何操作？

答：机组停运前1～2h，停止加氧，并提高加氨量，使给水pH值大于9.0，同时打开除氧器排汽门，提供辅助除氧。停运时锅炉可按照有关规定进行保护。

13-39 采用加氧工况，如何实施转换？

答：（1）停止加入联氨：转化为加氧方式之前，应提前停止加入联氨。在停加联氨期间，应加强对给水、凝结水中溶解氧、含铁量和含铜量的监测。水质应达到稳定，给水的氢电导率不大于0.15μS/cm，pH在9.0～9.5的范围，即可实施转换工作。

（2）加氧：对于无铜系统机组（凝汽器管除外），在凝结水精处理出口或在给水泵的吸入侧的加氧点进行加氧。也可在上述两点同时加氧。对于有铜机组（即低压加热器为铜合金管）应在给水泵的吸入侧的加氧点进行加氧。

（3）控制加氧量：初始阶段，一般控制凝结水或给水含氧量在150～300μg/L。同时应监测各取样点水样的氢电导率、含铁量和含铜量的变化情况。如果给水和蒸汽的氢电导率随氧的加入升高，但未超过0.2μS/cm，而且凝结水的氢电导率变化不大，则可保持给水中含氧量在300μg/L左右。若给水和蒸汽的氢电导率超过0.2μS/cm，则适当减小加氧量，以保持给水和蒸汽的氢电导率小于0.2μS/cm。当蒸汽中的溶解氧达到30～150μg/L时，调节加热器的排汽门，并监测疏水的含氧量直到大于30μg/L为止。对低压加热器为铜合金的系统，应经过专门的调整试验，选择适宜的pH值和含氧量的控制范围，确保不增加水汽系统的铜含量。

（4）调整除氧器、加热器排汽门：应微开或定期开启除氧器排汽门。排汽门的开度或开启的周期应根据实际情况具体确定。为维持疏水足够的含氧量，高、低压加热器的排汽门开度也应根据实际情况具体确定。

（5）调整给水pH：在完成上述转换后，可以调整给水pH值符合要求。对于无铜系统机组应确定出使给水含铜量达到最小的pH值范围。

13-40 比较直流锅炉给水加氧处理与全挥发性处理的优缺点。

答：采用全挥发处理时锅炉给水系统的金属表面生成Fe_3O_4膜具有较高的溶解度，给水的铁含量一般在4～10μg/L。从给水系统带入锅炉的铁离子在受热面沉积，加快了锅炉的结垢速率，提高了锅炉压差。在联氨的作用下，给水系统某些局部会发生流动加速腐蚀（FAC）。由于高浓度的氨，凝结水精处理混床运行周期较短，一般为7～10天。

在加氧处理的条件下，由于金属表面生成了致密、溶解度非常低的表面膜，不但抑制了金属的进一步腐蚀和降低了腐蚀产物的溶出率，而且抑制了流动加速腐蚀，使得给水中铁含量降低到 1～3μg/L，腐蚀产物的含量和传递均明显低于全挥发性处理。

由于从给水系统带入锅炉的铁含量大大降低，锅炉的结垢速率明显减小，成倍减少了锅炉的化学清洗周期。同时在氧的作用下，使粗糙的炉管内表面变的平整光滑，消除了炉管内垢层表面波纹状的沟槽，减小了管内的水流阻力，另一方面消除了锅炉系统中四氧化三铁粉末污堵给水节流阀的现象，降低了锅炉的压力损失。

在加氧处理条件下，由于汽水循环回路中 pH 值减低（一般为 8～9），凝结水中含氨量少，减少了凝汽器铜合金管发生氨腐蚀的危险，同时使凝结水精处理再生频率减少，大大延长了凝结水精处理设备的运行周期，降低了再生废液排放量。

13-41　加氧处理工况控制给水氢电导率有何意义？

答：在含氧的纯水中，当 pH 值在 7.0 以上时，钢的腐蚀速度几乎不再随 pH 的改变而变化，但是若空气漏入系统由于二氧化碳进入会导致给水的 pH 值下降，会引起腐蚀速度急剧增大，因此需加氨调节至一定的 pH 范围。在电导率小于 0.1μS/cm，pH 为 8.5 左右的水中，只要水的含氧量超过 50μg/L，钢铁腐蚀产物的释放速度会显著降低，但当电导率＞0.2μS/cm，含氧量低于 50μg/L 或超过 600μg/L 时，钢腐蚀产物的释放速度却会缓慢增加，并有产生点蚀的危险。

因此直流锅炉给水加氧处理的先决条件是要保持高纯度的给水，严格控制凝结水精处理和补给水处理设备出水质量，要避免空气连续漏入给水系统，以保持循环回路介质在高纯度状态下运行。凝结水精处理出口氢电导率在正常运行时一般在 0.6～0.08μS/cm，给水氢电导率一般可以小于 0.10μS/cm。

13-42　由全挥发性处理转换为加氧处理是否需进行化学清洗？

答：给水处理由全挥发性处理转换为加氧处理以前，原则上应进行化学清洗，清除热力系统的腐蚀产物，有利于顺利实施加氧转换，而且实施加氧处理后可使锅炉化学清洗的周期延长数倍。但是直流炉机组在应用给水加氧处理时，也有带垢成功实施转换加氧处理的实例。若锅炉管内结垢量小于 $200g/m^2$ 时，确认锅炉受热面局部最大结垢量未超过 $300g/m^2$ 时，可以暂不对锅炉进行化学清洗。在给水全挥发处理转换为加氧处理后，尽管消除了炉管内垢层表面波纹状的沟槽，改善了水流阻力，抑制了锅炉压差上升趋势，但原先锅炉炉管内的垢量并未明显减少，因此，锅炉是否化学清洗还应依照化学清洗导则的规定执行。

13-43　加氧初期氢电导率上升现象是什么原因？

答：在加氧处理开始阶段中，出现的汽水氢电导率升高现象是由于金属表面铁氧化物形态的变化，有某些无机和有机杂质从原沉积物中放出，从而导致汽水的氢电导率上升。

13-44　保证锅炉给水质量的方法有哪些？

答：保证给水质量的方法是：

（1）减少热力系统的汽水损失，降低补给水量；

（2）采用合理的水处理工艺，降低补给水中杂质含量；

（3）防止凝汽器泄漏，避免凝结水污染；

（4）防止给水和凝结水系统的腐蚀，减少给水中的金属腐蚀产物。

13-45 凝结水污染的原因有哪些？

答：凝结水污染基本上来自三个方面的原因：

（1）凝汽器泄漏：使冷却水进入凝结水，把杂质带入凝结水中。在凝汽器泄漏时，往往会造成给水水质劣化。对用海水、苦咸水作为冷却水的发电机组会造成更严重的后果。

（2）金属腐蚀产物的污染：凝结水系统的管道和设备往往由于某些原因被腐蚀，其中主要是铁和铜的腐蚀产物。这些腐蚀产物会造成凝结水的污染。

（3）热电厂返回水的杂质污染：其中随热用户的不同，可能有油类，也可能带进大量的金属腐蚀产物。

13-46 什么叫凝汽器泄漏率？如何计算？

答：泄漏率指漏入的冷却水量占凝结水量的百分率：

$$\Psi = D_L / D_N \times 100\%$$

式中 Ψ——泄漏率；

D_L——冷却水泄漏量，t/h；

D_N——凝结水泵出口凝结水量，t/h。

另外根据水量和盐量平衡可以用下式计算：

$$\Psi = (S_N^{Na} - S_Q^{Na}) / (S_L^{Na} - S_Q^{Na}) \times 100\%$$

式中 S_N^{Na}——凝结水含钠量，μg/L；

S_Q^{Na}——蒸汽含钠量，μg/L；

S_L^{Na}——冷却水含钠量，μg/L。

由于 S_Q^{Na} 较小，公式可化简成 $\Psi = (S_N^{Na} - S_Q^{Na}) / S_L^{Na} \times 100\%$

13-47 为什么凝结水要进行过滤？

答：凝结水过滤是凝结水处理系统中重要的组成部分，其目的在于滤除凝结水中金属腐蚀产物及油类等杂质。这些杂质常以悬浮态、胶态存在于凝结水中，在进行凝结水除盐前首先进行过滤，可以防止这些杂质污染离子交换树脂，堵塞树脂上层，保证凝结水除盐设备的正常运行。由于通常把过滤器置于除盐设备之前，这种布置的过滤器，称为前置过滤。但覆盖、磁力和微孔等几类过滤设备是后置布置的。

13-48 凝结水过滤的设备有哪些？它们过滤的原理是什么？

答：凝结水过滤的设备有覆盖过滤器、磁力过滤器和微孔过滤器。

（1）覆盖过滤器过滤原理为：鉴于凝结水中的杂质大多数是很微小的悬浮物和胶体，因而采用极细的粉状物质作为过滤介质，将凝结水中的杂质清除。

（2）磁力过滤器过滤原理为：凝结水中的腐蚀产物主要是 Fe_3O_4 和 Fe_2O_3，而 Fe_2O_3 又有 $\alpha\text{-}Fe_2O_3$ 和 $\gamma\text{-}Fe_2O_3$ 两种形态，其中 Fe_3O_4 和 $\gamma\text{-}Fe_2O_3$ 是磁性物质，$\alpha\text{-}Fe_2O_3$ 是顺磁性物质，因而可以利用磁力清除凝结水中的腐蚀产物。磁力过滤器又分为永磁过滤器和电磁过滤器，前者除铁效果较低，仅有30%～40%，后者除铁效率可达75%～80%。

（3）微孔过滤器过滤原理为：该过滤器是利用过滤介质的微孔把水中悬浮物截留下来的水处理工艺，其设备结构与覆盖过滤器类似，但运行时不需要铺膜。过滤介质一般做成管形，称为滤元。

13-49 对凝结水除盐用树脂应如何选择?

答：凝结水除盐用树脂的选择是一个比较复杂的问题，应把凝结水含盐量低、流量大和采用的冷却水质等因素作为考虑选择的基本出发点。

（1）由于凝结水除盐采用高速运行混床（最高可达 140m/h），所以，必须选用机械强度大（以减小除盐设备运行压降），颗粒均匀（直径 0.45～0.65mm）的树脂。为此一般选用大孔树脂。

（2）由于弱酸、弱碱树脂都有一定的溶解度，而且弱碱性树脂不能除掉水中的硅，羧酸型弱酸树脂交换速度慢，所以必须选用强酸、强碱性树脂。

（3）考虑到给水的加氨处理，凝结水中含有较多的 $NH_3 \cdot H_2O$，为保证混床的阳树脂不先于阴树脂失效，所以阳阴树脂比例一般选为 1∶0.5～1.5（普通除盐混床为 1∶2)。

具体地说分为下列几种情况：

① 冷却水含盐量低、凝汽器泄漏又轻时，阳、阴树脂比可采用 1∶0.5～1∶1。但在以海水作冷却水或凝汽器严重泄漏时，应增加阴树脂量。阳、阴树脂比可采用 1∶1.5。

② 应根据树脂交换容量确定阳、阴树脂比，对大孔型树脂，当阳、阴树脂体积比为 1∶1.5时，两种树脂实际交换容量为 1∶1。

③ 当凝结水温度高时，运行中容易漏硅，因此温度高时，应增加阴树脂的比例。

13-50 空冷机组的凝结水处理用的离子交换树脂有什么特殊要求，会出现什么问题?

答：对于空冷机组，凝结水处理用的离子交换树脂还应满足耐高温的要求。海勒式空冷机组的凝结水温度高达 60～70℃，而直接空冷机组，凝结水最高温度高达 80℃。因此，对凝结水处理所用树脂提出了更高的要求。各国的强酸大孔型阳树脂的允许温度在 100℃以上，没有出现问题，而一般的强碱Ⅰ型大孔阴树脂 OH^- 型的最高允许温度仅为 60℃，有资料介绍当凝结水温度高于 49℃时，运行中 SiO_2 的泄漏量要增加，另外高温凝结水还会使阴树脂分解率提高，致使阴树脂交换容量减小，溶于水中的分解产物增加，因此国内树脂厂提出实际使用温度不要超过 50℃。

13-51 凝结水除盐的混床为什么要氨化? 混床氨化有什么缺点?

答：为了防止热力设备的腐蚀，在凝结水系统中要加入一定量的 $NH_3 \cdot H_2O$，以维持系统中的 pH 值。这样在正常运行情况下，凝结水中 $NH_3 \cdot H_2O$ 含量往往比其他杂质大得多，结果会使混床中的 H 型阳离子树脂很快被 NH_4^+ 所耗尽，并把 H 型树脂转化为 NH_4^+ 型阳离子树脂，此时混床将发生"NH_4^+ 穿透"现象，混床出口水的导电度会立刻升高，同时 Na^+ 的含量也会增加。其后果之一是 H-OH 型混床周期会很短。再有一点是，由于氢型混床除去了不应除去的 $NH_3 \cdot H_2O$，所以不利于热力设备的防腐保护，而且增加了给水系统中的 NH_4OH 补充量。为了克服氢型混床的弱点，在严格控制 Na^+ 泄漏量条件下，可把混床中阳树脂"就地"氨化，并作为 NH_4-OH 型混床继续运行。

在 NH_4-OH 型混床中，阳、阴树脂的初始型分别为 NH_4 型和 OH 型。阳树脂通过离子交换基团——NH_4^+ 与水中杂质阳离子进行交换。

混床氨化的缺点：由于 NH_4-OH 型混床与 H-OH 型混床相比，在化学平衡方面有很大的差异，在工艺上也有很大的不同，现以净化含 NaCL 的水为例，进行分析说明。

H-OH 型混床的离子交换反应为：

$$RH+ROH+NaCl \longrightarrow RNa+RCl+H_2O \quad (13\text{-}3)$$

NH_4-OH 型混床离子交换反应为：

$$RNH_4+ROH+NaCl \longrightarrow RNa+RCl+NH_4OH \quad (13\text{-}4)$$

对式（13-3）、式（13-4）两式进行比较，可明显看出：虽然 NH_4OH 也属弱电解质，但稳定性较 H_2O 相差甚远，所以其逆反应倾向较大，另根据离子交换选择顺序：NH_4 型阳树脂对 Na^+ 的交换能力要低于 H 型树脂。显然，对 NH_4-OH 型混床不采取相应的措施，运行中很容易发生 Na^+、CL^-、SiO_2 的泄漏，而严重影响出水质量，以至失去实用价值。为克服 NH_4OH 型混床存在的问题，可以提高混床中阳、阴树脂的再生度，以尽量减少再生后残余的 Na 型树脂和 CL 型树脂。

13-52 什么是凝结水的除浊和除盐？

答：由于在通常情况下，凝结水处理系统中分别设有凝结水过滤和除盐两个水质净化步骤。因此设备系统复杂，运行与维护费用高。除浊和除盐，实际上就是把过滤和除盐在同一设备中进行。目前，大体采用的有两种形式：其一为凝结水除盐设备兼有除浊的性能，称为除盐兼除浊型；其二为凝结水除浊兼有除盐性能，称为除浊兼除盐型。

13-53 凝汽器泄漏的危害是什么？

答：凝汽器泄漏其危害有：

（1）凝汽器泄漏造成凝结水、给水及炉水的含盐量增加，造成一系列水汽系统结垢、腐蚀。

在凝结水、给水系统中由于泄漏使水中硬度增大，漏入的盐类在锅炉运行中由于浓缩而结垢，影响锅炉热效率及出力，更严重时因为结垢造成爆管，威胁安全运行。由于蒸汽含盐量高造成在汽轮机叶片上积盐，影响热能转换效率，因而影响经济效益。

（2）同时，也给化学工作带来困难，造成加药量和排污率上升，补给水率增加，使化学费用增加，排污量增加使热能损失增大，影响锅炉热效率。

（3）由于结垢，导致垢下腐蚀，缩短了设备寿命。

（4）由于凝汽器泄漏，影响了混合式减温水的质量，形成过热器积盐。

13-54 除盐兼除浊型凝结水处理主要有几种形式？

答：主要有三种形式。

（1）除盐混床前设置单独的强酸 H 型阳床，其阳床可以起到过滤凝结水的作用，并仍具有阳床除盐的特性，适合于进口凝结水含 NH^{4+} 较高的情况。

（2）混床前不单设置阳床，在混床上面另加一层阳树脂，组成阳混床系统，其上层起过滤作用的阳树脂，通常不需要进行再生，但要定期冲洗树脂上所截留的污物。

（3）采用三床除盐系统，其前阳床可同时起到过滤和除盐作用。

13-55 除浊兼除盐型凝结水处理采用什么设备？

答：一般采用离子交换树脂粉末覆盖过滤器。其覆盖滤料为阳、阴离子交换树脂粉，其颗粒在 $50\mu m$ 下。其粉末状离子交换树脂的离子交换速度比普通颗粒的离子交换树脂快 10000～30000 倍。

设备运行终点，若以除盐为主要目的，可根据设备进出口压差进行判别。

13-56 如何清洗树脂层所截留下来的污物？

答：有空气擦洗和超声波清洗两种方法。

(1) 空气擦洗：即在装有污染树脂的设备中，重复性地通入空气，然后进行正洗。每次通入空气时间为0.5～1min，正洗时间为1～2min，重复次数为6～30次，空气由底部进入，目的在于疏松树脂层，并使树脂上的污物脱落。正洗时，脱落下的污物随水流由底部排出。

空气擦洗应与树脂再生交错进行。

(2) 超声波清洗法：可以清除树脂颗粒表面的污物，清洗时污染树脂由设备顶部进入，经中间超声波场后，由底部离开设备。冲洗水由底部进入上部流出，分离出污物及树脂碎屑，随水流由顶部流出。

13-57 凝结水含氧增大的原因是什么?

答：(1) 凝汽器本体致凝结水泵入口的负压系统，如果由于阀门或法兰及凝结水泵的盘根等处不严密，又没有水封装置，即可使空气漏进，造成凝结水含氧量增大。

(2) 低压加热器疏水系统，由于法兰、阀门等处不严密，使空气漏入凝结水系统。

(3) 当凝汽器铜管泄漏，大量冷却水漏入凝结水中，除含盐量增大外，含氧量也明显增大。

(4) 抽汽效率低或漏汽，达不到凝汽器真空度的要求。

(5) 汽机运行异常，或无根据的过负荷运行，造成凝汽器真空下降，即使尽快恢复正常，也将影响凝结水含氧量。

(6) 汽机排汽温度与凝结水温度之差称为过冷却度，过冷却度大，凝汽器效率高，但凝结水含氧量会增大，因此过冷却度有一定的范围。

(7) 当凝汽器中大量补进除盐水，如果进水管安装位置及喷水装置不恰当，或不能保证凝汽器真空度的情况下，会使凝结水含氧量增大。

(8) 取样门法兰不严密，门后形成负压而抽进空气，或去样冷却器蛇形管损坏漏入冷却水可使分析结果偏大。因此在确定凝结水含氧量增大的确切原因时，必须首先保证分析结果的准确性。

13-58 为何要监督凝结水电导率? 连续监督有何好处?

答：试验证明：监督凝结水电导率比监督凝结水硬度更为合理，因凝汽器泄漏，使凝结水含盐量增大，假如硬度不超标，但其他盐类已影响到蒸汽和给水指标，因电导率反应的是所有导电介质，因此监督凝结水电导率反应更为灵敏。采用电导率表连续监督凝结水电导率，可克服定时化验的迟缓性和再次去样化验的间隔时间内凝结水质量变化不能及时发现的现象，达到连续监督的目的。

13-59 凝结水不合格怎样处理?

答：(1) 冷却水漏入凝结水中，应增加化验监督次数，并及时联系查漏堵漏。

(2) 凝结水系统及疏水系统中，有的设备和管路的金属腐蚀产物污染凝结水。应加强测定次数，控制好NH_3-N_2H_4的处理，提高水汽品质。

(3) 热用户热网加热器不严，有生水或其他溶液漏入加热蒸汽的凝结水中，加强监督通知热用户检查并消除热网加热器的泄漏处。

(4) 补给水品质劣化，或补给水系统有其他污染水源，应加强补给水化验次数，提高补给水品质，隔绝污染水源。

(5) 凝结水处理混床失效，将不合格的水送入除氧器。此时应立即停运失效混床，投运备用床。

(6) 有关的监督仪表失灵，造成实际测量值超过指标，而仪表指示合格。应增加化验次数，校正仪表，分析原因采取措施，迅速提高水汽品质。

(7) 返回凝结水在收集、储存和返回电厂的途中，受到金属腐蚀产物的污染，应将不合格的水全部排入地沟。

13-60 凝结水混床再生好坏的关键是什么?

答：关键是阴阳树脂分层要清，最好使阴阳树脂在两个再生塔内单独再生，因为混床要求出水质量很高，应尽可能提高其再生度，如果互有混杂，则阴树脂中混有的阳树脂还原为钠型，阳树脂中混有大阴树脂被还原为氯型，混合后，总的阳树脂再生度就有所降低。虽然这种现象不可能完全避免，但应尽量减轻。从两种混杂的利害关系来看，阳树脂内混入阴树脂对凝结水处理来讲危害要大些，因为凝结水中主要为胺离子，钠离子含量很小，而阳离子本身工作交换容量很大，即使再生度低一些，也能够有效地除去凝结水中的阳离子，如果接近失效，有钠离子漏过，则电导率增大，可以从仪表上及时发现。凝结水中主要阴离子为硅酸，酸性最弱，使阴树脂再生度低就不易使凝结水中本来含量较低的硅酸根进一步降低，且失效时不易监督。

13-61 为什么高参数大容量机组的凝结水要进行处理?

答：随着发电机组的参数及容量不断增大，对锅炉给水的要求愈来愈严格，这就相应地提高了对凝结水的水质要求，特别是直流锅炉、亚临界或更高参数的锅炉，必须进行凝结水的处理。

13-62 凝结水混床体外再生有什么优点及不足?

答：体外再生的优点有：

(1) 混床可不设中排装置，可使流速提高到 120～130m/h，而用于体外再生的专用再生塔可以做得较长，有利于阴阳树脂的分离。

(2) 混床树脂失效后可以及时转移至再生塔中，再生好的树脂可以立即移入混床，并可及时投运。这样可以提高混床效率。

(3) 专用再生塔再生的效率较高，也不至于再生液污染凝结水。

体外再生的缺点有：

(1) 体外再生需将树脂输出、输入，树脂的磨损率较大。

(2) 再生操作复杂。

13-63 海勒式空冷机组凝结水处理有哪些特点?

答：(1) 由于海勒式空冷机组的凝结水和冷却水混合在一起，形成一个系统，在此系统中有大量钢铝金属表面与水接触，因此最佳的选择是采用中性水工况。中性水工况控制的关键是要求水质高纯度，即要求其电导率（25℃不大于 0.2μS/cm）。若对送进锅炉的一部分凝结水不进行处理，则给水水质是难以保证的。

(2) 由于空冷系统中水与钢铝的金属接触面积大，在正常运行时，虽然腐蚀速率比较低，但冷却水中铁、铝氧化物总量还是可观的，如不及时除去，就会在锅炉水管内沉积，造成危害。为此，也需要对凝结水进行处理。

(3) 由于空冷系统中水与钢、铝金属接触面积大，在机组启动过程中会产生大量氧化物，特别是第一次启动或长期停用保护不当时更为严重，因此也有必要将这些金属氧化物除去。

（4）运行中机组负荷的剧烈变动，会使热力系统和冷却水系统管道中的腐蚀产物脱落，从而增大水中铁、铝氧化物的含量，必须及时除去，以便保证纯净的中性水况。

（5）向凝结水补充的二级除盐水控制不当时，水质将达不到要求，为了除去这些除盐水带进来的溶解杂质，也需进行凝结水处理。

鉴于以上原因，即使是超高压汽包锅炉，采用海勒式空冷系统时也必须设置凝结水处理装置（采用淡水冷却的超高压汽包锅炉湿冷电厂一般都不设凝结水处理装置）。

13-64　直接空冷机组、直流锅炉空冷机组、表面式凝汽器间接空冷机组有哪些特点?

答：（1）对于直接空冷机组，由于空冷凝汽器冷却表面积十分庞大，通常都要设置凝结水除铁装置，对于调峰机组，除铁装置应设置备用设备，有的资料建议设置两台100%容量的除铁过滤器。是否设置混床或单床离子交换器，应根据锅炉形式及水质要求确定。

（2）对于采用直流锅炉的直接空冷机组，由于对凝结水质量要求非常高，因此就采用既能高效除铁，又能高效除去水中溶解杂质的凝结水处理装置。

（3）对于采用表面式凝汽器的间接空冷机组，循环水一般也采用除盐水，不存在凝汽器泄漏时冷却水污染凝结水的问题，故一般可不设凝结水处理装置，但对于直流锅炉，由于对凝结水水质要求很高，虽然不存在冷却水污染凝结水问题，但一般不应装设凝结水处理装置。

13-65　为什么要对循环冷却水进行处理?

答：电厂使用的冷却水，主要用于汽轮机的凝汽器作冷却介质。天然水中含有许多有机质和无机质的杂质，它们会在凝汽器铜管内产生水垢、污垢和腐蚀。由于水垢和污垢的传热性能很低，导致凝结水的温度上升以及凝汽器的真空度下降，从而影响汽轮发电机的出力和运行的经济性。凝汽器铜管发生腐蚀会导致穿孔泄漏，使凝结水品质劣化，污染锅炉水，直接影响电厂的安全运行。因此，必须对冷却水进行处理，使其具有一定的水质。

13-66　循环水的处理方法有哪些? 各种方法的基本原理是什么?

答：目前国内采用的循环水处理方法主要有以下几种：

（1）加酸处理：加酸的目的是将循环水中的碳酸盐硬度降低，防止其分解水垢，通常是向循环水中加入硫酸。

（2）炉烟处理：其原理为，烟气通过专设的二级除尘后，烟气中的SO_2大部分溶于除尘器的水中，而CO_2仍然留在烟气内。将此烟气通入凝汽器入口侧的循环水中，则CO_2便溶解于循环水中，根据循环水结垢反应，当水中有过量的CO_2时，使反应向左进行，从而阻止了$CaCO_3$的生成。

（3）磷酸盐处理：用于磷酸盐处理的药品有磷酸三钠、六偏磷酸钠、三聚磷酸钠等。其基本原理是，当循环水中加入少量磷酸盐时，可以起到稳定碳酸盐的作用，即可以使水中的重碳酸盐不容易分解成碳酸盐，从而提高了碳酸盐的极限硬度。

（4）石灰处理：可以除去水中的钙镁离子，从根本上消除结垢源，大幅度提高水的浓缩倍率。

除以上常用的化学方法以外，在一些小型设备中采用电磁处理，也收到了一定的效果。

（5）加氯处理：这是一种防止有机附着物黏附的有效方法。

基本原理：一是氯气本身能直接与微生物细胞中的蛋白质作用而将其杀死，二是氯能与水起反应，反应生成的新生态氧［O］有强烈的杀灭微生物能力。

13-67 循环水为什么会产生浓缩现象?

答：由于循环水在工作过程中，受温度和大气压力的影响，要被蒸发掉一部分，而这部分水是纯水（一般约占循环水量的4%～6%），盐分却留在水中。为保证足够的循环水量，要对被蒸发的水进行补水，其补水又是含盐分的水，故而产生浓缩现象。

13-68 水内冷发电机有哪几种形式? 冷却的是什么?

答：(1) 双水内冷式：冷却的是发电机的定子、转子及线圈。

(2) 水-氢-氢式：水冷却的是定子的线圈，氢冷却定子和转子铁芯。

13-69 对发电机内冷水的水质有何要求?

答：较低的电导率，对发电机的空心铜线和内冷水系统无侵蚀性，不允许发电机冷却水中的杂质在空心导线内结垢，以免降低冷却效果，使发电机线圈超温，导致绝缘老化。

13-70 为什么发电机铜导线会产生腐蚀? 如何防止?

答：以化学除盐水作为发电机内冷水时，它的pH值一般在6～7之间，而一般除盐水是未经除氧的，因此发电机内冷水实质上成为含氧的微酸性水，对发电机的空心铜导线有强烈的腐蚀作用。防止方法：①加缓蚀剂；②提高发电机内冷水的pH值。

13-71 什么叫循环水的盐平衡?

答：以某种不受外界影响而变化的离子为代表，当由补充水引入的某种离子与风吹、泄漏和排污水中所带走的此种离子相等时，循环水的浓度就不再变化。此时称为循环水的盐平衡。

若以Cl^-作为代表，则有下列关系存在：

$$P_BCl_B=(P_2+P_3)Cl_x \quad (式13\text{-}5)$$

式中 P_B——补充水占循环水流量的百分率，%；

P_2——风吹、泄漏损失占循环水流量百分率，%；

P_3——排污损失占循环水流量的百分率，%；

Cl_B——补充水中Cl^-的含量，mg/L；

Cl_x——循环水中Cl^-的含量，mg/L。

注：P_1为蒸发水占循环水流量的百分率，%，由于蒸发水中$Cl^-=0$，所以平衡式中无此值。

13-72 什么叫循环水浓缩倍率?

答：以某种不受外界影响而变化的离子为代表，循环水中的离子浓度与补充水中离子浓度之比，称为循环水浓缩倍率。经常采用的方法，是以分析Cl^-来计算，当进行加氯处理时，不能以Cl^-进行计算。

13-73 如何通过对循环水的分析，判断凝汽器铜管是否结垢?

答：有以下三种方法。

(1) 用氯离子和碳酸盐硬度的比值判断：当循环水的循环倍率和循环水与补充水的碳酸盐硬度比值相等时，则表示铜管内未结垢；若式中碳酸盐硬度的比值，小于循环水的浓缩倍率时，则表明碳酸盐沉淀析出，铜管内已结有水垢。但值得注意的是若采用循环水的加氯处理，绝对不能用氯离子的比值。

（2）按冷却水的稳定度：这种方法是将循环水通过大理石（$CaCO_3$）碎粒过滤，以观察其在通过前后的碱度（A）和 pH 的差别，如 $A_Q > A_H$ 或 $pH_Q > pH_H$，则有结垢倾向，A_Q、A_H 分别表示循环水通过大理石前后的碱度，mol/L；pH_Q、pH_H 分别表示循环水通过大理石前后的 pH 值。

（3）按饱和指数 $IB = pH_{ru} - pH_B$

pHru：运行温度下测得的 pH。

pH_B：当此水被 $CaCO_3$ 饱和时的 pH 值。

IB：饱和指数。

IB >0 时，有析出 $CaCO_3$ 的倾向。

13-74 循环冷却水处理中 $CaCO_3$ 的生成量与哪些因素有关？

答：（1）水中 $Ca(HCO_3)_2$ 的含量越高，$CaCO_3$ 的生成量就越大。

（2）冷却水的温度差越大，$CaCO_3$ 生成量越大，其原因是温度升高，平衡状态的 CO_2 自水中逸出，加速了 $Ca(HCO_3)_2$ 的分解，使的生成速度加快。

（3）$CaCO_3$ 在热交换器表面沉积与水的流速有关，在静止水中 $CaCO_3$ 沉积量少，在一定的流速范围内，水的流动有助于扩散，结垢较快，但流速太快会加速冲刷作用，引起腐蚀，所以为防止结垢和腐蚀要选择适当的流速，一般为 1～3m/s。

13-75 循环水中微生物有何危害？ 如何消除？

答：微生物附着在凝汽器铜管内壁上变形成了污垢，它的危害和水垢一样，能导致凝汽器端差升高真空下降，影响汽轮机出力和经济运行，同时也会引起铜管的腐蚀。

防止方法：（1）加漂白粉；（2）加氯处理。

13-76 循环水为什么加氯处理？ 其作用如何？

答：因为循环水中有机附着物的形成和微生物的生长有密切关系，微生物是有机物附着于冷却水通道中的媒介，当有机物附着在凝汽器铜管内壁上，便形成污垢，能导致凝汽器端差升高，真空下降，影响汽轮机出力和经济运行，同时会引起铜管的腐蚀，所以循环水中加氯来杀死微生物，使其丧失附着在管壁上的能力。其反应式为：$Cl_2 + H_2O = HClO + HCl$，$HClO = HCl^+ [O]$，HClO 分解出的初生态氧，它有极强的氧化性，可将微生物杀死。

13-77 常用的有机磷阻垢剂有哪几种？ 说明其阻垢机理。

答：常用的有机磷阻垢剂有 ATMP（氨基三亚甲基膦酸盐）、EDTMP（乙二胺四亚甲基膦酸盐）、HEDP（羟基亚乙基二膦酸盐）等。其阻垢机理是：聚磷酸盐能与冷却水中的钙、镁离子等螯合，形成单环或双环螯合离子，分散于水中。其在水中生成的长链容易吸附在微小的碳酸钙晶粒上，并与晶粒上的 CO_3^{2-} 发生置换反应，妨碍碳酸钙晶粒进一步长大。同时它对碳酸钙晶体的生长有抑制和干扰作用，使晶体在生长过程中被扭曲，把水垢变成疏松、分散的软垢，分散在水中。有机磷阻垢剂不仅能与水中的钙、镁等金属离子形成络合物，而且还能和已形成的 $CaCO_3$ 晶体中的钙离子进行表面螯合。这不仅使已形成的碳酸钙失去作为晶核的作用，同时使碳酸钙的晶体结构发生畸变，产生一定的内应力，使碳酸钙的晶体不能继续生长。

13-78 黄铜表面式凝汽器与铜管钢片空冷塔相结合的空冷循环水系统有哪些特点?

答：黄铜表面式凝汽器与铜管钢片空冷塔相结合的间接空冷循环水系统，一般采用二级除盐水作为循环冷却水。由于系统中存在着铁、铜两种不同材质，且这两种材质的电化学性质存在着差异，因而它们对水质的要求也就不同。为此需要研究适应铁、铜的最佳化学工况及水质指标，既保证钢制散热器有足够长的耐蚀寿命，又要使铜的腐蚀速率控制在工程上允许的范围之内，从而保护机组的长期安全运行。

13-79 发电机冷却的重要性有哪些?

答：发电机运转时要发生能量损耗，这些损耗了的能量最后都变成了热量，致使发电机的转子、静子等各部件的温度升高。为了保证发电机能在绕组绝缘材料允许的温度下长期运行，必须及时地把所产生的热量导出，使发电机各主要部件的温度经常保持在允许范围内，否则，发电机的温度就会继续升高，使绕组绝缘老化，出力下降，甚至烧毁，影响发电机的正常运行。因此，必须连续不断地将发电机产生的热量导出。所以，对发电机必须加以冷却。

13-80 发电机内冷水为什么要进行处理？如何处理?

答：发电机内冷水一般采用除盐水或凝结水作为补充水。在运行中，由紫铜制成的发电机线棒，会使冷却水的含铜量逐渐增加，导线腐蚀日益严重。其腐蚀产物可能污堵线棒，限制通水量，甚至造成局部堵死。腐蚀严重时，有铜管穿孔漏水的危险。为保证内冷机组安全经济运行，必须对内冷水进行必要的处理。

目前主要采用两种方法进行处理：

(1) 缓蚀剂法：常用的是 MBT 处理。

(2) 提高发电机内冷水的 pH。由试验和计算证明，发电机冷却水 pH 值维持 8.5 左右可使发电机铜导线得到保护。具体方法，可以在除盐水中加氨，也可用含氨的凝结水进行补水。

13-81 为什么要对发电机内冷水进行监督?

答：在发电机内冷水中如果有固体、气体杂质，将对空芯铜导线造成腐蚀和结垢，同时达不到电气绝缘的要求，所以要对发电机内冷水进行监督。

13-82 为什么要严格控制发电机内冷水的硬度?

答：当发电机内冷水硬度增高时，即钙、镁离子浓度的乘积超过它的溶度积时，就会从水中析出，附着在内冷水系统表面形成水垢。水垢的热导率极差，很容易使发电机铜导线的线棒超温，特别是发电机铜导线每个空心铜管，通水面积很小，如果在壁内形成水垢，就会大大降低内冷水的流通面积，从而使发电机线棒冷却效率降低，危及发电机的安全运行。

13-83 发电机内冷水对电导率有何要求?

答：发电机内冷水对电导率有严格要求，因为不论定子线圈还是转子线圈，线圈导线将带有电压，而定子进出水环和转子水箱都是零电压，所以连接线圈的绝缘水管和其中的水都承受电压的作用，水在电压的作用下，将根据其电导率的大小，决定其电阻损耗值。此损耗与水中的电导率成正比增加。定子线圈电压高，所以损耗值从定子考虑，当电阻率超出标准，大于发电机定子电阻损耗值时，定子对地绝缘电阻成为导体，造成发电机定子结地，将会导致重大事故。所以，要使发电机内冷水电导率$<5\mu S/cm$。

第十四章 大型火电机组设备的金属腐蚀、结垢与防护

14-1 腐蚀的定义是什么？腐蚀分为哪几类？影响金属腐蚀的因素有哪些？

答：由于金属与环境而引起金属的破坏或变质，或金属与环境之间的有害反应称为腐蚀。

金属腐蚀按作用性质分为化学腐蚀和电化学腐蚀；按发生腐蚀过程的环境和条件可分为高温腐蚀、大气腐蚀、海水腐蚀、土壤腐蚀等；按腐蚀形态可分为均匀腐蚀和局部腐蚀。

影响金属腐蚀的因素有：

(1) 溶解氧含量：氧含量越高，腐蚀速度越快。

(2) pH 值：pH 值越高，腐蚀速度越低。

(3) 温度：温度越高，腐蚀速度越快。

(4) 水中盐类的含量和成分：盐类含量越高，腐蚀速度越快。

(5) 流速：水的流速越高，腐蚀速度越快。

14-2 什么是原电池和电解池？正、负极，阴阳极如何规定？

答：电池内自发地产生化学反应。将化学能转变为电能的电池叫原电池。

由外部电池供给能量使电池中发生化学反应的电池叫电解池。

无论原电池还是电解池，发生氧化反应的电极称为阳极，发生还原反应的电极称为阴极。从电流的方向来看，对原电池，电流从阴极流向阳极，所以阴极为正极，阳极为负极；对于电解池，电流由阳极流向阴极，故阳极为正极，阴极为负极。

14-3 什么是金属的标准电极电位？什么是氢标准电极电位？

答：将金属置于该金属离子浓度为 1mol/L 溶液中，在 25℃条件下与标准氢电极组成原电池。以标准氢电极电位为零（H^+/H_2）所测得的该金属电位，叫做该金属的标准电极电位。

将镀有一层蓬松铂黑的铂片插入氢离子浓度为 1mol/L 的硫酸溶液中，在 25℃时不断地

通入压力为1大气压的纯氢气流。这时溶液中的氢离子与被铂所吸附的氢建立以下动态平衡：$2H^+ + 2e = H_2$。

这样吸附氢气达到饱和的铂黑和具有氢离子浓度为1mol/L的酸溶液之间所产生的电位值，就叫做标准氢电极电位。

14-4 什么是化学腐蚀？什么叫电化学腐蚀？它与化学腐蚀有什么不同？

答：单纯由化学作用而引起的腐蚀叫做化学腐蚀。例：金属与干燥气体（如O_2、H_2S、SO_2、Cl_2等）接触时在金属表面生成相应的化合物。当金属和电解质溶液接触时，由电化学作用而引起的腐蚀叫电化学腐蚀，它和化学腐蚀不同，是由于形成了原电池而引起的。在腐蚀电池中，阳极进行氧化反应，阴极进行还原反应。

14-5 如何防止金属的电化学腐蚀?

答：(1) 金属材料的选用：金属材料本身的耐蚀性，主要与金属的化学成分、金相组织、内部应力及表面状态有关，还与金属设备的合理设计与制造有关，应该选用耐蚀性强的材料，但金属材料的耐蚀性能是与它所接触的介质有密切关系的。选用金属材料时，除了考虑它的耐蚀性外，还要考虑它的机械强度、加工特性等方面的因素。

(2) 介质的处理：对金属材料的腐蚀性，在某种情况下是可以改变的，也就是说，通过改变介质的某些状况，可以减缓或消除介质对金属的腐蚀作用。

14-6 热力设备发生腐蚀有什么危害?

答：(1) 能与炉管上的其他沉积物发生化学反应，变成难溶的水垢；

(2) 因其传热不良，在某些情况下可能导致炉管超温，以致烧坏；

(3) 能引起沉积物下的金属腐蚀。

14-7 水汽系统容易发生哪些腐蚀？ 如何防止?

答：氧腐蚀、沉积物下腐蚀、水蒸气腐蚀、应力腐蚀、亚硝酸盐腐蚀。

防止方法：(1) 保证除氧器运行正常，溶解氧合格；(2) 在锅炉基建和停用其间加强保护；(3) 消除给水的腐蚀性，防止给水系统因腐蚀而造成系统铜铁含量增大；(4) 尽量防止凝汽器泄漏；(5) 新投建锅炉做好化学清洗；(6) 在金属表面造钝化膜；(7) 使金属表面浸泡在含有除氧剂或其他保护剂的水溶液中；(8) 消除锅炉中倾斜及较小的管段，对过热器采用合适耐热的钢材；(9) 消除应力。

14-8 什么叫电极的极化？极化现象的产生和引起极化的原因有哪些?

答：由于电流通过电极而引起的电极电位变化称为极化。极化作用可以降低腐蚀速率。极化现象的产生是当有反应电流存在时，由于电极反应的迟缓或电子传递过程中的阻碍所引起的。

引起极化的原因可能有：

(1) 浓差极化：由于电极反应引起的电极表面参与电极反应的物质（离子、溶解气体等）的活度与它们在溶液本体中的活度发生差异，使电极电位偏离初始电位。

(2) 电化学极化：由于反应电流的存在，电极反应过程中，某一步骤迟缓而使电位偏离初始电位。

(3) 阻力极化：由于电极表面存在高电阻的膜，阻碍了电极反应的进行。

14-9 何为阳极极化？在腐蚀过程中产生阳极极化的原因是什么？

答：原电池中的阳极电位，在通过电流之后，向正方向移动的现象称为阳极极化。

引起阳极极化的原因：

（1）阳极水化过程的速度跟不上阳极表面上电子迁移速度。

（2）转移入溶液中的金属离子偏聚在阳极金属附近。

（3）在金属表面上形成了钝化膜。

（4）阳极电位降低。

14-10 浓差极化产生的原因及影响因素有哪些？

答：电极上有电流通过时，在电极溶液界面上发生电化学反应，参与反应的可溶性粒子不断地从溶液内部输送到电极表面或从电极表面离开。如果这种传质过程的速度比电荷传递步骤的速度慢，则电极表面液层中参与反应的粒子和溶液内部的该粒子的浓度会出现差异，导致浓差极化使反应速度变化。

影响因素：

（1）电极反应电流：当电极反应电流增大时，电极反应速度加快，生成物浓度增加和反应物浓度的降低也加剧，电极表面与溶液本体的浓度差也增加，引起的电极极化也越大。

（2）扩散层的厚度：在电极表面存在着一薄层静止的液体，称为扩散层。溶液本体中的反应物质微粒必须以扩散形式经此薄层才能到达电极表面。反之电极表面的生成物也必须扩散，通过这一薄层才能到达溶液本体。

14-11 什么是金属的晶间腐蚀？

答：在金属晶界上或其邻近区域发生剧烈的腐蚀，而晶粒的腐蚀则相对很小，这种腐蚀称为晶间腐蚀。腐蚀的后果是晶粒脱落，合金碎裂，设备损坏。晶间腐蚀是由于晶界区某一合金元素的增多或减少而使晶界非常活泼而导致腐蚀。

晶间腐蚀的两种特殊形态；

（1）焊缝腐蚀：焊缝腐蚀是由焊接导致的一种晶间腐蚀，它发生在离焊缝稍有一些距离的母材上，腐蚀区呈带状。

（2）刀线腐蚀：稳定奥氏体不锈钢在某些特殊情况下，铌或钛没有和碳化合，仍然由铬与碳化合而沉淀引起晶间腐蚀。这种腐蚀是由于稳定的奥氏体不锈钢在紧挨焊缝的两侧，发生一条仅几个晶粒宽的晶间腐独窄带，其余部分没有腐蚀，由于其外形如刀切的线，故称之为刀线腐蚀。

14-12 何谓电偶腐蚀？其影响因素有哪些？

答：这类腐蚀的原因是由于两种不同的金属在腐蚀介质中组成了腐蚀原电池，这种腐蚀原电池和普通原电池必须存在两个电极（或两个以上）并有导电的介质形成电子回路时才能形成原电池而导致腐蚀。电极电位低的作阳极，电位高的作阴极。

影响因素：

（1）环境：环境对电偶腐蚀有很大的影响，同样两种相接触的金属在不同的环境中，阴阳极会发生逆转。

（2）距离：两个不同金属或合金相连接处，腐蚀速度最大，离连接处的距离越远腐蚀速度越小。这是由于电路中存在电阻的原因。

（3）面积：阴阳极的面积比，在电偶腐蚀中十分重要。大阴极小阳极就会引起严重的腐蚀。由于阴极电流和阳极电流是相同的，阳极面积越小，腐蚀电流密度越大，腐蚀速度就越大。

14-13 缝隙腐蚀的机理是什么？其影响因素有哪些？

答：金属在介质中，在有缝隙的地方或被其他物覆盖的表面上发生较为严重的局部腐蚀，这种腐蚀称为缝隙腐蚀。缝隙腐蚀除了由于缝隙中金属离子浓度或溶氧浓度和缝隙周围的浓度存在差异而引起以外，其主要原因是由于这种腐蚀的自催化过程，缝隙间金属氯化物水解，使 pH 降低很快而加速金属的溶解。

影响因素：

（1）缝隙的宽度：缝隙必须宽到液体能进入其中，但又必须窄到能使液体停滞在其中。

（2）介质：这类腐蚀在许多介质中都能发生，只是在含 Cl^- 的介质中最为严重。

（3）金属材质：这类腐蚀对具有钝化层或氧化膜的金属或合金容易发生。

14-14 点蚀机理是什么？其影响因素有哪些？

答：点蚀又称小孔腐蚀，是一种极端的局部腐蚀形态。蚀点从金属表面发生后，向纵深发展的速度大于或等于横向发展的速度，腐蚀的结果是在金属上形成蚀点或小孔，而大部分金属则未受到腐蚀或仅是轻微腐蚀。这种腐蚀形态称点蚀或小孔腐蚀。

孔蚀（点蚀）的机理与缝隙腐蚀的机理实质上是相同的，但是两者却是有区别的。孔蚀不需要客观存在的缝隙，它可以自发产生蚀孔。一般来说在某些介质中，易发生孔蚀的金属，也同样容易发生缝隙腐蚀，但是发生缝隙腐蚀的体系（包括金属和介质）却并不一定产生孔蚀。

影响因素：

（1）溶液的成分：大多数孔蚀是由 Cl^- 引起的。

（2）介质的流速：由于静滞的液体是孔蚀的必要条件，由此在有流速的介质中或提高介质的流速常使孔蚀减轻。

（3）金属本身的因素：具有自钝化特性的金属合金对点蚀的敏感性较高。

14-15 何谓应力腐蚀？其影响因素是什么？如何防止应力腐蚀？

答：应力腐蚀是由拉应力和特定的腐蚀介质共同引起的金属破裂。

影响因素：

（1）应力：应力是应力腐蚀的必要条件，必须是拉应力具有足够的大小。应力可以是外加的，残余的或是焊接应力。

（2）破裂时间、早期裂纹很窄小，延伸率无大变化，末期裂纹变宽，断裂之前发生大量塑性变形，延伸率有很大变化。

（3）环境因素，包括介质、氧化剂、温度、金属因素等。

防护措施：

（1）降低应力。

（2）除去危害性大的介质组分。

（3）改用耐蚀材料。

14-16 什么是苛性脆化？ 如何防止？

答：苛性脆化是锅炉金属的一种特殊的腐蚀形式，由于引起这种腐蚀的主要因素是水中的苛性钠，使受腐蚀的金属发生脆化，故称为苛性脆化。为了防止这种腐蚀，应消除锅炉水的侵蚀性，如保持一定的相对碱度，实施炉水的协调磷酸盐处理，运行中的锅炉及时做好化学监督，防止水中 pH 值过低。

14-17 何谓吸氧腐蚀？吸氧腐蚀的特征是什么？ 发生在什么部位？

答：腐蚀电池的阴极反应为溶解在溶液中的氧气起还原反应，生成 OH^- 或 H_2O，这种腐蚀称为吸氧腐蚀。例：阳极：$2Fe = 2Fe^{2+} + 4e$

阴极：$O_2 + 2H_2O + 4e = 4OH^-$

总反应方程式 $2Fe + O_2 + 2H_20 = 2Fe(OH)_2$

然后 $Fe(OH)_2$ 被氧化成 $Fe(OH)_3$ 并部分脱水为铁锈。实际上铁等金属的腐蚀主要是吸氧腐蚀。

吸氧腐蚀的特征是溃疡性腐蚀，金属遭受腐蚀后，在其表面生成许多大小不等的鼓包，鼓包表面为黄褐色和砖红色不等，主要成分为各种形态的氧化铁，次层为黑色粉末状态物四氧化三铁，清除腐蚀产物后，是腐蚀坑。吸氧腐蚀通常发生在给水管道和省煤器，补给水的输送管道以及疏水的储存设备和输送管道等都易发生吸氧腐蚀。

14-18 为什么水中有氧和 CO_2 存在时腐蚀更为严重？

答：因为 O_2 的电极电位高，易形成阴极，侵蚀性强，CO_2 使水呈酸性，破坏了金属的保护膜，使得金属裸露部分与氧发生腐蚀，在此情况下腐蚀更为严重。

14-19 何为沉积物下腐蚀？ 其原理是什么？

答：当锅内表面附着有水垢或水渣时，在其下面会发生严重腐蚀，称为沉积物下腐蚀。

原理：在正常的运行条件下，锅内金属表面正常覆盖着一层 Fe_3O_4 保护膜，这是金属表面在高温锅炉水中形成的，这样形成的保护膜是致密的，具有良好的保护性能，可使金属免遭腐蚀，但是如果此 Fe_3O_4 膜遭到破坏，金属表面就会暴露在高温的炉水中，非常容易遭受腐蚀。

14-20 防止锅炉发生腐蚀的基本原则是什么？

答：（1）不让空气进入停用锅炉的水汽系统内。

（2）保持停用锅炉水汽系统内表面的干燥。

（3）在金属表面造成具有防腐蚀作用的保护膜。

（4）使金属表面浸泡在含有除氧剂或其他保护剂的水溶液中。

14-21 什么样的设备、管道及其附件需要外部油漆？

答：具有下列情况的需要按照不同要求进行外部油漆：

（1）不保温的设备、管道及其附件。

（2）介质温度低于 120℃的保温设备、管道及其附件。

（3）支吊架、平台扶梯等（现场制作部分）。

除此之外，还有直径较大的循环水管道以及箱和罐等按不同的要求进行内部油漆。

14-22 钢材涂装前的表面预处理要求是什么？

答：（1）钢材表面应无可见的油污，同时钢材表面的毛刺、焊渣、飞溅物、集尘和疏松的氧化皮、铁锈、涂层等应清除。

（2）表面预处理应根据钢材表面的锈蚀等级，采用喷射除锈、手工除锈或动力工具除锈来达到设计要求的除锈等级。

14-23 设备和管道的表面可采用什么样的油漆?

答：室内设备、管道和附属钢结构可采用醇酸涂料、环氧涂料等；室外设备、管道和附属钢结构可采用高氯化聚乙烯涂料、聚氨酯涂料等；油管道和设备外壁可选用环氧涂料、聚氨酯涂料；油罐的外壁可选用环氧耐油涂料，内壁可采用耐油导静电涂料；管沟中管道可采用环氧沥青涂料；循环水管、工业水管、水箱外壁也可选用环氧沥青涂料；直径较大的循环管道内壁可涂环氧沥青涂料或高固体改性环氧涂料；排气管道可选用聚氨酯耐热涂料、有机硅耐热涂料；烟气脱硫的净烟道和需要防腐的原烟道内表面可采用玻璃鳞片树脂涂料；制造厂的设备（如水泵、风机、容器等）和支吊架，如涂料损坏时，可涂刷1～2度颜色相同的面漆。

14-24 涂装施工的现场环境有什么要求?

答：(1) 温度要求。施工环境温度宜在10～30℃，湿度不宜大于85%，钢材表面温度必须高于露点温度3℃。

(2) 天气要求。在大风、雨、雾、雪天及强烈阳光照射下，不宜进行室外施工。

14-25 什么是喷涂除锈? 喷涂除锈工艺应满足哪些要求?

答：喷涂除锈是以压缩空气为动力，将磨料以一定的速度喷向被处理的钢材表面，用以除去钢材表面的铁锈、氧化皮及其他污物，并使钢材表面获得一定的表面粗糙度的表面处理方法。喷涂除锈分为喷砂和抛丸除锈。

喷涂除锈工艺应满足的要求有：

除锈时，应在有防尘的场地进行，以防止粉尘飞扬。

喷涂除锈时，使用的压缩空气必须经过油、水分离处理。

除锈合格后的钢材应及时涂刷底漆，间隔时间不应超过5h。

喷涂除锈后的钢材表面粗糙度，宜小于涂层总厚度的1/3。

14-26 涂装工程的质量检查有什么标准?

答：涂装工程的质量检查标准主要有：

涂层的外观要涂膜光滑平整，颜色均匀一致，无泛锈、气泡、流挂及开裂、剥落等缺陷。

涂层表面应采用电火花检测，无针孔。

涂层厚度应均匀，涂层的干膜厚度按两个85%控制，即85%测点的干膜厚度必须大于或等于规定厚度，其余15%测点的干膜厚度不应低于规定厚度的85%。

涂层附着力应符合设计要求，可采用画圈法。

涂层应无漏涂、误涂现象。

14-27 什么叫覆盖层防腐?

答：覆盖层防腐一般是指在金属设备或管件的内表面用塑料、橡胶、玻璃钢或复合钢板等作衬里，或用防腐涂料等涂于金属表面，将金属表面覆盖起来，使金属表面与腐蚀性介质隔离的一种防腐方法。

14-28 覆盖层主要有哪几种类型?

答：覆盖层主要有橡胶衬里、玻璃钢衬里、塑料衬里、涂刷耐蚀涂料四种类型。

14-29 金属作覆盖层防腐时，对金属表面有哪些要求?

答：金属作覆盖层防腐时，对金属表面不允许有油污、氧化皮、锈蚀、灰尘、旧的覆盖层残余物等，其金属表面应全部呈现出金属本色，以增加金属与覆盖层之间的结合力。

14-30 金属表面除锈的方法有哪几种?

答：金属表面除锈的方法有：机械除锈、化学除锈、人工除锈三种方法。

14-31 常用的耐腐蚀涂料有哪些?

答：常用的耐腐蚀涂料有：生漆、环氧漆、过氧乙烯漆、酚醛耐酸漆、环氧沥青漆、聚氨酯漆、氯化橡胶漆和氯磺化聚乙烯漆。

14-32 防腐涂料施工时，应注意哪些安全措施?

答：防腐涂料施工时，作业现场严禁烟火；配制消防器材；制订具体防火措施；工作人员穿戴好防护用品；工作场所应有良好的通风，必要时进行强制通风，所用照明或电器设备不得有放电的可能，现场应有良好的照明，特别是容器内及沟道内施工时，应采用低压和防爆照明，其电源的开关应隔离安置，并制定防爆、防中毒的安全措施。

14-33 过氯乙烯漆在常温下适用于什么腐蚀介质?

答：过氯乙烯漆在温度不超过35～50℃时，适用于20%～50%的硫酸，20%～25%的盐酸，3%的盐溶液，还能耐中等浓度的碱溶液。

14-34 生漆涂层有哪些优缺点?

答：生漆涂层具有优良的耐酸性、耐磨性和抗水性，并有很强的附着力等优点。缺点是不耐碱，干燥时间长，施工时容易引起人体中毒。

14-35 氯化橡胶漆在常温下适用于什么腐蚀介质? 有哪些优点?

答：氯化橡胶漆在常温下具有良好的耐酸、耐碱、耐盐类溶液及耐氯化氢和二氧化硫等介质的腐蚀性能，并有较大的附着力，柔韧性强，耐冲击强度高，耐晒、耐磨和防延燃，还宜用在某些碱性基体表面（如混凝土）等优点。

14-36 硬聚氯乙烯有哪些优点? 不适用于什么介质?

答：硬聚氯乙烯具有良好的化学稳定性，它除强氧化剂（如浓度大于50%的硝酸，发烟硫酸等）外，几乎能耐任何浓度有机溶剂的腐蚀，并具有良好可塑性、可焊性和一定的机械强度，并且有成形方便、密度小、约为钢材重量的1/5。

14-37 用硬聚氯乙烯塑料热加工成型时应注意哪些?

答：用硬聚氯乙烯塑料热加工成型时，应注意：预热处理时，板材不得有裂纹、起泡、分层等现象；板材烘热温度应控制在（130±5)℃，烘箱内各处温度应保持均匀；加热的板材应单块分层放在烘箱内的平板上，不得几块同时叠放；烘箱内的平板应平整，其上不得有任何杂物。对模具应选用热传导率与硬聚氯乙烯热传导率相近的材料（如木制），使用钢制模具时应有调温装置，板材在模具内成型时间不宜过短，脱膜后成型件表面温度不得大于40℃；成型后的板材，应及时组装，不宜长时间放置，并且直立放于平面上，相互之间应留有间距，成型边应平整光滑。

14-38 塑料法兰焊接时应注意哪些?

答：塑料法兰焊接时，法兰表面应光滑，不得有裂纹、沟痕、斑点、毛刺等其他降低法兰强度和连接可靠性的缺陷；端面应与管径垂直（垂直度不大于0.2mm）；法兰内径开孔处应有焊接坡口，便于法兰与管道焊接牢固。

14-39 硬聚氯乙烯塑料对温度有哪些要求? 对承受压力有哪些要求?

答：硬聚氯乙烯（或PVC）塑料对温度的要求有：环境温度、介质温度不得低于−10℃，否则造成设备变脆而损坏，也不得高于60℃的温度，否则容易造成设备的变形或承压部件损坏。对承受压力的要求是一般低于使用压力，焊接管道压力一般为0.3～0.4MPa，承插管道压力不超过0.6MPa，设备和容器为常压。

14-40 硬聚氯乙烯塑料的最佳焊接温度是多少? 焊接时对现场环境温度以多少为宜?

答：硬聚乙烯塑料的最佳焊接温度是180～240℃；焊接时对现场环境温度以10～25℃为佳。

14-41 硬聚氯乙烯焊接时，应注意哪些事项?

答：硬聚氯乙烯焊接时，应注意焊条与焊缝间的角度为90°；对焊条的走向和施力应均匀；对焊条与被焊材料不得有焊糊的现象和未焊透的现象发生；对焊条的接头必须以切成斜口搭接；焊接前对焊条和焊接面必须清干净，再用丙酮擦拭，以消除其表面的油脂和光泽，对于光滑的塑料表面应用砂布去除其表面光泽；对焊缝焊接完成后，焊缝应自行冷却，不得人为冷却，否则造成焊缝与母材不均匀的收缩而产生应力，从而造成裂开或损坏。

14-42 UPVC塑料管有哪些优点? 管连接采用什么方式联接?

答：UPVC塑料管具有抗酸碱、耐腐蚀、强度高、寿命长、无毒性、重量轻、安装方便等优点。它的连接方式采用定型的管件连接，并用黏合剂将管道与管件黏结密封。UPVC的性能优于PVC制品。

14-43 ABS工程塑料由哪三种物质共聚而成? 它有哪些优点? ABS管件适用压力于多大范围?

答：ABS工程塑料由丙烯、丁二烯、苯乙烯三种物质共聚而成。它具有耐腐蚀、高强度、可塑铸、高韧性、抗老化、无毒害、重量轻和安装方便等优点。ABS管件适用于0.4～1.6MPa的压力范围。

14-44 环氧玻璃钢由哪些物质组成? 其作用是什么?

答：环氧玻璃钢由环氧树脂、稀释剂、增韧剂、填料、固化剂组成。环氧树脂是起粘接力的作用；稀释剂是起稀释环氧树脂的作用；增韧剂的作用是为了改善环氧树脂的某些特性，并降低成本；固化剂的作用是促进环氧树脂的固化。

14-45 玻璃钢可分为哪几类? 各有哪些优缺点?

答：玻璃钢可分为环氧玻璃钢、聚酯玻璃钢、酚醛玻璃钢、呋喃玻璃钢四类。聚酯玻璃钢的优点：机械强度较高，成本低，韧性好，工艺性能优越，胶液黏度低，渗透性好，固化时无挥发物，适用于大型构件等；其缺点是耐酸碱性较差，耐热性低等。环氧玻璃钢的优点有：机械强度较高、耐酸碱性高，粘接力较强，工艺性能良好，固化时无挥发物，易于改性等；其余强氧化性酸类都不耐腐蚀，如硝酸、浓硫酸、铬酸等。

14-46 贴衬玻璃钢的外观检查时不得有哪些缺陷?

答：贴衬玻璃钢的外观检查时，不得有下列缺陷出现：

① 裂纹在腐蚀层表面深度不得超过 0.5mm，增强层裂纹深度不超过 2mm 以上。

② 防腐层表面气泡直径不超过 5mm，在每平方米内直径不大于 5mm 的气泡不得多于3个。

③ 耐蚀层不得有返白区。

④ 耐腐蚀层表面应光滑平整，其不平整度不得超过总厚度的 20%。

⑤ 玻璃钢的黏结与基体的结合应牢固，不得有分层，纤维裸露，树脂结节，色泽不均匀并不得夹有异物，不允许出现孔洞等现象。

14-47 玻璃钢制品同一部位的修补不得超过几次? 出现有大面积分层或气泡缺陷时，如何处理?

答：玻璃钢制品同一部位的修补不得超过两次。玻璃钢制品当出现大面积分层或气泡缺陷时，应把该片玻璃钢全部铲除，露出基面，并重新打磨基体表面后，再贴衬玻璃钢。

14-48 常用于喷砂的砂料有哪些? 一般粒度为多少毫米?

答：常用喷砂的砂料有：石英砂，一般粒度为 2～3.5mm；金刚砂，一般粒度为 2～3mm；铁砂或钢丸，一般粒度为 1～2mm；硅质河沙或海沙，一般粒度为 2～3.5mm。

14-49 对衬里胶板的连接一般有哪些要求?

答：对衬里胶板的连接，一般采用搭接方式、对接方式和削边方式三种。采用搭接时，应采用丁字形接缝，搭接宽度应不小于胶板厚度的 4 倍，且不大于 30mm。无论同层或多层胶板接缝必须错缝排列，同层接缝必须错开胶板的 1/2，最小不少于 1/3。多层胶板接缝不得出现叠缝，接缝错位一般不低于 100mm。对接缝的方向应顺介质流动的方向或设备转动的方向。采用削边连接时，削边应平直、宽窄一致，通常为 10～20mm 或边角小于 30°，并且方向一致。

14-50 衬胶施工中必须进行哪些检查?

答：衬胶施工中必须进行中间检查，检查接缝不得有漏烙、漏压和烧焦现象，衬里不许存在气泡、针眼等缺陷，接缝搭接方向应正确，接头必须贴合严实，胶板不得有漏电现象。

14-51 修补橡胶衬里层缺陷常用的方法有哪些? 各修补方法主要用于什么缺陷的修补?

答：修补橡胶衬里层缺陷常用的方法有：

① 用原衬里层同牌号的交片修补，这种方法主要用于修复鼓泡、脱开和离层等面积较大的缺陷。

② 用环氧玻璃钢和胶泥修补，这种方法适用于任何缺陷的修理，因其操作简单方便。

③ 用低温硫化的软橡胶片修衬，这种方法主要用于修复鼓泡、脱开和离层等较大的面积的缺陷。

④ 用环化橡胶熔灌，这种方法主要用于修复龟裂隙、针孔和接缝不严的小缺陷。

⑤ 用聚异丁烯板修补，这种方法主要用于修复鼓泡、脱开或脱层等面积较大的缺陷。

⑥ 用酚醛胶泥粘贴硫化的软橡胶片修补，这种方法主要用来修复鼓泡、脱开或离层较大面积的缺陷。

14-52 对橡胶衬里进行局部硫化时，应注意哪些？

答：对橡胶衬里进行局部硫化时，应注意：对允许再次硫化的设备，才可进行二次硫化，并按硫化工艺进行整体硫化；硫化时的最高压力比原硫化压力低 0.05～0.1MPa（原硫化压力为 0.3MPa）。对不允许再次硫化的设备，可利用局部加热的方法进行硫化；局部硫化时，应对硫化部位随时检查，以判断硫化是否完全。

14-53 橡胶衬里检查的方法有几种？ 主要检查橡胶衬里的什么缺陷？

答：橡胶衬里检查的方法有四种方法：①用眼睛观察的方法，主要检查衬里表面有无凸起、气泡或接头不牢等现象；②木制小锤敲击法，主要检查衬胶层有无离层或脱开现象；③用电火花检验器，主要检验橡胶衬里的不渗透性；④用电解液检验法，主要检验橡胶衬里的不渗透性。

14-54 凝汽器管板的选择标准是什么？

答：根据我国《火力发电厂凝汽器管选材导则》规定，对于溶解固形物小于 2000mg/L 的冷却水，可选择碳钢板，但应有防腐涂层，冷却管与管板的搭配中，需要注意两者的温度和避免引起电位腐蚀。

14-55 常用铜管材料的主要组成是什么？

答：(1) H-68 黄铜管，含有 68%的铜；(2) HSn70-1A 海军黄铜管，含铜 70%，加入 1%的锡；(3) HAl77-2A 铝黄铜管，含 78%的铜、20%的铅和 2%的锌；(4) B30 铜镍合金管，含铜 70%，含镍 30%。

14-56 腐蚀监视管如何制作、安装？

答：选取与运行管材相同的一段管样，长约 1.5m，管子要清洁，无腐蚀，无明显的铁锈层，必要时要进行酸洗，钝化干燥后安装。

14-57 如何防止凝汽器铜管水侧腐蚀及冲刷？

答：影响因素可分为以下三大类。

(1) 内部因素：主要指凝汽器铜管表面保护膜的性质及表面均匀性、铜管的合金成分、金相组织等。

(2) 机械因素：主要指铜管本身的应力，安装时的残留应力，运行中产生的应力以及铜管的振动等。

(3) 外部因素：主要指冷却介质的成分，如冷却水中的电解质的类型与浓度、溶解氧量、pH 值、悬浮物含量、有机物及二氧化碳等，同时还包括冷却水的物理状态，如水的流速（指冷却水在铜管内的流速）、温度、空气的饱和含量以及涡流状态等。

防止凝汽器铜管水侧的腐蚀、结垢及冲刷。其措施如下：

（1）合理选用管材，由于冷却水的含盐量不同，所以发生腐蚀的种类也不同。因此在选用管材时，应针对所采用冷却水的含盐量选择抗腐蚀性（指在该冷却水条件下所发生的某一种腐蚀）较强的铜管。

（2）做好凝汽器铜管的安装和投运前的工作：凝汽器铜管若包装、运输及保管不善，即可发生投运前的严重的大气腐蚀。同样凝汽器铜管若不按技术要求安装，也会导致铜管在投运后发生大量破裂和腐蚀等严重问题。

（3）运行前和运行中的铜管表面处理：即使用化学药品，在铜管投运前或运行中进行化学处理，使铜管表面生成一层防腐蚀防冲刷效果良好的保护膜。例如：硫酸亚铁处理、铜试剂处理等。

（4）严格控制冷却水流速：即在运行中，控制冷却水在铜管内的流速不低于1m/s，又不高于该管材发生冲击腐蚀的临界流速。

（5）冷却水过滤处理：即在凝汽器循环水入口处加装一道或两道滤网，以除去冷却水中体积较大的异物。

（6）冷却水的化学处理：例如加氯法杀菌、添加MBT成膜以及炉烟处理等。

（7）阴极保护法：例如牺牲阳极法和外部电源法等。

（8）化学清洗法清除铜管表面异物（沉积物）或机械法清除铜管表面异物：例如利用HCl等化学介质除去沉积物以及利用胶球冲洗法清除铜管表面附着物等。

14-58 凝汽器铜管在安装和运输时应注意哪些事项？

答：凝汽器铜管在运输时，不许摔、打、碰、撞，应轻拿、轻放。在安装时应注意以下事项：

（1）铜管在安装前应核对牌号是否与设计相符，并检查铜管内表面状态，做好记录。

（2）铜管安装前必须抽查其应力状况，抽查铜管数量为铜管总数的1/20～1/10，内应力用氨熏法检查，有条件时作涡流探伤。当检查铜管内应力不合格时，应对铜管进行退火，铜管退火温度应根据管材情况而定，一般为300～350℃，退火时间的长短应根据试样的试验结果而定，一般为60min左右。

（3）凝汽器铜管胀管时的工作应符合下列要求：胀口应无过胀或欠胀现象，胀管深度一般应为管板的75%～90%，胀口处翻边应平滑光亮，铜管应无裂纹和显著切痕，翻边角度应在15°左右。胀接完后的铜管应露出管板1～3mm，胀管处铜管的壁厚减薄率为4%～6%。

（4）胀管程序应妥善安排，不使在胀接过程中管板发生变形，或已胀好胀口产生松弛现象。一般应将管束分为若干组，每组先胀一部分铜管，其余可任意进行。

14-59 凝汽器硫酸亚铁造膜条件及方法有哪些？

答：凝汽器硫酸亚铁造膜的成膜主要条件有：

（1）铜管表面必须有均匀Cu_2O膜。

（2）硫酸亚铁造膜液中，必须有足够的氧气使溶液中的Fe^{2+}逐步被氧化成Fe^{3+}。

（3）造膜液中必须维持一定量的Fe^{2+}（100～150mg/L）。

（4）造膜液pH值应控制在5.5～7.5之间。

（5）造膜液在铜管内的流速应大于0.2m/s，最好达到1m/s。

（6）造膜液温度应控制在20～30℃。

（7）硫酸亚铁药液加药点应尽量靠近水室进口处。

（8）不包括曝气时间在内，造膜时间应不少于98h。

硫酸亚铁成膜的方法主要有以下两种。

（1）一次性成膜：在凝汽器停止运行的情况下，将硫酸亚铁溶液通过凝汽器铜管，进行专门成膜运行。此法适用于新通过投入运行以前和通过检修后的启动前。

（2）运行中成膜：在凝汽器正常运行中向冷却水中投加硫酸亚铁药液，使冷却水中 Fe^{2+} 含量维持在 1μg/L 左右，同时每 24h 对铜管进行一次胶球冲洗，整个成膜工作宜在夏季进行。

14-60 采用铜试剂造膜的条件是什么？

答：（1）采用铜试剂造膜，必须先将铜管进行清洗，使其表面清洁，对新铜管不需进行酸洗，但应采用 1%～2% Na_3PO_4 溶液清洗一次，使铜管表面清洁。

（2）用凝结水配制 0.3%～0.4%的铜试剂溶液，使其通过铜管进行循环，每循环 0.5h，停留 2h，进行 40h 后，将废液排掉。

（3）处理过程中，温度始终保持在 55～60℃之间，pH 维持在 7～10 之间。

（4）铜试剂处理完毕，在铜管的外侧加入 70～80℃的热水，使管内保护膜烘干后可投入运行。

14-61 凝汽器汽侧腐蚀的种类及原因有哪些？

答：凝汽器铜管汽侧腐蚀种类有：①氨腐蚀；②冲击腐蚀；③铜管泄漏时的二氧化碳和氧腐蚀；④腐蚀疲劳；⑤应力腐蚀。

引起上述腐蚀的原因有：

（1）氨腐蚀：在凝汽器铜管汽侧的蒸汽及凝结水中均含有微量氧，一般小于 30μg/L，此时这些氧气首先和铜管发生氧化还原反应，生成 Cu_2O 或 CuO。当凝结水中的含氨量小于 200μg/L 时，Cu_2O 和 CuO 能均匀地覆盖在铜管表面，形成保护膜，阻止了氧气与铜的反应，即使金属阳极发生极化，但是当凝结水中含氨量一旦超过 200μg/L 时，氨则与氧化铜及氧化亚铜发生络合反应，生成水溶性较强的铜-氨络离子，从而破坏了铜管表面的保护膜，而当铜管裸露于凝结水时，使得水中溶解氧又与铜发生反应。而反应生成物再次被络合。如此往复循环的反应，使铜管遭到严重腐蚀。

（2）冲击腐蚀：当除盐水直接送入凝汽器中作补给水时，如果布水装置不合理，除盐水直接冲击铜管表面使铜管表面保护膜遭到破坏，而且此时除盐水含饱和氧，导致铜与氧发生氧化还原反应，而反应生成的氧化亚铜保护膜不断地被冲击，又使氧与铜的反应不断进行。故此，引起了铜管的冲击腐蚀。

（3）铜管泄漏时的二氧化碳和氧腐蚀：当铜管泄漏时，冷却水可直接进入铜管汽侧，由于冷却水中含有大量碳酸盐及饱和氧，而碳酸盐分解后使水呈微酸性，由于微酸性的水在氧的参与下可直接溶解铜管表面保护膜，而保护膜破裂后氧与铜管接触又生成保护膜，然后保护膜又被溶解，如此反复进行，最终铜管被腐蚀。

（4）应力腐蚀：当铜管在制造、安装、运行中产生应力时，由于铜管汽侧含氨量很高，故容易发生应力腐蚀。

（5）腐蚀疲劳：因为铜管受交变应力时，又直接接触氧及氨等侵蚀性介质后铜管产生断裂。

14-62 汽轮机产生酸性腐蚀的部位、特征和机理是什么？

答：（1）部位：汽轮机运行时的整个湿蒸汽区，包括低压缸入口分流装置、隔板、隔板套、排汽室等静止部件，以及加热器疏水管路等处。湿蒸汽区前部腐蚀较后部严重。

（2）特征：受腐蚀的部件表面保护膜脱落，金属表面呈银灰色，晶粒裸露完整、表面粗糙。隔板导叶的根部会因腐蚀而部分露出。隔板轮圆外侧也会因腐蚀而形成小沟。排汽室的拉筋的腐蚀具有方向性，和蒸汽的流向一致，腐蚀后的钢材呈蜂窝状。

低分子有机酸和无机酸随蒸汽进入汽轮机，当出现第一批水滴时，就溶于水滴中成为酸。此第一批水滴形成在湿蒸汽区，对于再热式汽轮机来说即低压缸部位，而对于不是再热式汽轮机来说是在中压缸的最后部位和低压缸开始部位。

（3）机理：出现汽轮机酸性腐蚀的电厂，一般是用加氨处理，原因是氨的分配系数远远大于这些酸的分配系数。当蒸汽出现第一批水滴时，水滴的数量并不大，这些酸因其分配系数小，溶入水滴中的量却相当大，形成较高浓度的酸蒸汽中虽也有氨，但由于氨的分配系数大，溶入水滴中的量很小，不足以中和这些酸，造成酸性腐蚀。

14-63 什么叫水垢？什么叫水渣？它们的危害是什么？

答：水垢：由于锅炉水水质不良，经过一段时间运行后，在受热面与水接触的管壁上就会生成一些固态附着物，这种现象通常称为结垢，这些附着物叫水垢。

水渣：在锅炉水中析出的固体物质，有的还会呈悬浮状态存在于炉水中，也有沉积在汽包和下联箱底部等水流缓慢处形成沉渣，这些悬浮状态和沉渣状态的物质叫做水渣。

水垢的危害：炉管上结垢后，因水垢的导热不良导致管壁温度升高，当其温度超过了金属所能承受的允许温度时，就会引起鼓包和爆管事故。

此外，当锅内金属表面覆盖有水垢，还会引起沉积物下腐蚀。

水渣的危害：锅炉水中水渣太多，会影响锅炉的蒸汽品质，而且还有可能堵塞炉管，威胁锅炉的安全运行。

14-64 水垢分几种？ 水渣分几种？ 两者有何区别？

答：水垢按化学成分分四种：钙镁水垢、硅酸盐水垢、氧化铁垢和铜垢。

水渣按其性质可分为以下两类：（1）不会黏附在受热面上的水渣；（2）易黏附在受热面上转化成水垢的水渣。

锅内水质不良，经过一段时间运行后，在受热面与水接触的管壁上就会生成一些固态附着物，这些附着物叫水垢。锅炉水中析出的固体物质，有的还会呈悬浮态存在锅炉水中，也有沉积在下联箱底部等水流缓慢处，形成沉渣，这些呈悬浮状态和沉渣状态的物质叫水渣。水垢能牢固地黏附在受热面的金属表面，而水渣是以松散的细微颗粒悬浮于锅炉水中，能用排污方法排除。

14-65 水垢和盐垢有什么区别？

答：水垢中往往其中夹杂着腐蚀产物与其一起沉积在受热面上，其中最多见的是金属氧化物，较松软，呈红棕色。盐垢中往往夹杂着难溶的硅化合物，不溶于水，质地坚硬，很难去除，常与盐垢混杂在一起。

14-66 水垢影响传热的原因是什么？

答：水垢的导热性一般都很差，与钢材相比，热导率相差几十到几百倍，又极易在热负荷很高的锅炉炉管上生成，所以金属管壁上形成水垢会严重地影响传热。

14-67 钙、镁垢的成分、特征以及生成原因有哪些？

答：钙镁水垢的成分为：Fe_2O_3、CaO、MgO、SiO_2、SO_3、CO_2，易在锅炉省煤器、加热器、给水管道、凝汽器冷却水通道、冷水塔中及热负荷较高的受热面上生成，它有的松软，有的坚硬。其生成原因是水中钙、镁盐类的离子浓度乘积超过了其溶度积，这些盐类从溶液中结晶析出，并牢固地附着在受热面上。

14-68 氧化铁垢成分、特征以及生成原因有哪些?

答：氧化铁垢主要成分是铁的氧化物，其含量可达70%～90%，此外，往往还含有金属铜，铜的氧化物和少量钙、镁、硅和磷酸盐等物质。氧化铁垢表面为咖啡色，内层是黑色和灰色，垢的下部与金属接触处常有少量的白色盐类沉积物。主要生成在热负荷很高的炉管管壁上，对敷设有燃烧带的锅炉，在燃烧带上下部的炉管、燃烧带局部脱落或炉膛内结焦时的裸露炉管内生成。其生成原因是：

(1) 锅炉水中铁的化合物沉积在管壁上，形成氧化铁。在锅炉水中，胶态氧化铁带正电，当炉管上局部地区的热负荷很高时，这部分的金属表面与其他各部分的金属表面之间会产生电位。热负荷很高的区域，金属表面因电子集中而带负电。这样，带正电的氧化铁微粒就向带负电的金属表面聚集，结果便形成氧化铁垢。

(2) 炉管上的金属腐蚀产物转化为氧化铁垢，在锅炉运行时，如果炉管内发生碱性腐蚀或汽水腐蚀，其腐蚀产物附着在管壁上就成为氧化铁垢。在锅炉制造、安装或停运时，若保护不当，由于大气腐蚀在炉管内会生成氧化铁等腐蚀产物些腐蚀产物附着在管壁上，锅炉运行后，也会转化成氧化铁垢。

14-69 铜垢成分、特征以及生成原因有哪些?

答：铜垢的成分为：Cu、Fe_2O_3、SiO_2、CaO、MgO等，它的水垢层表面有较多金属铜的颗粒，铜垢的生成部位主要在局部热负荷很高的炉管内。其特征是在垢的上层含铜量较高，在垢的下层含铜量降低，并有少量白色沉淀物。铜垢的生成原因是热力系统中，铜合金制件遇到腐蚀后，铜的腐蚀产物随给水进入锅内，在沸腾着的碱性锅炉水中，这些铜的腐蚀产物主要以络合物形式存在，在热负荷高的部位，一方面，锅炉水中部分铜的络合物会被破坏变成铜离子，另一方面，由于热负荷的作用，炉管中高热负荷部位的金属氧化保护膜被破坏，并且使高热负荷部位的金属表面与其他部分的金属表面之间产生电位差，结果，铜离子就在带负电量多的局部热负荷高的地区得电子而析出金属铜。与此同时，在面积很大的临近区域上进行着铁释放电子的过程，所以，铜垢总是形成在局部热负荷高的管壁上。

14-70 硅酸盐垢成分、特征有哪些?

答：硅酸盐水垢其化学成分绝大部分是铝、铁的硅酸化合物。这类水垢有的多孔，有的很坚硬、致密。常常在热负荷很高或水循环不良的炉管管壁上生成。

14-71 热力设备结垢结渣有什么危害? 如何防止热力设备结垢?

答：热力设备结垢后，往往因传热不良导致管壁温度升高，当其温度超过了金属所能允许的温度时，就会引起鼓包和爆管事故。锅炉水中水渣太多，会影响锅炉的蒸汽品质，而且还有可能堵塞炉管，威胁锅炉的安全运行。

为了防止热力设备结垢，应从以下几方面入手：

(1) 尽量降低给水硬度。

(2) 尽量降低给水中硅化合物，铝和其他金属氧化物的含量。

(3) 减少锅炉水中的含铁量，增加除铁装置。

(4) 减少给水的含铜量，往锅炉水中加络合剂。

(5) 做好给水处理，防止设备腐蚀。

14-72 凝汽器铜管结垢的原因是什么?

答:(1) 循环水的浓缩，使盐类离子浓度乘积超过其溶度积，就要发生沉积。

(2) 重碳酸钙的分解产生碳酸钙，这样就造成铜管结垢。

14-73 胶球清洗凝汽器的作用是什么?

答:胶球自动冲刷凝汽器铜管，对消除铜管结垢和防止有机附着物的产生、沉积都起到一定的作用，可防止微生物的生长，保证汽轮机正常运行。

14-74 凝汽器干洗是怎么回事? 有什么作用?

答:汽轮机在运行中，负荷减半，关闭清洗半侧凝汽器冷却水进口门，排空气及放水打开该侧凝汽器人孔，利用鼓风机风量和汽轮机本身排汽温度，将凝汽器铜管内部泥垢烘干，使铜管内部泥垢龟裂，与铜管表面分开，后用冷却水冲洗。然后切换另一侧，这种操作叫干洗。其目的是为了提高凝汽器传热效率，以提高真空，降低热耗。

14-75 如何防止过热器及汽轮机积盐?

答:过热器积盐:从汽包送出的饱和蒸汽携带的盐类物质一般有两种状态，一种是呈蒸汽溶液状态，这主要是硅酸;另一种是呈液体溶液状态，即含有各类盐类物质的小水滴。由饱和蒸汽带出的各种盐类物质，在过热器中会发生两种情况:当某种物质的携带量大于该物质在过热蒸汽中的溶解度时，该物质就会沉积在过热器中，因为沉积的大都是盐类，故称过热器积盐。

汽轮机积盐:过热蒸汽中的杂质形态一种是蒸汽溶液，另一种呈固体微粒状，这主要是没有沉积下来的固态钠盐以及铁的氧化物。过热蒸汽的杂质大部分呈第一种形态。过热蒸汽进入汽轮机后，这些杂质会沉积在它的蒸汽通流部分，这种现象称为汽轮机积盐。

防止在蒸汽通流部位积盐，必须保证从汽包引出的是清洁的饱和蒸汽，并防上它在减温器内污染。饱和蒸汽中的杂质来源于锅炉水。所以为了获得清洁的蒸汽，应减少锅炉水中杂质的含量，还应设法减少蒸汽的带水量和降低杂质在蒸汽中的溶解量。为此，应采取下述措施:减少进入锅炉水中的杂质量、进行锅炉排污，采用适当的汽包内部装置和调整锅炉的运行工况等。

(1) 减少进入锅炉水中的杂质，保证给水水质，应采取如下办法:

① 减少热力系统的汽水损失，降低补给水量。

② 采用优良的水处理工艺，降低补给水中杂质含量。

③ 防止凝汽器泄漏，以免汽轮机凝结水被冷却水污染。

④ 采取给水和凝结水系统的防腐措施，减少水中的金属腐蚀产物。

(2) 为了使锅炉水含盐量及含硅量维持在极限容许值以下，在锅炉运行中，必须经常排污。

(3) 应用锅内的汽水分离装置，尽量减少由蒸汽携带出的盐量。

(4) 在高压和超高压锅炉中，由于高压蒸汽有明显的溶解盐类的特性，故只用汽水分离设备和分段蒸发，就不能防止高压蒸汽的选择性携带硅酸和钠盐等。必须采用清洁的给水清洗饱和蒸汽，使原来溶解在饱和蒸汽中的盐类转入给水中，从而获得清洁蒸汽。

14-76 停用设备的腐蚀原因，如何防止停用腐蚀?

答:锅炉停用后不放水，或者放水后有些部位仍积存有水，这样金属表面仍浸于水中，当空气溶入时，迅速产生氧腐蚀，有的锅炉虽已放水，但由于锅炉内部空气相对湿度大，同样会产生氧腐蚀，这是一种只有当水和氧同时存在时发生的电化学过程。为了防止停用期间腐蚀，可以进行停用期间保护锅炉的方法。

其保护方法大致分为干法保护、加缓蚀剂保护和防止空气进入。

干式保护有烘干法、放干燥剂等。

防止空气进入锅炉的方法：充氮气法、充氨气法、保持给水压力法、保持蒸汽压法、给水溢流法。

14-77 热力设备停用保护的必要性，如何选择保护方法？

答：停用腐蚀的危害性不仅是它在短期内会使大面积的金属发生严重损伤，而且会在锅炉投入运行后继续产生不良影响，其原因如下：

（1）锅炉停用后，温度比较低，其腐蚀产物大多是疏松状态的 Fe_2O_3，其附着力不大，很容易被水流冲走。所以当停用机组启动时，大量的腐蚀产物转入锅内水中，使锅内水中的含铁量增大，这会加剧锅炉炉管中沉积物的形成。

（2）停用腐蚀与运行中发生氧腐蚀的情况一样，属于电化学腐蚀，腐蚀损伤呈溃疡性，但往往比锅炉运行时因给水除氧不彻底所引起的氧腐蚀严重得多。这不仅是因为停用时进入锅内氧量多，而且锅炉各个部件都能发生腐蚀。在锅炉投入运行后，继续发生不良影响，大量腐蚀产物转入锅内水中，使锅内水中的含铁量增大，会加剧炉管中沉积物的形成过程。停用腐蚀使金属表面产生的沉积物及所造成的金属表面粗糙状态成为运行中腐蚀的因素。假如锅炉经常停用启动，运行腐蚀中生成的亚铁化合物在锅炉下次停用时又被氧化为高铁化合物，这样腐蚀过程就会反复地进行下去，所以经常启动、停用锅炉腐蚀尤为严重。所以，防止锅炉水汽系统停用腐蚀，在停用期间进行保护非常必要。

为了便于选择保护方法，再将有关选择各因素综述如下：

（1）锅炉的结构：对于具有立式过热器的汽包锅炉，保护前如不能将过热器内存水吹净、烘干，那就不要用干燥剂法；保护后，如不能进行彻底冲洗，不宜采用碱液法；直流锅炉和工作压力高于 13MPa 的汽包锅炉，因水汽系统复杂，特别是过热系统内往往难以将水完全放尽，故一般采用充氮法或联氨法，也有采用氨液法，但启动前，特别注意对水汽系统进行彻底冲洗的问题。

（2）停用时间的长短：对于短期停运的锅炉，采用的保护法应满足在短时间内的启动的要求，如采用干燥法、联氨法或氨液法等。

（3）环境温度：在冬季，应估计到锅内存水或溶液是否有冰冻的可能性。若温度低于0℃，不宜采用碱液法或氨液法等。

（4）现场的设备条件：如锅炉能否用相邻的锅炉热风进行烘干。过热器有无反冲洗装置等。

（5）采用满水保护法：若没有合格的给水或除盐水，停用保护的效果往往不够理想。

14-78 停用后凝汽器的保养方法有哪些？

答：（1）机组停用后，应放掉冷却水，如果是用海水冷却的，应使用淡水冲洗一遍，停用时间较长时，还应进行干燥保养。

（2）为防止冲刷腐蚀，可在停用后，采取 $FeSO_4$ 一次造膜，造膜条件根据小型试验确定。

（3）入口端有冲刷时，可加装一段套管或刷环氧树脂。

14-79 高压加热器采用碳酸环己胺气相缓蚀剂充气保护的原理及操作步骤有哪些？

答：气相缓蚀剂蒸汽压高，具有易挥发性，能分解出金属保护基团，可以用作停用设备保养的缓蚀剂。它在空气中分压低，只有 200～300mmHg，属于憎水性缓蚀剂，当用它为缓蚀剂保护设备时，易形成气体。

操作步骤：

（1）将高压加热器水侧水放掉，并用压缩空气将水全部顶出。

（2）关闭加热器旁路门或空气门，并使加热器与省煤器、给水泵隔绝。

（3）高压加热器放水门连接气体发生器，打开气源，连接缓冲罐。其线路：压缩空气经加热器→气体发生器（内装粉状气相缓蚀剂）→缓冲罐→高压加热器水门。

（4）连好充气设备，打开气源，调整压力 0.4～0.6MPa，加热空气至 50℃进入气体发生器，气相缓蚀剂挥发后，带入系统，待放水门排气 pH＞10 时，再继续充气 4h，即可停止充气。经 15～20 天后，再重新充气一次。

14-80 采用气相缓蚀剂法保护注意事项及有何优点？

答：采用气相缓蚀剂法保护设备时应注意：

（1）通气前，将热工仪表的第一道截门关闭，最好是解开，隔绝铜件。

（2）通气系统水应放净、防止药品遇水溶解。

（3）检查系统不应有漏气和短路处。

优点：

（1）缓蚀效率高、适应性强，可以保护检修炉、备用炉等。

（2）方法简便、经济，除一套专用设备和系统外，不需配制药液。不需要经常维护，锅炉不需严格的密封和保温，而且对炉停用启动操作没干扰，加药量少，只需一次通气。

（3）碳酸环己胺没有毒，分解后产生二环己胺也非致癌物。不需作特殊防护，也不存在排放问题。

14-81 何谓锅炉的化学清洗？ 其工艺如何？

答：锅炉的化学清洗就是用某些化学药品的水溶液来清洗锅炉水汽系统中的各种沉积物，并使金属表面上形成良好的防腐蚀保护膜。锅炉的化学清洗，一般包括碱洗、酸洗、漂洗和钝化等几个工艺过程。

14-82 化学清洗方式主要有哪几种？

答：化学清洗方式可分为循环清洗、半开半闭式清洗、浸泡清洗（包括氮气鼓泡法）及开式清洗。通常采用循环式清洗和半开半闭式清洗方式，当垢量不大时，可采用浸泡清洗。

14-83 化学清洗方案的制订以什么为标准？ 主要确定哪些工艺条件？

答：化学清洗方案要求清除沉积物等杂质的效果好，对设备的腐蚀性小并且应力求缩短清洗时间和减少药品等费用。方案的主要内容是：拟定化学清洗的工艺条件和确定清洗系统。工艺条件是：（1）清洗的方式；（2）药品的浓度；（3）清洗液的温度；（4）清洗流速；（5）清洗时间。

14-84 化学清洗应符合哪些技术要求？

答：（1）在制订化学清洗施工方案及现场清洗措施时，应符合相关的标准外，还应符合与设备相关的技术条件或规范，以及用户和施工方共同签定的或合同规定的其他技术要求。

（2）化学清洗前应拆除、隔离易受清洗液损害的部件或其他配件。

（3）化学清洗后设备内的有害废液、残渣应清除干净，并符合相应的标准。

（4）化学清洗质量应符合标准规定。

（5）化学清洗废液排放应符合相应标准。

（6）严禁用废酸液清洗锅炉。

14-85 在拟定化学清洗系统时，应注意哪些事项？

答：（1）保证清洗液在清洗系统各部位有适当的流速，清洗后废液能排干净。应特别注意设备或管道的弯曲部分和不容易排干净的地方，要避免因这里流速太小而使洗的不溶性杂质再次沉积起来。

（2）选择清洗用泵时，要考虑它的扬程和流量。保证清洗时有一定的清洗流速。

（3）清洗液的循环回路应包括有清洗箱，因为一般在清洗箱里装有用蒸汽加热的表面式和混合式加热器，可以随时加热，使清洗时能维持一定的清洗液温度；另外清洗箱还有利于清洗液中的沉渣分离。

（4）在清洗系统中，应安置附有沉积物的管样和主要材料的试片。

（5）在清洗系统中应装有足够的仪表及取样点，以便测定清洗液的流量、温度、压力及进行化学监督。

（6）凡是不拟进行化学清洗或者不能和清洗液接触的部件和设备，应根据具体情况采取一定措施，如考虑拆除或堵断或绕过的方法。

（7）清洗系统中应有引至室外的排氢管，以排除酸洗时产生的氢气，避免引起爆炸事故或者产生气塞而影响清洗。为了排氢畅通，排氢管上应尽量减少弯头。

14-86 酸洗过程中应采取哪些安全措施？

答：（1）现场照明充分，安全通道畅通，电源控制合理，操作方便。

（2）准备好足够的急救药品。

（3）参加酸洗的工作人员应掌握安全规程，了解防护药品的性能，防护工作服齐备。

（4）有关设备、阀门应挂标志牌。

（5）酸洗过程中有氢气产生，应在最高处设排氢管，并挂“严禁烟火”标志牌。

（6）化学清洗操作时，必须统一指挥，分工负责，要设专人值班。

（7）搬运浓酸必须用专用工具。

（8）临时系统必须保证质量，并经水压试验合格方可投运。

14-87 化学清洗分几步？ 各步的目的是什么？

答：化学清洗分以下五步：

（1）水冲洗：新建锅炉是为了除去锅炉安装后脱落的焊渣、铁锈、尘埃和氧化皮等。运行后的锅炉是为了除去运行中产生的某些可被冲掉的沉积物。水冲洗还可检查清洗系统是否有泄漏之处。

（2）碱洗：为了清除锅炉在制造、安装过程中，制造厂涂敷在内部的防锈剂及安装时沾染的油污等附着物。碱煮的目的是松动和清除部分沉积物。

（3）酸洗：清除水汽系统中的各种沉积附着物。

（4）漂洗：清除酸洗涤和水冲洗后留在清洗系统中的铁、铜离子，以及水冲洗时在金属表面产生的铁锈，同时有利于钝化。

（5）钝化：使金属表面产生黑色保护膜，防止金属腐蚀。

14-88 新建锅炉为何要进行化学清洗？ 否则有何危害？

答：新建锅炉通过化学清洗，可除掉设备在制造过程中形成的氧化皮和在储运、安装过程中生成的腐蚀产物、焊渣以及设备出厂时涂的防护剂（如油脂类物质）等各种附着物，同时还可除去在锅炉制造和安装过程中进入或残留在设备内部的杂质，如沙子、尘土、水泥和保温材料的碎渣等，它们大都含有二氧化硅。

新建锅炉若不进行化学清洗，水汽系统内的各种杂质和附着物在锅炉投入运行后会产生以下几种危害：

(1) 直接妨碍炉管管壁的传热或者导致水垢的产生，而使炉管金属过热和损坏。

(2) 促使锅炉在运行中发生沉积物下腐蚀，致使炉管管壁变薄、穿孔而引起爆管。

(3) 在锅内水中形成碎片或沉渣，从而引起炉管堵塞或者破坏正常的汽水流动工况。

(4) 使锅炉水的含硅量等水质指标长期不合格，使蒸汽品质不良，危害汽轮机的正常运行。

新建锅炉启动前进行的化学清洗，不仅有利于锅炉的安全运行，而且因它能改善锅炉启动时期的水、汽质量，使之较快达到正常的标准，从而大大缩短新机组启动到正常运行的时间。

14-89 对于含奥氏体钢的锅炉清洗，对酸洗介质有何要求？

答：奥氏体钢清洗时，选用的清洗介质和缓蚀剂，不应含有易产生晶间腐蚀的敏感离子 Cl^-、F^- 和 S 元素，同时还应进行应力腐蚀和晶间腐蚀试验。

14-90 对 HF 酸洗后的废液如何进行处理？

答：用 HF 酸洗后的废液经过处理可成为无毒无侵蚀性的液体而排放。具体办法通常为先将清洗废液汇集起来，用石灰乳处理，然后排放。石灰乳处理可使废液中的三价铁离子和氟离子以氢氧化铁和萤石的形式沉淀出来，这样就可减少氟离子的含量，减少污染，达到排放标准。

14-91 锅炉化学清洗时如何选取清洗泵的容量及扬程？

答：(1) 根据酸洗及冲洗的最大流速时的压头损失，以及系统中最大静压头来考虑酸洗泵的流量和扬程，又要考虑清洗液的温度和泵的吸入压头，应备两台酸洗泵，一台运行，一台备用。

(2) 根据酸洗泵的最大流量，再返回去计算各部位的流速。

(3) 循环酸洗应维持炉管中酸液速度为 0.2～0.5m/s，不大于 1m/s，开始酸洗时应维持炉管中酸液的流速为 0.15～0.5m/s，不大于 1m/s。

14-92 如何评价化学清洗效果？ 钝化膜的质量如何鉴别？

答：评价化学清洗效果应仔细检查汽包、联箱等能打开的部分，并应清除沉积在其中的渣滓。必要时，可割取管样，以观察炉管是否洗净，管壁是否形成了良好的保护膜等情况；根据以上检查结果，同时参考清洗系统中所安装的腐蚀指示片的腐蚀速度；在启动期内水汽质量是否迅速合格；启动过程中和启动后有没有发生因沉积物引起爆管事故及化学清洗的费用等情况，进行全面评价。

良好的钝化膜应该是：在清洗结束至投运期间，设备金属不易受到腐蚀，机组运行后无异物溶出或带出，不影响热传导。

关于钝化膜质量的鉴别，除了根据清洗后的直观检查以及借助电子探针、X 射线衍射机、电子显微镜和椭圆仪等进行微观检查外，还可以采用以下较为简便而实用的三种方法：

(1) 湿热箱观察法：试样悬挂于湿热箱内，保持其相对湿度为 95%+2%，在每昼夜内保持温度 (40±2)℃ 16h，保持温度 (30±2)℃ 8h，连续观察试样表面变化，以试样表面最初出现锈蚀点的时间为金属试样在湿热箱中的耐腐蚀时间。

（2）电位法（极化曲线法）：它是将试样电极与饱和甘汞电极（参比电极）同时侵入0.025g/L NaCl＋0.057g/L Na_2SO_4＋0.164g/L Na_2CO_3的混合液中，然后测定极化曲线来评价钝化膜的耐蚀性。

（3）硫酸铜溶液试验法：这是根据金属铜的析出来评价膜的质量（包括耐腐蚀和均匀性）。所用硫酸铜溶液的组成或分为：0.8mol/L $CuSO_4$溶液 40mL＋10％NaCl 溶液 20mL＋0.1mol/L HCl 溶液 15mL。具体作法是将上述试液滴到试样表面，其颜色由蓝转红的变化时间越长，表明膜的质量越好，反之相反。而试液在同一个试样表面上各点变色时间的差别大小则表明膜的均匀程度。

14-93 何为缓蚀剂？ 适宜于做缓蚀剂的药品应具备什么性能？

答：缓蚀剂是某些能减轻酸液对金属腐蚀的药品。应具有以下性能：

（1）加入极少量就能大大地降低酸对金属的腐蚀速度，缓蚀效率很高。

（2）不会降低清洗液去除沉积物的能力。

（3）不会随着清洗时间的推移而降低其抑制腐蚀的能力，在使用的清洗剂浓度和温度的范围内，能保持其抑制腐蚀的能力。

（4）对金属的力学性能和金相组织没有任何影响。

（5）无毒性，使用时安全方便。

（6）清洗后排放的废液，不会造成环境污染和公害。

14-94 缓蚀剂起缓蚀作用的原因是什么？

答：（1）缓蚀剂的分子吸附在金属表面，形成一种很薄的保护膜，从而抑制了腐蚀过程。

（2）缓蚀剂与金属表面或溶液中的其他离子反应，其反应生成物覆盖在金属表面上，从而抑制腐蚀过程。

14-95 电厂冷却水处理所用缓蚀剂大致分几类？

答：（1）按缓蚀剂成分，可分为有机缓蚀剂和无机缓蚀剂。

（2）按缓蚀剂抑制腐蚀电化学过程可分为阳极缓蚀剂和阴极缓蚀剂，或阴阳极缓蚀剂。

（3）按缓蚀剂与金属形成保护膜机理可分为钝化型缓蚀剂、呼吸型缓蚀剂及沉淀型缓蚀剂。

14-96 何为沉淀型缓蚀剂？ 沉淀膜分哪几种类型？

答：这类缓蚀剂与水中的或其他的金属离子反应生成难溶盐，并在金属表面析出，生成沉淀从而形成保护膜。

沉淀膜分两种类型，一是与水离子结合型，即缓蚀剂与水中钙、镁、锌等二价离子结合生成复杂的难溶盐——聚磷酸盐。另一种是金属表面上离子反应型，即缓蚀剂与金属表面形成反应物保护膜，如 MBT、BTA 等。

14-97 在锅炉化学清洗时，一些设备和管道不引入清洗系统，如何将其保护起来？

答：锅炉进行化学清洗时，凡是不拟进行化学清洗的或者不能和清洗液接触的部件和零件（如用奥氏体钢、氮化钢、铜合金材料制成的零件和部件），应根据具体情况采取一定措施将其保护起来，如考虑绕过或拆除。通常可采取下列措施：

(1) 过热器和再热器中灌满已除氧的凝结水（或除盐水），或者充满 pH 为 10 的氨-联胺保护溶液。

(2) 用木塞或特制塑料塞将过热蒸汽引出管堵死，此外，为防止酸液进入各种表记管、加药管，必须将它们都堵塞起来。

14-98 碱煮能除去部分 SiO_2，其原理是什么？

答：因为碱煮时，SiO_2 与 NaOH 作用生成易溶于水的 Na_2SiO_3，所以可以除去部分 SiO_2。

14-99 锅炉化学清洗后的钝化经常采用哪几种方法？ 各有什么优缺点？

答：钝化经常采用以下三种方法：

(1) 亚硝酸钠钝化法：能使酸洗后的新鲜的金属表面上形成致密的呈铁灰色的保护膜，此保护膜相当致密，防腐性能好，但因亚硝酸钠有毒，所以不经常采用此法。

(2) 联胺钝化法：在溶液温度高些，循环时间长些，钝化的效果则好一些，金属表面生成棕红色或棕褐色的保护膜。此保护膜性能较好，但联胺也有毒，因其毒性小，所以一般多采用此法。

(3) 碱液钝化法：金属表面产生影响黑色保护膜，这种保护膜防腐性能不如其他两种，所以目前高压以上的锅炉一般不采用此法。

参考文献

［1］ 中华人民共和国电力行业标准，火力发电厂锅炉机组检修导则 DL/T 748.1— 2001.

［2］ 中华人民共和国电力行业标准，电力建设施工及验收技术规范 DL 5031—94.

［3］ 张磊．燃料运行与检修．北京：中国电力出版社，2010.

［4］ 徐铮，孙建峰，刘佳．火电厂脱硫运行与故障排除．北京：化学工业出版社，2015.

［5］ 邵和春．火电厂锅炉检修工艺．北京：中国电力出版社 2009.

［6］ 西安热工研究院．火电厂 SCR 烟气脱硝技术．北京：中国电力出版社，2013.

［7］ 中国华电工程（集团）有限公司，上海发电设备成套设计研究院．大型火电设备手册：除灰与环保设备．北京：中国电力出版社 2009.

［8］ 罗竹杰，吉殿平编著．火力发电厂用油技术．北京：中国电力出版社，2007.

［9］ 中华人民共和国电力行业标准，火力发电厂超滤水处理装置验收导则 DL-Z952—2005.

［10］ 井出哲夫著．水处理工程理论与应用．北京：中国建筑工业出版社，1986.

［11］ 望亭发电厂编著．300MW 火力发电机组运行与检修技术培训教材．北京：中国电力出版社，2002.

［12］ 中华人民共和国电力行业标准．火力发电厂化学设计技术规程 DL/T 5068—2006.

［13］ 电力工业部电力机械局编．火力发电厂设备手册：第七册．北京：中国电力出版社，1997.

［14］ 袁裕祥主编．火力发电厂维护消缺技术问答丛书．北京：中国电力出版社，2004.

［15］ 宋丽莎，曹长武，汪建军编著．火力发电厂用水技术．北京：中国电力出版社，2007.